数 学 文 化

曹媛　侯顺利　王强　翟维红　梁忠光　编著

南开大学出版社

天　津

图书在版编目(CIP)数据

数学文化 / 曹媛等编著. —天津：南开大学出版社，2016.10(2022.12 重印)

ISBN 978-7-310-05196-0

Ⅰ. ①数… Ⅱ. ①曹… Ⅲ. ①数学－文化研究 Ⅳ. ①O1－05

中国版本图书馆 CIP 数据核字(2016)第 207163 号

数学文化

SHUXUE WENHUA

南开大学出版社出版发行

出版人：陈　敬

地址：天津市南开区卫津路 94 号　　邮政编码：300071

营销部电话：(022)23508339　营销部传真：(022)23508542

https://nkup.nankai.edu.cn

天津午阳印刷股份有限公司印刷　　全国各地新华书店经销

2016 年 10 月第 1 版　　2022 年 12 月第 7 次印刷

260×185 毫米　16 开本　18.25 印张　460 千字

定价：45.00 元

如遇图书印装质量问题,请与本社营销部联系调换,电话：(022)23508339

编者的话

数学的应用曾经局限在一些特殊的人群。对于多数人来说，数学仅仅是作为考试及格的必要科目，而在毕业以后则嫌其无用很快就全部忘光了。

可是，随着信息社会的到来，人类社会数量化的程度正在加深，不用说自然科学或技术方面离不开数学，在社会、生活的各个方面数学所起的作用也越来越明显，数学的活跃时代到来了。

近年来，数学文化以其独特的教育价值日益受到我国数学界的重视：数学文化课程的设置，有关数学文化书籍的出版，全国性学术会议的增多。由此，数学文化已经深入数学教学的各个领域之中。

数学文化主要讲述数学的历史、思想、方法、精神，以及数学与人类其他知识领域之间的关联，如：数学与哲学，数学与美术，数学与建筑，数学与音乐，数学与航海、天文、历法，数学与诗歌、文学，数学与游戏，等等。

本书力图通过数学文化的宣扬来改变大学生的数学观，激发他们对数学的兴趣，提高他们的数学素养和数学鉴赏力，提升他们数理逻辑分析的能力，让他们感受到数学文化的魅力。

本书有如下特点：

通俗性。让不开设高等数学课程的学生能看懂书中的数学内容，并感受到数学的魅力。

趣味性。尽量贴近生活，使用与生活相关的材料。

广博性。通过数学与哲学、数学与美术、数学与建筑、数学与音乐等具体专题来呈现数学与其他知识领域的关联，显现出数学与生活的息息相关，显示出数学是生活中无处不在的。

相信本书的出版对于数学文化的传播、高职数学文化课程的建设，以及数学文化与数学教育关系的研究都起到积极的作用。特此为序。

编　者

2016 年 7 月

代序：无穷之旅

一、大数

传说，古印度舍罕王打算重赏国际象棋的发明人和进贡者——宰相西萨·班·达依尔。这位聪明宰相跪在国王面前说："陛下，请您在这张棋盘的第一个小格内，赏给微臣一粒麦子，在第二个小格内赏两粒，第三格内赏四粒，照这样每一小格内都比前一小格加一倍。陛下啊，把这样摆满棋盘上所有 64 格的麦粒，都赏给您的仆人罢！"

"你当然会如愿以偿的。"国王为自己所许下的慷慨赏诺不致破费太多而心中暗喜。计数麦粒的工作开始了。第一格内放一粒，第二格内放两粒，第三格内放四粒，……，还没到第二十格，一袋麦子已经空了。一袋又一袋的麦子被扛到国王面前来。但是，麦粒数一格接一格地增长得那样迅速，很快就可以看出，即便拿来全印度的粮食，国王也兑现不了他对西萨·班·达依尔许下的诺言了，因为这位宰相要求的赏赐小麦数是公比为 2 的等比数列前 64 项之和。

$$\sum_{n=0}^{63} 2^n = 2^0 + 2^1 + 2^2 + 2^3 + \cdots + 2^{63}$$

$$= \frac{2^{64}-1}{2-1}$$

$$= 18446744073709551615$$

18446744073709551615 粒小麦，竟是全世界在 2000 年内所生产的全部小麦！这么一来，舍罕王发觉自己欠了宰相好大一笔债。怎么办？要么忍受西萨·班·达依尔没完没了的讨债，要么干脆砍掉他的脑袋。国王大概会选择后面这个办法。

在西方，为大数起了一个名字——谷歌（google），一谷歌等于 10 的 100 次幂（10^{100}），这是一个非常大的数，要知道，宇宙中所有的原子也不超过 10^{85} 个。美国搜索引擎的巨无霸将其作为公司的名称——Google，即"谷歌"公司，用其引申可通过 Google 搜索引擎获得海量信息。

上面谈到的一些数字是毫不含糊的大数。但是这些巨大的数字，不论是西萨·班·达依尔所要求的麦子粒数，还是 10^{100}，虽然大得令人难以置信，但毕竟还是有限的，只要有足够的时间，人们总能把它们从头到尾写出来。然而，确实存在着一些无穷大的数（如果能把无穷大称作数的话），例如，"所有整数的个数"和"一条线上所有几何点的个数"，它们比我们所能写出的无论多长的数都要大。10^{100}甚至更大与无穷大的距离和1与无穷大的距离一样遥不可及。

二、无穷和数学危机

数学常常被认为是自然科学中逻辑性最强、体系最严密、发展最完善的一门学科，但在数学的发展史中，却经历了三次动摇数学大厦基础的危机。其中，前两次数学危机都与无穷有直接关联。

第一次危机发生在公元前 580～568 年之间的古希腊。毕达哥拉斯学派认为"一切数均可表示成整数或整数之比"，然而该学派的希伯索斯发现边长为1的正方形对角线长度既不能用整数，也不能用两个整数 p 和 q 之比 q/p 表示，希伯索斯的发现在当时数学界掀起了一场巨大风暴，整数的尊崇地位受到挑战。之后，用几何的方法去处理不可公度比，使几何学脱颖而出，希腊人开始从"不证自明的"公理出发，建立了演绎推理几何学体系。这是数学思想上的一次革命，无理数是第一次数学危机的自然产物。

第一次数学危机的彻底解决，是在危机产生 2000 年后的 19 世纪，建立了极限理论和实数理论之后，无理数可以看成是无穷个有理数组成的数列的极限。所以，它差不多是与第二次数学危机同时，才被彻底解决的。

第二次数学危机发生在牛顿创立微积分的 17 世纪，由贝克莱大主教对牛顿"无穷小量"说法的质疑引起的。数学分析的发展必然涉及无穷过程，由于无穷小、无穷大、极限、无穷级数这些无穷概念没有精确的定义，使微积分理论遇到严重的逻辑困难。数学家们从更高的视角严格地审查微积分时，得到了一些非常奇特和令人不安的发现。例如，不论有理数还是无理数，在实数轴上是处处稠密的，即：在任意两个有理数之间，分布着无穷多个无理数；反之亦然，在任何两个无理数之间也分布着无穷多个有理数。自然而然，我们会放心地推断，实数轴上一定均匀地分布着两个基本相等的巨大的有理数族与无理数族。然而，19 世纪，随着时间的推移，越来越多的数学发现表明，与上述认识相反，这两个数族并不相等。从某种根本意义上说，有理数与无理数是不可交换的数族，但当时的数学家对这两个数族的根本性质，尚不十分明了。

第二次数学危机的实质是微积分理论缺乏逻辑基础。虽然柯西、维尔斯特拉斯及其同事们成功地用"极限"概念建立了微积分大厦，但数学家们越来越清楚地认识到，为寻求微积分彻底严密的算术化，最重要、最基本的问题是将微积分最终置于集合的严格基础之上。

探索这个问题，并单枪匹马地创立了奇妙的集合论的是一位时而被人恶意中伤，又曾一度精神崩溃的天才，他的名字叫乔治·费迪南德·路德维希·菲利普·康托。

三、康托

康托（Cantor, Georg Ferdinand Ludwig Philip, 1845—1918）德国数学家。生于俄国圣彼得堡，卒于哈雷。1863 年入柏林大学攻读数学和神学，受教于数学家库默尔（Eduard Kummer）、维尔斯特拉斯（Karl Weierstrass）和克罗内克（Leopold Kronecker）等人。1867 年获博士学位。以后在哈雷大学（University of Halle）任教，1879 年成为终身教授。

康托是集合论（Set Theory）的创始人。创立了现代集合论作为实数理论以至整个微积分理论体系的基础。他还提出了集合的势、基数（Cardinal Numbers）和序数（Ordinal Numbers）等概念，并建立了相关的运算法则。1878 年他提出了著名的连续统假设（Continuum Hypothesis）。康托的代表作为《关于超限数理论的基础》（1895—1897）。

康托的工作给数学发展带来一场革命，其理论很难被立即接受。他的首要反对者是他在柏林大学的导师克罗内克。克莱因（Felix Klein）也不赞成康托的新观点。由于他的工作长期遭到反对，使他从长期的精神抑郁状态而导致精神分裂，最终死在精神病院里。然而，历史终究公正地评价了他的日工作，当代数学家绝大多数接受康托的理论，并认为这是数学史上一次重要的变革。集合论在 20 世纪初已逐渐渗透到各数学分支，成为分析理论、测度论、拓扑学及数理科学中必不可少的工具。大卫·希尔伯特说："没有人能够把我们从康托建立的乐园中赶出去。"

四、无穷大比较

当我们要比较几个无穷大的数的大小时，就会面临这样一个问题：这些数既不能读出来，也无法写出来，该怎样比较呢？

早在中世纪，人们已经注意到这样的事实：如果从两个同心圆出发画射线，那么射线就在这两个圆的点与点之间建立了一一对应，然而两圆的周长是不一样的。

16 世纪，伽俐略注意到，可以在两个不同长的线段与之间建立一一对应，从而想象出它们具有同样多的点。伽俐略还注意到自然数可以和它们的平方构成一一对应。

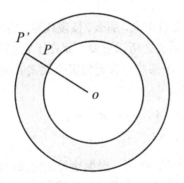
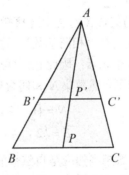

上左图中外圆周长大于内圆周长，但内圆圆周上任意一点 P 与外圆圆周的 P' 建立了一一对应关系。上右图中线段 BC 长于 $B'C'$，然而，对于线段 BC 上任意一点 P，线段 $B'C'$ 上都有且仅有唯一的点 P' 与之对应，线段 BC 与上 $B'C'$ 的点一样多。

但这导致无穷大的不同的"数量级"，伽俐略以为这是不可能的。因为所有无穷大都一样大。不仅是伽俐略，在康托之前的数学家大多只是把无限看作永远延伸着的，一种变化着成长着的东西来解释。无限永远处在构造中，永远完成不了，是潜在的，而不是实在的。这种关于无穷的观念在数学上被称为潜无限。18 世纪数学王子高斯就持这种观点，用他的话说，就是"……我反对将无穷量作为一个实体，这在数学中是从来不允许的。所谓无穷，只是一种说话的方式……"。柯西也不承认无穷集合的存在。

康托对数学分析的深入研究使他越来越多地考虑各种数集之间的本质区别。特别是，他开始认识到，创立一种比较数集大小的方法是十分重要的。

表面看来，比较数集大小似乎轻而易举：只要会数数，就会比较。如果有人问你，"你左手与右手的手指一样多吗？"你只要分别数一数每只手的手指，确认每只手都有 5 个手指，然后，就可以作出肯定的回答。看来，原始的"数数"方法似乎对于确定更复杂的"同样大小"或"相同基数"概念也是必要的。然而，乔治·康托以一种貌似天真的方法，颠倒了前人传统的观念。

我们来看一看他是如何论证的。首先假设我们生活在一种数学知识非常有限的文化中，人们最多只能数到"3"。这样，我们就无法用数数的方法来比较左手与右手的手指数目，因为我们的数系不能使我们数到"5"。在超出我们计数能力的情况下，是否就无法确定"相同基数"了呢？完全不是。实际上，我们不必去数手指，而只需将两手合拢，使左手拇指与右手拇指，左手食指与右手食指……一一对齐，就能够回答这个问题了。这种方法展示了一种纯粹的一一对应关系，然后，我们可以回答，"是的，我们左手与右手的手指一样多"。

上面的例子阐明了一个关键的论据，我们无须去数集合中元素的个数，以确定这些集合是否具有同样多的元素。

五、康托的无穷世界

康托依据两个基本的前提开始探讨无穷。这两个前提是：

1. 通过一一对应的方法可以确定集合的基数是否相同；

2. 承认"实无穷"确实存在。

康托对这一概念作出了如下定义：

如果能够根据某一法则，使集合 M 与集合 N 中的元素建立一一对应的关系，那么，集合 M 与集合 N 等价。

如果集合 M 与集合 N 符合上述康托的等价定义，那么，按现代数学家的语言，集合 M 与集合 N "等势"或具有"相同基数"。这一定义之所以重要，就在于它并未限定集合 M 与集合 N 必须包含有限个元素；因此它同样适用于那些包含无限多个元素的集合。

康托首先比较了自然数集 N 和偶数集 E。

$$N = \{1，2，3，4，\cdots，n，\cdots\}$$
$$E = \{2，4，6，8，\cdots，2n，\cdots\}$$

依照常识，偶数想当然应是自然数的一半。然而，根据康托的定义，我们发现这两个无穷集合具有相同基数。下面列出了 N 和 E 这两个完全集之间明确的一一对应关系。

$$
\begin{array}{ccccccccc}
N: & 1 & 2 & 3 & 4 & 5 & 6 & 7 & \cdots & n & \cdots \\
 & \updownarrow & \updownarrow & \updownarrow & \updownarrow & \updownarrow & \updownarrow & \updownarrow & \cdots & \updownarrow & \cdots \\
E: & 2 & 4 & 6 & 8 & 10 & 12 & 14 & \cdots & 2n &
\end{array}
$$

我们可以清晰地看到偶数集 E 中每一个元素都被一个，且只被一个自然数集 N 中的元素所指定，反之亦然。无疑，这两个无穷数集是等价的，也就是说偶数和自然数同样多。这看起来是荒谬的，违背常理的。然而，如果拒绝这一结论，我们只能否认相同基数的定义，或者抛弃"实无穷"的概念。

同样，我们会看到整数集合 $Z = \{\cdots,-n,\cdots,-4,-3,-2,-1,0,1,2,3,4,\cdots,n,\cdots\}$ 与自然数集合

$N = \{1, 2, 3, 4, \cdots, n, \cdots\}$ 也具有相同的基数。Z 和 N 之间构成如下的一一对应关系。

$$N: \quad 1 \quad 2 \quad 3 \quad 4 \quad 5 \quad 6 \quad 7 \quad 8 \quad 9 \quad \cdots \qquad n \qquad \cdots$$
$$\updownarrow \updownarrow \updownarrow \updownarrow \updownarrow \updownarrow \updownarrow \updownarrow \updownarrow \cdots \qquad \updownarrow \qquad \cdots$$
$$Z: \quad 0 \quad 1 \quad -1 \quad 2 \quad -2 \quad 3 \quad -3 \quad 4 \quad -4 \quad \cdots \quad [1 + (-1)^n (2n - 1)]/4$$

我们发现，在无穷集合中局部居然和整体之间划了等号。

据此，康托迈出勇敢的一步。他说，任何能够与自然数集合 N 构成一一对应关系的集合都是可列或可数无穷集。康托引入"超限"基数的新概念，用以表示可数无穷集中元素的个数。他选用希伯来文的第一个字母 $\aleph$（读作"阿列夫"）来表示超限基数。

康托通过对无穷集的研究，创造了一种新的数字和一种新的数字类型。康托采用自然数集合 N 作为扩大我们数系的基准。对于他来说，N 是基数为 $\aleph_0$ 的原型集合。

引入符号 $\bar{M}$，用以表示"集合 M 的基数"，我们看到全体自然数 N 与全体偶数 E 以及全体整数 Z 具有相同的基数，即：$\bar{N} = \bar{E} = \bar{Z} = \aleph_0$。

如果我们接下来讨论有理数集合 Q，情形又会怎样呢？如前所述，有理数是处处稠密的。在这个意义上说，有理数与整数有所不同，整数是一个紧跟一个，循规蹈矩地分布在数轴上的，其中的每一个数字都与前一个数字保持相同的距离。实际上，在任何两个整数之间都有无限多的有理数（比如在 0 与 1 之间，1/1000 与 1/10000 之间。因此，任何人都会猜想，有理数的个数要远远超过自然数。

但是，康托证明有理数集是可列的，也就是说全体有理数 Q 与全体自然数 N 具有相同的基数，即 $\bar{Q} = \aleph_0$。他的证明方法是在有理数集与自然数集之间构成一一对应的关系。

康托把有理数排列成如下形式：

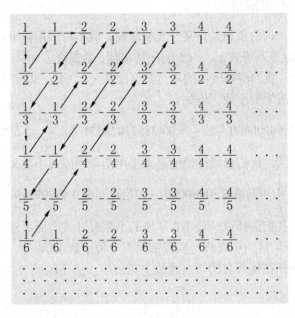

注意到第 1 列所有数字分子为 1，第 2 列所有数字分子为 -1，第 n 列所有数字分子为 $\dfrac{1 + (-1)^{n+1}(2n + 1)}{4}$。且 n 为奇数时，第 n 列所有数字分子为正；n 为偶数时，第 n 列所有数字分子为负。

而第一行所有数字分母为1，第二行所有数字分母为 2，第 m 列所有数字分母为 m。于是，任何分数都能在左图的排列中找到他固定的归宿。例如，$-\dfrac{3}{5}$ 在第 6 列，第 5 行；$\dfrac{177}{365}$ 在第 353 列，第 365 行。显然，这一排列包含了集合 Q 中的所有元素。

现在，让1对应0，2对应1，……，按照有理数排列中箭头所示的顺序，列出自然数集合 N 中元素与有理数集合 Q 中元素的一一对应关系。

$$\begin{array}{ccccccccccccccc}
1 & 2 & 3 & 4 & 5 & 6 & 7 & 8 & 9 & 10 & 11 & 12 & 13 & 14 & 15 & \cdots \\
\updownarrow & \updownarrow & \updownarrow & \updownarrow & \updownarrow & \updownarrow & \updownarrow & \updownarrow & \updownarrow & \updownarrow & \updownarrow & \updownarrow & \updownarrow & \updownarrow & \updownarrow \\
0 & 1 & 1/2 & -1 & 2 & -1/2 & 1/3 & 1/4 & -1/3 & -2 & 3 & 2/3 & -1/4 & 1/5 & 1/6 & \cdots
\end{array}$$

在上面方案中，我们需要去掉重复的分数，例如 $1 = \dfrac{2}{2} = \dfrac{5}{5} = \cdots$。这样，每一个自然数都与一个且仅与一个有理数相对应，而每一个有理数都被一个且仅被一个自然数所指定。康托得出令人瞠目结舌的结果：有理数和自然数一样多！

至此，似乎每一个无穷集合都是可数的，都能与正整数构成一一对应的关系。但是，在康托于 1874 年发表了题为《论所有代数数集合的性质》的论文后，数学界彻底放弃了这个一相情愿的念头。在这篇论文中，康托明确地提出有一些集合非常稠密以致于无法数。

康托发现的不可数集是一条无穷直线上的点的集合，这些点又对应于我们的实数系统。

实际上，他 1874 年的论文指出，没有任何实数区间（不论其长度多么小）能够与自然数集构成一一对应的关系。1891 年，康托再次回到这个问题上来，提出了一个非常简单的证明。我们下面将讨论这个证明。

六、连续统的不可数性

这里"连续统"一词的意思是指某一实数区间，我们可以用符号 $(a，b)$ 来表示。$(a，b)$ 表示满足于不等式 $a < x < b$ 的一切实数 x 的集合。

在以下的证明中，我们将要证明的不可数区间是（0，1），即所谓"单位区间"。在这一区间的实数都可以写成无穷小数。例如，

$$0.5 = 0.50000000\cdots，\quad \frac{3}{7} = 0.428571428571\cdots，\quad \frac{\pi}{2} = 1.5707963\cdots$$

出于技术上的原因，我们必须谨慎地避免采用两个不同的小数来表示同一数字。例如：

$$\frac{1}{2} \text{ 可写成 } 0.50000000\cdots，\text{ 也可写成 } 0.49999999\cdots$$

在这种情况下，我们选择以一连串 0 结尾的小数展开式，而不选择以一连串 9 结尾的小数，这样，在（0，1）区间中的任何实数都只有一种小数表示。

我们现在来看康托在他著名的"对角线"论证中，关于区间（0，1）不可数的漂亮的证明。

康托的证明采用了反证法，他首先假定区间（0，1）内的实数与自然数集合 N 存在一一对应关系，即（0，1）内实数是可数的。这意味着我们可以一个不漏地列出0和1之间的所有小数。然后，从这一假定出发最终推出逻辑矛盾。

为了讲清楚康托的论证，我们将0与1之间的每个实数编号：

N		（0，1）内的实数

1	$\leftrightarrow$	a_1	=	0 .	x_{11}	x_{12}	x_{13}	x_{14}	x_{15}	x_{16}	$\cdots$
2	$\leftrightarrow$	a_2	=	0 .	x_{21}	x_{22}	x_{23}	x_{24}	x_{25}	x_{26}	$\cdots$
3	$\leftrightarrow$	a_3	=	0 .	x_{31}	x_{32}	x_{33}	x_{34}	x_{35}	x_{36}	$\cdots$
4	$\leftrightarrow$	a_4	=	0 .	x_{41}	x_{42}	x_{43}	x_{44}	x_{45}	x_{46}	$\cdots$
5	$\leftrightarrow$	a_5	=	0 .	x_{51}	x_{52}	x_{53}	x_{54}	x_{55}	x_{56}	$\cdots$
6	$\leftrightarrow$	a_6	=	0 .	x_{61}	x_{62}	x_{63}	x_{64}	x_{65}	x_{66}	$\cdots$
$\vdots$		$\vdots$		$\vdots$	$\vdots$	$\vdots$	$\vdots$	$\vdots$	$\vdots$	$\vdots$	
n	$\leftrightarrow$	a_n	=	0 .	x_{n1}	x_{n2}	x_{n3}	x_{n4}	x_{n5}	x_{n6}	$\cdots$

如果这是真正的一一对应关系，那么，右边一列区间（0，1）内的每一个实数都应该唯一地与左边一列中的一个自然数相对应。康托定义了一个区间（0，1）内的实数b。

$$b = 0.b_1 b_2 b_3 b_4 b_5 b_6 \cdots b_n \cdots$$

其中：在构造b时，b_1，b_2，b_3，$\cdots$，b_n，$\cdots$可选择2到8内任何数字，禁止选用0或9。

选择b_1与a_1的第一位小数不同，$b_1 \neq x_{11}$；

选择b_2与a_2的第二位小数不同，$b_2 \neq x_{22}$；

选择b_3与a_3的第三位小数不同，$b_3 \neq x_{33}$；

$\cdots\cdots$

选择b_n与a_n的第n位小数不同，$b_n \neq x_{nn}$；

以此类推，"对角线"的名称正是来源于这一模式。

① 由于b是一个无穷小数，所以，b是实数。由于我们禁止选择0或9，因而，数字b既不可能是$0.00000\cdots = 0$，也不可能是$0.99999\cdots = 1$。显然b是0与1之间的一个无穷小数。所以，b一定会在上面对应表的右边一列中出现。

② 然而从b的构造方法本身看，b与a_1的第一位小数不同；与a_2的第二位小数不同；$\cdots$总之，b与a_n的第n位小数不同。所以，b不可能是上面对应表的右边一列数字a_1，a_2，a_3，a_4，$\cdots$，a_n，$\cdots$中的任何一个。

我们看到，①告诉我们"b一定会在上面对应表的右边一列中出现"，而②又告诉我们"b不可能是上面对应表的右边一列数字a_1，a_2，a_3，a_4，$\cdots$，a_n，$\cdots$中的任何一个"。这一逻辑矛盾说明，我们最初的假定，即"（0，1）区间内的所有实数与自然数N之间存在一一对应关系"是错误的。因此，（0，1）区间内的所有实数形成一个不可数集。

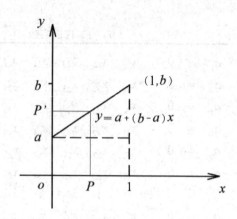

在这一意义上，单位区间（0，1）不失一般性。对于任意给出的有限区间（a，b），我们可以引入函数 $y = a + (b-a)x$，使 x 轴上区间（0，1）内的点与 y 轴上区间（a，b）内的点之间建立起一一对应的关系。这种一一对应的关系保证了区间（0，1）与（a，b）具有相同的（不可数）基数。也许会令人感到吃惊的是，区间的基数与其长度并无关系。0 与 1 之间的所有实数并不比 3 与 10000 之间的所有实数少，在这种情况下，函数 $y = 9997x + 3$ 提供了必要的一一对应关系。初一看，这似乎是违反直觉的，但当人们熟悉了无穷集合的性质，便不再相信幼稚的直觉。

在此基础上，再向前迈一小步便可以证明所有实数的集合与区间（0，1）具有相同的基数。

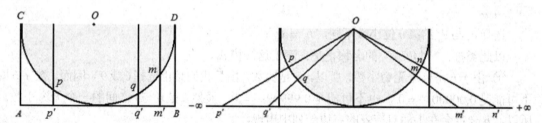

上面左图中线段 AB 上的点与半圆 CD 上的点一一对应，从右图可以看到这个半圆上的点与无限长直线上的点一一对应。事实上，一条无限长直线上的点与该直线上一个有限线段上的点一样多。等价的说法是区间（0，1）、（a，b）与全体实数具有相同的（不可数)基数。

我们也可以通过函数 $y = \dfrac{2x-1}{x-x^2}$ 确定上述结论。

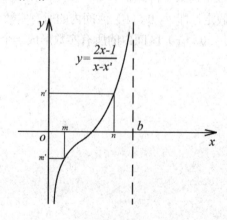

线段（0，b）上的点与 y 轴上的点（$-\infty$，$+\infty$）通过曲线 $y = \dfrac{2x-1}{x-x^2}$ 建立了一一对应关系。

至此，全体实数形成了一个不可数集，一个数字连续统。

现在，我们可以跟随康托再向前迈出勇敢的一步。正像我们曾把全体自然数 N 作为可数集而引入了第一个超限基数 $\aleph_0$ 一样，区间（0，1）也将作为定义一个新的、更大的超限基数的标准。康托使用字母 C（英文"连续统"一词的第一个字母）表示他的基数。

之后，康托思考一条直线上的点与 R^2（二维平面）或 R^3（三维立体）中的点的对应关系，并试图证明这两者不可能存在一一对应关系。当康托证明一条直线上的点与 R^2 或 R^3，直至 R^n（n 维空间）中的点存在一一对应关系时，这一违背直觉的发现给康托留下的印象如此之深，以致于他惊呼："我看到了它，但是我简直不能相信它！"

所有这些讨论在认识有理数集与无理数集的内在区别方面开始显示出它的重要意义。有理数集与无理数集的区别绝不仅仅是前者可以写成有限小数或无限循环小数而后者则不能的问题。为了更清楚地说明这一点，康托只需要再增加一个结果。

康托证明了如果集合 B 与集合 C 是可数的，而集合 A 的所有元素属于 B 或者属于 C（或者属于两者），那么，集合 A 是可数的。（在这种情况下，我们说 A 是 B 与 C 的并集，记作 $A = B \cup C$）

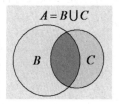

康托证明的前提是所设的集合 B 与集合 C 是可数的，以保证它们各自与自然数的一一对应关系：

$$N : \quad 1 \quad 2 \quad 3 \quad 4 \quad 5 \quad 6 \quad \cdots \qquad N : \quad 1 \quad 2 \quad 3 \quad 4 \quad 5 \quad 6 \quad \cdots$$
$$\updownarrow \ \updownarrow \ \updownarrow \ \updownarrow \ \updownarrow \ \updownarrow \qquad\qquad \updownarrow \ \updownarrow \ \updownarrow \ \updownarrow \ \updownarrow \ \updownarrow$$
$$B : \quad b_1 \quad b_2 \quad b_3 \quad b_4 \quad b_5 \quad b_6 \quad \cdots \qquad C : \quad c_1 \quad c_2 \quad c_3 \quad c_4 \quad c_5 \quad c_6 \quad \cdots$$

在集合 B 的元素中均匀地插入集合 C 的元素，我们可以在 N 与 $A = B \cup C$ 之间建立起一一对应的关系：

$$N : \quad 1 \quad 2 \quad 3 \quad 4 \quad 5 \quad 6 \quad 1 \quad 2 \quad 3 \quad 4 \quad 5 \quad 6 \quad \cdots\cdots$$
$$\updownarrow \ \updownarrow \ \updownarrow \ \updownarrow \ \updownarrow \ \updownarrow \ \updownarrow \ \updownarrow \ \updownarrow \ \updownarrow \ \updownarrow \ \updownarrow$$
$$B : \quad b_1 \quad c_1 \quad b_2 \quad c_2 \quad b_3 \quad c_3 \quad b_4 \quad c_4 \quad b_5 \quad c_5 \quad b_6 \quad c_6 \quad \cdots\cdots$$

所有集合 A 也是可数的，即两个可数集合的并集也是可数的。

前面我们已经证明有理数集是可数的，假设无理数集也是可数集，那么，有理数集与无理数集的并集也应该同样是可数集。但是，有理数集与无理数集的并集恰恰是全部实数的集合，是一个不可数集。由此，可以断定无理数集是不可数的。

不太正规地说，这意味着无理数在数量上大大超过有理数。实数远比有理数多的原因恐怕只能解释为实数轴几乎被漫无边际的无理数所淹没。数学家有时说"大部分"实数，常常是对无理数而言；至于有理数集，公认是一个非常重要的无穷集，尽管有理数在数轴上处处稠密，然而与无理数相比不过是沧海一粟。对于康托来说，从基数的意义上讲，实数轴上有理数的确非常稀少，而无理数则占据着统治地位。

所有这一切已足以震古烁今，但康托 1874 年的论文中还包含着一个更加令人震惊的结果。康托不但证明了实数的不可数性，而且还把这一性质应用于一个长期困扰数学家的难题—超越数的存在。

七、超越数的不可数性

在 19 世纪，数学家们已经注意到所有实数的集合除了可以分为有理数集和相对稀有的比较丰富的无理数集之外，还可以详尽无遗地分为两个相互排斥的数系—代数数和超越数。

如果一个实数，满足下述代数方程

$$a_n x^n + a_{n-1} x^{n-1} + \cdots + a_2 x^2 + a_1 x + a_0 = 0$$

那么，这个实数是"代数数"。其中，方程中所有系数 a_n，a_{n-1}，$\cdots$，a_1，a_0 均为整数。所有有理数和大量无理数都是代数数，例如 $\sqrt{2}$，$3/7$，$\sqrt[3]{1+\sqrt{5}}$ 都是代数数，因为它们分别是多项式方程 $x^2 - 2 = 0$，$7x - 3 = 0$ 和 $x^6 - 2x^3 - 4 = 0$ 的根。

实 数 集

代 数 数	超 越 数
$\sqrt{2}$ $\dfrac{3}{7}$ $\sqrt[3]{1+\sqrt{5}}$	刘维尔数 $L = 0.110001000000000000000001000\cdots$ 圆周率 $\pi = 3.1415926\cdots$ 自然对数的底 $e = 2.7182818\cdots$

相比之下，不能成为任何代数方程根的超越数就极难发现。虽然欧拉最早猜测超越数的存在，但第一个超越数 L 却是由法国数学家约瑟夫·刘维尔于1851年给出的。它是一个无限小数，其中的1分布在小数点后第1，2，6，24，120，720，5040等处。

$$L = 0.11000100000000000000000001000\cdots$$

继刘维尔之后，数学家们为了证明某些具体的数的超越性付出了种种努力：1873年，法国数学家埃尔米特证明了自然对数的底 $e = 2.7182818\cdots$ 是超越数。

证明某些数是超越数有着重大的意义，比如说 π 的超越性的证明就彻底地解决了古希腊三大作图问题中的化圆为方问题，即化圆为方是不可能的。判断某些给定的数是否超越数实在是太困难了，一个多世纪以来，数学家们付出了艰苦的劳动。即便如此，这个领域仍旧迷雾重重。

1874 年，当康托开始研究超越数的时候，林德曼关于 π 是超越数的证明还没有出台。也就是说，在康托发展他的无穷论时，人们还只是发现了极少的超越数。或许，超越数只是实数中的一种例外。

然而，乔治·康托已习惯于将例外转变为常规，在超越数问题上，他又一次成功地实现了这种转变。他首先证明了全部代数数的集合是可数的。基于这一事实，康托开始探索看似稀有的超越数问题。

首先设任意区间 $(a，b)$。他已证明在这一区间中的代数数构成了一个可数集；如果超越数也同样可数，那么代数数和超越数的并集 $(a，b)$ 本身也应该可数。但是，他已经证明，区间是不可数的。这就表明，无论在任何区间，超越数在数量上都一定大大超过代数数！

这是关于超越数的存在性的第一个非构造性的证明，换句话说，康托并没有构造出一个具体的超越数，只是"数"区间中的点，就证明了它们的存在！并由此认为，区间中的代数数只占很小一部分。这种证明超越数存在的间接方法真是令人吃惊。一位受人欢迎的数学史作家埃里克·坦普尔·贝尔以充满诗意的语言概述了这种情况：

"点缀在平面上的代数数犹如夜空中的数也不清的繁星；而沉沉的夜空却是由超越数构成。"

八、超限基数的序列

康托证明了一个正方形，甚至整个平面中的全部点，都具有与单位区间（0，1）相同的基数。三维空间中也相同，事实上 R （n 维空间）的情况也一样，连续统 C 似乎是最高一级的基数了。

但是，事实却证明并非如此。1891 年，康托成功地证明了更高一级超限基数的存在，而且，是以令人难以置信数量存在。他的研究结果，我们今天通常称之为康托定理。如果说他一生中证明了许多重要定理，那么，这个定理的名称就表明了它所得到的高度评价。这个定理像集合论的任何定理一样辉煌。

康托将任意集合 A 的所有子集的集合称作 A 的幂集，记作 $P[A]$。康托定理证明了 A 的幂集 $P[A]$ 比 A 具有更多的元素。

对于有限集合这一结论是显而易见。例如集合 $\{a，b，c\}$ 的子集有 $\{a\}$、$\{b\}$、$\{c\}$、$\{a，b\}$、$\{a，c\}$，我们还需加上空集 $\{\varphi\}$ 和该集合 $\{a，b，c\}$ 自身。请注意，空集 $\{\varphi\}$ 和集合 A 本身是 $P[A]$ （A 的幂集）的两个元素，无论我们采用什么样的集合 A，这都是正确的。我们由三个元素组成的集合中导出了由八（$2^3=8$）个元素组成的新集合。

我们不难证明，一个包含 4 个元素的集合有 $2^4=16$ 个子集；一个包含 5 个元素的集合有 $2^5=32$；对任一有限集，若集合有 n 个元素，那么它的所有子集（包括空集及其自身）的集合有 2^n 个元素。2^n 总是大于 n 的。

康托将这些结果推广到无限集，即可以由任何无限集的所有子集建立一个比该无限集有更多元素的新集合。也就是说新集合的基数大于原无限集的基数。这一过程可以不断重复下去，直至无穷，我们可以构造 $P[(0,1]]$，即构造（0，1）的所有子集的集合。尽管（0，1）已经是一个非常惊人的集合。这个妖怪一旦逃出魔瓶，就再没有什么能够阻止康托了。因为我们显然能够无限地重复这个过程，并由此生成更大超限基数的永无尽头的不等式链。这是一个没有结尾的故事。

康托用 $2^{\aleph_0}$，$2^{2^{\aleph_0}}$，…表示新生成集合的基数，并称为超限基数。

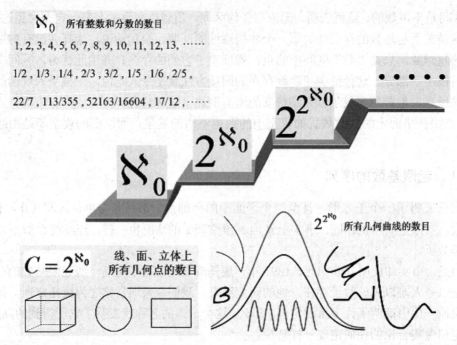

这样，康托实际上建立了无穷大的谱系，自然数集合的基数 $\aleph_0$ 是最小的无穷集合的基数，不存在基数小于 $\aleph_0$ 的无穷集合。连续统（实数集）的基数等于自然数的幂集，即 $C = 2^{\aleph_0}$。具有基数 C 的集合大于具有基数 $\aleph_0$ 的可数集。

$$\aleph_0 < C = 2^{\aleph_0} < 2^{2^{\aleph_0}} < \cdots$$

九、连续统假设

1874 年康托猜测在可数集基数 $\aleph_0$ 和连续统基数 C 之间不存在别的超限基数，这就是著名的连续统假设。在这一意义上，基数 $\aleph_0$ 与 C 之间的关系很像整数 0 与 1。在 0 与 1 之间不可能插入任何其他整数，康托猜测，$\aleph_0$ 与 C 这两个超限基数之间也有相似的性质。从另一个角度讲，连续统假设表明，实数集的任何无穷子集或者可数（在这种情况下，它具有基数 $\aleph_0$）；或者能够与（0，1）构成一一对应的关系（在这种情况下，它有基数 C），没有中间的可能性。

康托在他的数学生涯中，用了很多时间来钻研这个问题。1884 年，他的精神病第一次发作，那一年他作出了一次重大努力，并认为他的努力已获成功，便写信给他的同事古斯塔夫·米塔格—列夫勒，宣称他对这个问题已作出了证明。但是，三个月以后，他在随后的信中不仅收回了他 8 月份的证明，而且还声称他现在已证明出连续统假设是错误的。这种观点的根本改变仅仅持续了短短的一天，之后，他又再次写信给米塔格—列夫勒，承认他的两个证明都有错误。康托不是一次，而是两次承认他所犯的数学错误，却仍然搞不清他的连续统假设究竟是否正确。

实际上，并非只有乔治·康托一人在形单影只地探索这个问题的答案。1900 年第二届国际数学家大会上，大卫·希尔伯特审视了 19 世纪大量未解决的数学问题，并从中选出 23 个问题作为对 20 世纪数学家的重大挑战。康托的连续统假设列入 20 世纪有待解决的 23 个重要数学问题中的第一个。希耳伯特称连续统假设是一个"……似乎非常有理的猜想，然而，尽管人们竭尽全力，却没人能够作出证明。"

在对集合论这一貌似简单的猜想作出某些突破之前，数学家们还需要殚精竭虑，努力一番。进入 1940 年，一个重大的突破在 20 世纪非凡的数学家库特·哥德尔的笔下产生。哥德尔证明连续统假设在逻辑上与世界公认的 ZFC 公理系统并不矛盾。如果康托还活着的话，他一定会对这一发现感到无比振奋，因为这似乎证明他的猜想是正确的。果真如此吗？哥德尔的结果无疑并没有证明这一假设，这一问题依然悬而未决。1963 年，美国斯坦福大学的数学家保罗·科恩证明连续统假设和 ZFC 公理系统是彼此独立的，我们同样不能用 *ZFC* 公理系统证明连续统假设成立。

综合哥德尔和科恩的工作，连续统假设以一种最奇特的方式得到了解决：这一假设不能用集合论公理系统判定其真伪。

至此，我们的无穷之旅迈出了坚实的第一步！

十、缘起

数学并不是我的专业方向，但对数学文化颇感兴趣，对有关书籍也常有涉猎。学院侯顺利和曹媛两位青年教师在王强主任带领下，集整个数学教研室的智慧，利用业余时间编写了一本《数学文化》教材，嘱我作序，推脱不过，就以上面旧作做为引玉之砖，权当作序，希望能引起大家对数学文化的兴趣。

数学作为一种文化现象，早已是人们的常识。从历史上看，古希腊和文艺复兴时期的文化名人柏拉图、泰勒斯和达·芬奇等本身就是数学家。近世的爱因斯坦、希尔伯特、罗素、冯·诺依曼等文化名人也都是 20 世纪数学文明的缔造者。

数学文化一般指数学的思想、精神、方法、观点、语言，以及它们的形成和发展；除上述内涵以外，还包含数学家、数学史、数学美、数学教育、数学与各种文化的联系等等。

进入 21 世纪之后，数学文化的研究更加深入。一个重要的标志是数学文化走进课堂，数学文化作为一个单独的教学板块，得到了特别的重视。当数学文化的魅力真正渗入教材、溶入教学时，数学就会更加平易近人，数学教学就会通过文化层面让学生进一步理解数学、喜欢数学、热爱数学。

这本教材从"数学是什么？"开篇，内容包括数学与哲学、数学与美术、数学与建筑、数学与音乐、数学与航海天文、数学与诗歌、数学与游戏等，视角新颖，内容充实。

一本好的数学文化教材应符合两个条件，一是通俗性，让非专业人士也能读懂；二是可读性，能让读者兴趣盎然，爱不释手。这本书做到了吗？让读者评判吧！相信你静下心来阅读这本书，积小流以成江河，积跬步以至千里，它会助你品味到数学的奥秘，领略到数学的智慧。

2016 年 7 月

目　录

第一章 数学文化概述

人类生存和发展的历史就是不断认识自然、适应自然和改造自然的历史，在这一过程中，数学也随之产生和发展起来。数学是人类文明的一个重要组成部分，是几千年来人类智慧的结晶。

从远古时代的结绳记事到应用电子计算机进行计算、证明，从利用规、矩等工具进行的具体测量到公理化的抽象体系，从自然数、一维的直线、规则的图形等到群、无穷维空间、分形等数学内容、思想和方法逐渐演变、发展，并渗透到人类生活的各个领域。今天，数学已经成为衡量一个国家发展、科技进步的重要标准之一。但究竟"数学是什么"？人类对之经历了一个漫长而艰难的探究过程。

1.1 数学是什么

数学是什么？正如科学是什么、系统是什么、精神是什么、文化是什么、生命是什么、智能是什么等等，都是聚讼纷纭的问题。每个人都觉得他知道一些，可是又说不清。不只外行说不清，而且内行的意见也不统一，这与物理学、化学等大不一样。化学家对于有机化学是什么，胶体化学是什么，甚至什么是化学大概没有什么不同看法。物理学家对于核物理学是什么，半导体物理学乃至物理学上什么也不会有什么根本的意见分歧。数学则完全不同，不仅一般人随着他们对数学的理解程度不同而不同，而且数学家也是如此。"数学是什么"这个问题古人与今人看法也是极为不同的。关于数学的定义是什么，古今出现了几百种定义或描述，如美国数学家莫里兹（R. E. Moritz）于1914年编著（1990年由朱剑英编译中文版）《数学家言行录》一书中，列举了几百种；又如亚里士多德（Aristotle，公元前384—前322）定义为"数学是量的科学"；恩格斯（F. Engels，1820—1895）定义为："数学是研究现实世界量的关系与空间形式的科学"；当代定义为"数学是文化"；……

还可以举出很多定义或描述，如数学是一种普遍语言或方法；数学是一种普遍的思想原则；数学是一种思想工具、理性思维框架等。

尽管数学有各种各样说法，但必须明确：数学是一门研究纯粹形式的科学，它不是一门自然科学（或社会科学），它不以自然为对象，也不以理解世界和控制及改造世界为其最终目标。

古今出现了几百种定义或描述，至今都没有统一的、严格的定义出现，将来也不可能出现。为什么？主要原因有二：①数学同其他学科一样，它的对象、内容和方法，无时不在发生变化，因而只能在各个历史时期对其对象、方法本质加以概括，给出描述定义，目的是使人有整体性观念；②观点不同，出发点不同，即同一时期也无统一的定义，每个定义都打上时代的烙印。

综上所述，数学本身是一个历史概念，是历史的理解，因它的内涵随着时代的变化而变化，故无永恒不变的定义。

对于这个问题，从数学所从属的工作领域来看，有下面一些观点：

数学是技术；

数学是逻辑；

数学是自然科学；

数学是科学；

数学是艺术；

数学是文化；

……

从数学的对象来看：

数学研究计算；

数学研究数和量；

数学研究现实世界的数量关系和空间形式；

数学研究模型；

数学研究结构；

数学研究演绎系统及形式系统；

数学研究无穷；

……

从数学的社会价值来看：

数学是语言；

数学是工具；

数学是框架；

数学是符号游戏。

这些看法都有所指，但没有一个是充分概括现代数学研究的全部特点。有一点是肯定的，数学家是要解决问题，问题直接或间接来源于社会生活实际，多次间接以后与社会也就挨不上边了。物理学、化学、生物学乃至社会科学的对象是明确的，目的是明确的，结果要受实践的检验。另一方面，哲学的体系变来变去，总是一套千古不变的问题。逻辑学和语言学都是形式科学，它们的对象也相当清楚。只有数学的对象相当广泛，相当自由，正如德国数学家康托（G. Cantor，1845—1918）所说"数学的本质在于它的自由性"。所以说数学不是一门自然科学，它的地位应处于哲学与自然科学、社会科学之间，与逻辑学、语言学为邻，是一门符号的、形式的学问。可是它又有社会的背景，因此不能说完全脱离实际，归根结底，数学是数学家已经解决和尚未解决问题的集合，这些问题虽然直接或者间接来源于社会实际，但研究时却把它孤立起来单凭逻辑推理去搞，在这个过程中，又产生新的问题，新的方法，新的学科。这样一来，不管问题来源于外界社会还是来源于数学自身，数学已发展成极为广阔的领域。不过大致划分一下，可以归成两大类：一类是算的问题，一类是证的问题。当然，他们之间也是有着千丝万缕的联系的。

1.2　数学进展的进程

数学来源于社会实际，它与社会有着天然的血缘关系，经过纯粹数学家的净化，似乎数学已成为只有少数人才能理解和掌握的一门学问，越来越脱离社会实际。可是当广大群众对数学的理解深入之后，数学的潜在的社会功能就会发挥出来。正如美国的戴维（E. David）报告中所指出的那样：数学是一种潜在资源。当你挖掘这个资源时，你会发现数学的真正价值，你会发现埋在故纸堆中的许多思想，可以成为你解决多少问题的工具，只要你去理解它、掌握它。拉东（J. Radon，1887—1956）1917 年的积分变换的论文成为探测肿瘤位置的工具。统计方法成为提高农业产量与工业产品质量不可少的手段。大量的社会实际问题需要数学帮助解决。

在对数学史分期问题上，普遍被大家接受的分法如下：

（1）数学发源时期（公元前 6 世纪前）；

（2）初等数学时期（公元前 6 世纪至公元 17 世纪中叶）；

（3）近代数学时期（17 世纪中叶至 19 世纪中叶）；

（4）现代数学时期（19 世纪中叶至今）。

数学发展的历史非常悠久，大约在一万年以前，人类从生产实践中就逐渐形成了"数"与"形"的概念，但真正形成数学理论还是从古希腊人开始的。除去数学的发源时期，数学理论的形成和发展可大致分为三个阶段：17 世纪中叶以前是数学发展的初级阶段，其内容主要是常量数学，相当于现在我们学习的初等几何、初等代数中的数学知识；17 世纪中叶开始，数学发展进入第二个阶段，即变量数学阶段，产生了相当于我们现在学习的微积分、解析几何、高等代数的数学知识体系；从 19 世纪中叶开始，数学获得了巨大的发展，进入现代数学阶段，产生了实变函数、泛函分析、非欧几何、拓扑学、近世代数、计算数学、数理逻辑等诸多新的数学分支（见表 1.1）。

表 1.1　数学理论的形成和发展以及所对应的代表课程

时间	初等数学阶段	近代数学阶段	现代数学阶段
	17 世纪中叶前	17 世纪中叶至 19 世纪中叶	19 世纪中叶至今
对象	常量 简单图形	变量 曲线、曲面（形与数统一）	集合、空间 构件、流形 （以集合和映射为工具）
代表 课程	初等代数 立体几何	数学分析 高等代数 解析几何	泛函分析 近世代数 拓补学

1.2.1　数学发源时期（公元前 6 世纪以前）

公元 6 世纪以前是人类建立最基本的数学概念的时期，从数数开始逐步建立了自然数的概念，形成了简单的计算方法，认识了最简单的几何图形，逐步形成了理论与证明之间逻辑关系的纯粹数学。这个时期的算术和几何没有分开，彼此紧密交错着。

世界不同年代出现的不同的进位制和各种符号系统，都说明了数学萌芽的多元性。但对早期数学贡献较多的有一些具有代表性的国家和地区，以下简述这些区域数学的贡献。

（1）古埃及的数学（公元前 4 世纪以前）：古埃及人创造了巍峨雄伟的神庙和金字塔。例如，建于公元前 2600 年的吉萨金字塔（Giza Pyramids），其底面正方形的边长和金字塔高度的比例约为圆周率的一半，显示了埃及人极其精确的测量能力和较高的几何学知识，因为古埃及遗留的数学文献极少，所以金字塔蕴涵着许多现代人无法破解的数学之谜。

现存的古埃及最重要的数学文献是"纸草书",记载了现实生活中的诸多数学问题。例如,记数制,基本的算术运算,一次方程,正方形、矩形、等腰梯形等图形的面积公式,圆面积、椎体体积的近似公式,历史上第一个"化圆为方"的尝试公式。

(2)古巴比伦的数学(公元前6世纪中叶以前):古巴比伦是古代美索不达米亚(希腊文,意为河流之间)文明的代表,主要传世文献是"泥板",现发现的泥板文书中,约300多块是数学文献,记录了古巴比伦人的数学贡献。例如,发明了60进制计数系统,已知勾股数组,能解某些二次方程,建立了三角形、梯形的面积公式,给出了棱柱、方锥的体积公式,把圆周分成360等份等。

(3)古印度的数学(公元前3世纪以前):古印度著作《吠陀》成书于公元前15世纪~前5世纪,历时1000年左右,是婆罗门教的经典,虽然大部分失传,但残存书稿的一部分《绳法经》,是印度最早的数学文献,包含了几何、代数的知识。例如,毕达哥拉斯定理,记载了$\sqrt{2}$和π圆周率的近似值:

$$\sqrt{2}=1+\frac{1}{3}+\frac{1}{3\times4}+\frac{1}{3\times4\times34}\approx1.414215686$$

$$\pi=4\left(1-\frac{1}{8}+\frac{1}{8\times29}-\frac{1}{8\times29\times6}+\frac{1}{8\times29\times6\times8}\right)^2\approx3.0883$$

写在白桦树皮上的"巴克沙利手稿"记录了公元前2世纪至前3世纪的印度数学,内容丰富,涉及分数、平方根、数列、收支与利润计算、比例算法、级数求和、代数方程等,出现了完整的十进制数,其中用"?"表示"0",后才逐渐演变为现在的"0"。

(4)西汉(公元前202年至公元9年)以前的中国数学:中国的夏代就知道"勾三股四弦五",商代已经使用完整的十进制记数,公元前5世纪出现了中国古代的计算工具——算筹,从春秋末期直到元末,算筹一直作为主要的计算工具。至春秋战国时代,开始出现严格的十进制筹算记数(筹算是中国古代的计算方法之一,以刻有数字的竹筹记数、运算),公元400年左右的《孙子算经》一书记载了这种记数方法:"凡算之法,先识其位,一纵十横,百立千僵,千十相望,万百相当。"中国传统数学的最大特点是建立在筹算基础之上。秦朝已经有了完整的"九九乘法口诀表"。为避免涂改,唐代后期,中国创用了一种商业大写数字,又称会计体:壹、贰、叁、肆、伍、陆、柒、捌、玖、拾、佰、仟、万。

1.2.2 初等数学时期（公元前6世纪至公元17世纪中叶）

初等数学时期也常称为常量数学时期,持续了2000多年。当时数学研究的主要对象是常量和不变的图形。公元前6世纪,希腊几何学的出现成为第一个转折点,数学由具体的实验阶段过渡到抽象的理论阶段,初等数学开始形成。此后又经历不断地发展、交流和丰富,最后形成算术、几何、代数、三角等独立的学科。这一时期的成果大致相当于现在中小学数学课程的主要内容。

初等数学时期的主要贡献包括古希腊数学、东方和欧洲文艺复兴时代的数学。

1. 古希腊数学

公元前600年至前300年,是古希腊数学的发端时期,这一阶段,先后出现许多对后世颇有影响的学派:爱奥尼亚学派、毕达哥拉斯学派、伊利亚学派、诡辩学派、柏拉图学派、亚里士多德学派。古希腊数学以几何定理的演绎推理为特征,具有公理化的模式。

（1）泰勒斯（Thales of Miletus，约公元前 624—前 547）是爱奥尼亚学派的代表人物，希腊几何学的鼻祖，最早留名于世的数学家。其数学贡献主要是开创数学命题逻辑证明之先河，他证明了一些几何命题，例如，圆的直径将圆分成两个相等的部分，等腰三角形两底角相等，两相交直线形成的对顶角相等等等。

（2）毕达哥拉斯是古希腊时期最著名的数学家，曾师从爱奥尼亚学派。毕达哥拉斯学派的数学贡献有：认识到数学研究抽象概念；对自然数表现了极大关注，例如，发现完全数、亲和数；证明了毕达哥拉斯定理；该学派的标志是对正五角星作图和黄金分割的认识；该学派还发现了"不可公度量"（无理数），引发"第一次数学危机"。

（3）芝诺（Zeno of Elea，约公元前 490—前 425）则是伊利亚学派的代表，毕达哥拉斯学派成员的学生。芝诺以著名的芝诺悖论留名数学史，"飞矢不动""阿基里斯追龟""游行队伍"等悖论将运动和静止、无限与有限、连续与离散的关系以非数学的形式提出，并进行了辩证的考察。

（4）安蒂丰（Antiphon the Sophist，约公元前 480—前 411）是诡辩学派的代表人物。诡辩学派（智人学派），以雄辩著称。该学派深入研究了尺规作图的三大问题：三等分任意角、化圆为方（作一正方形其面积为已知圆的面积）、倍立方（作一正方形其体积为已知立方体体积的 2 倍）。安蒂丰在数学方面的突出成就是用"穷竭法"讨论化圆为方的问题，其中孕育着近代极限论的思想，使他成为古希腊"穷竭法"的始祖。

（5）柏拉图曾师从毕达哥拉斯学派，是哲学家苏格拉底（Socrates，公元前 469—前 399）的学生。柏拉图学派笃信"上帝按几何原理行事"，认为打开宇宙之谜的钥匙是数与几何图形，他们发展了用演绎逻辑方法系统整理零散数学知识的思想，是分析法与归谬法的创始者。柏拉图的认识论、数学哲学和数学教育思想，在古希腊的社会条件下，对于科学的形成和数学的发展，起了重要的推动作用。柏拉图是哲学家而非数学家，却赢得了"数学家的缔造者"的美誉。

（6）亚里士多德是柏拉图的学生，其名言"吾爱吾师，吾尤爱真理"流传后世。亚里士多德集古希腊哲学大成，把古希腊哲学推向最高峰，将前人使用的数学推理规律规范化和系统化，创立了独立的逻辑学，堪称"逻辑学之父"。他把形式逻辑的方法用于数学推理上，为欧几里得的演绎几何体系的形成奠定了方法论的基础。"矛盾律"和"排中律"已成为数学中间接证明的核心定律。

公元前 300 年至前 30 年，希腊定都亚历山大城，希腊数学进入亚历山大前期，也是希腊数学的黄金时代。先后出现了欧几里得、阿基米德和阿波罗尼奥斯三大数学家，他们的成就标志着古希腊数学的巅峰。

（1）欧几里得（Euclid of Alexandria，约公元前 325—前 265）是亚历山大学派的奠基人。欧几里得用逻辑方法把几何知识建成一座巍峨的大厦——《几何原本》，被后人奉为演绎推理的圣经，他的公理化思想和方法千古流传。《几何原本》是科学史上流传最广的伟大著作之一，已有各种文字版本 1000 多个。但《几何原本》并非完美的，其中的缺陷，如某些定义借助直观、公理系统不完备等，都在后来得到了改进。

（2）阿基米德（Archimedes of Syracuse，公元前 287—前 212）曾师从欧几里得的门生，其名言"给我一个支点，我就可以撬起地球"广为流传。阿基米德的杰出贡献在于发展了穷竭法，用于计算周长、面积或体积，通过计算圆内接和外切正 96 边形的周长，求得圆周率介

于 $3\frac{10}{71}$ 至 $3\frac{1}{7}$ 之间（约为 3.14），是数学史上第一次给出科学求圆周率的方法。阿基米德的成果一直被推崇为创造性和精确性的典范，他的墓碑上刻着他本人最引以为豪的数学发现：球及其外切圆柱的图形。

（3）阿波罗尼奥斯（Apollonius of Perga，约公元前 262—前 190）曾师从欧几里得的门生。最重要的数学成就是以严谨的风格写成传世之作《圆锥曲线论》，全书共 8 卷，487 个命题，将圆锥曲线的性质讨论的极其详尽。阿波罗尼奥斯证明了三种圆锥曲线都可以由同一圆锥体截取而得，给出了抛物线、椭圆、双曲线等名称，并对它们的性质进行了广泛的讨论，涉及解析几何、近代微分几何、射影几何的一些课题，对后世有很大启发。

公元前 30 年至公元 600 年，史称古希腊数学的"亚历山大后期"。这段时期，罗马帝国建立，维理的希腊文明被务实的罗马文明代替，由于希腊文化的惯性影响和罗马统治者对自由研究的宽松态度，在相当长的时间里亚历山大城仍是学术中心，产生了一批杰出的数学家。

（1）托勒密发展了亚里士多德思想，建立了"地心说"。他最重要的著作是《天文学大成》（又称《至大论》），共 13 卷。这部著作总结了他之前的古代三角学知识，最有意义的贡献包括一张三角函数表，是历史上第一个有明确的构造原理并流传于世的系统的三角函数表。三角学的贡献是亚历山大后期最富有创造性的成就。

（2）丢番图（Diophantus of Alexandria，埃及，约 3 世纪）是古希腊时期著名的代数学家。亚历山大后期希腊数学的一个重要特征是突破了前期数学以几何学为中心的传统，使算术和代数成为独立的学科。古希腊算术和代数的最高标志是丢番图的著作《算术》，其中有一个著名的不定方程：将一个已知的平方数分为两个平方数之和。17 世纪法国数学家费马（P. de Fermat，1601—1665）在阅读《算术》时对该问题给出了一个边注，这就是举世瞩目的"费马大定理"。丢番图的另一个重要贡献是创用了一套缩写符号——一种"简化代数"，是真正意义的符号出现之前的一个重要阶段。

2. 中世纪的东西方数学

公元前 1 世纪至公元 14 世纪，是中国传统数学形成和兴盛时期。5 世纪至 15 世纪的印度、阿拉伯以及欧洲数学主要发展了算术、初等代数和三角几何学。

（1）中国传统数学名著和中国古代数学家

据文献证实，中国传统数学体系在秦汉时期形成。

《周髀算经》（周髀是周朝测量日光影长的标杆）成书于西汉末年（约公元前 1 世纪），这是一部天文学著作，但涉及许多的数学知识，包括复杂的分数乘除运算、勾股定理等。

《九章算术》是中国传统数学中最重要的著作，成书于公元 1 世纪初，它是由历代多人修订、增补而成。全书共 9 卷，称为"九章"，主要内容如下：

第一卷　方田：田亩面积的计算和分数的计算，是世界上最早对分数进行的系统叙述；

第二卷　粟米：粮食交易、计算商品单价等比例问题；

第三卷　衰分：依等级分配物资或摊派税收的比例分配问题；

第四卷　少广：开平方和开立方法；

第五卷　商功：土方体积、粮仓容积及劳力计算；

第六卷　均输：平均赋税和服役等更复杂的比例分配问题；

第七卷　盈不足：用双假设法解线性方程问题；

第八卷　方程：线性方程组解法和正负数；

第九卷　勾股：直角三角形解法。

《九章算术》完整叙述了当时已有的数学成就，标志着以筹算为基础的中国传统数学体系的形成，奠定了中国传统数学的基本框架，对其进一步发展影响深远。

公元 3 世纪的三国时期，赵爽（3 世纪，生卒不详）撰《周髀算经注》，作"勾股圆方图"，用"弦图"证明了勾股定理，成为中国数学史上最先完成勾股定理证明的数学家。

263 年，魏晋时期的数学家刘徽（3 世纪，生卒不详）撰《九章算术注》，提出"析理以辞，解体用图"，他对《九章算术》的方法、公式和定理进行一般的解释和推导，系统地阐述了中国传统数学的理论体系和数学原理，且多有创造。刘徽提出的"割圆术"所用到的极限思想和对圆周率 π 的估算值是他所处时代的辉煌成就，他的数学贡献使之成为了中国传统数学最具代表的人物之一。

南朝祖冲之（429—500）的著作《缀术》记载了他取得的圆周率的计算和球体体积推导的两大数学成就。祖冲之给出的圆周率 π 的近似值约率 $\frac{22}{7}$ 和密率 $\frac{355}{113}$ 被认为是数学史上的奇迹，他关于圆周率的工作使其成为在国外最有影响的中国古代数学家。

中国传统数学的成就在宋元时期达到顶峰，涌现出许多杰出的数学家和先进的计算技术。北宋的贾宪（11 世纪上半叶，生卒不详）创造了开方作法的"贾宪三角"；沈括（1031—1095）的著作《梦溪笔谈》中记载了他对数学的贡献，包括"会圆术"（解决由弦求弧的问题）和"隙积术"（开创了研究高阶等差级数的先河）；金元时期的李冶（1192—1279）在著作《测圆海镜》中首次论述了解一元高次方程法的"天元术"；南宋的秦九韶（约 1202—1261）于 1247 年完成数学名著《数书九章》，其中的两项贡献尤为突出：一是发展了一次同余方程组解法，创造了现称"中国剩余定理"的"大衍总数术"；二是总结了高次方程的数值解法，提出了现称"秦九韶法"的"正负开方术"。这两项贡献使得宋代算书在中世纪世界数学史上占有突出地位。

南宋的杨辉（13 世纪，生卒不详）1261 年的数学专著《详解九章算法》中的主要贡献包括"垛积术"和"杨辉三角"；元代数学家朱世杰（约 1260—1320）在 1299 年和 1303 年分别完成两部代表作《算学启蒙》和《四元玉鉴》，是中国宋元时期数学高峰的标志之一，主要贡献有"四元术"（列解多元高次方程的解法，未知数堆垛可达四个）和"招差术"（四次内插公式）。

李冶、秦九韶、杨辉和朱世杰在中算史上称为宋元四大数学家。由于历史渊源和独特的发展道路，决定了中国传统数学的重要特点：追求实用、注重算法、寓理于算。尤其以计算为中心、具有程序性和机械性的算法化模式的特点。

（2）印度、阿拉伯及欧洲的数学家及数学成就

中世纪的国外数学以印度、阿拉伯地区以及欧洲的数学成果为主。

公元 5 世纪至 12 世纪是印度数学的繁荣时期，保持了东方数学以计算为中心的实用化特点，主要贡献是算术与代数。阿耶波多第一（Aryabhata Ⅰ，约 476—550）是印度科学史上的重要人物，数学上的突出贡献是改进了希腊的三角学，制作正弦表，计算了 π 的近似值，在古印度首次研究一次不定方程。婆罗摩笈多（Brahmagtlpta，约 598—665）在 628 年发表著作《婆罗摩修正体系》（宇宙的开端），其中讲到算术与代数。婆什迦罗第二（BhāskaraⅡ，约 1114—1185）著有《算法本源》和《莉拉沃蒂》两部重要的数学著作，主要探讨算术和代数问题。印度数学成就在世界数学史上占有重要地位，许多数学知识由印度经阿拉伯国家传

人欧洲，促进了欧洲中世纪时期的数学发展。但是，印度数学著作叙述过于简练，命题或定理的证明常被省略，又常以诗歌的形式出现，加之浓厚的宗教色彩，致使其晦涩难读。

公元 8 世纪至 15 世纪，阿拉伯帝国统治下的各民族共同创造了"阿拉伯数学"。早期的花拉子米（Al-Khwārizmī，783—850）820 年出版了《还原与对消的科学》，即后来传入欧洲的《代数学》，该著作以逻辑严密、系统性强、通俗易懂和联系实际等特点被称为"代数教科书的鼻祖"。花拉子米的另一部著作《算法》系统介绍了印度数码和十进制记数法，这本书于 12 世纪传入欧洲并被广泛传播。中期的奥马·海亚姆（Omar Khayyām，1048—1131）1070 年著有《还原与对消问题的论证》一书，其中杰出的数学贡献是研究三次方程根的几何作图法，提出用圆锥曲线图求根的理论。这一创造，使代数和几何的联系更加紧密，成为阿拉伯数学最重大成就之一。后期的纳西尔丁（Nasīr al-Dīn，1201—1274）最重要的数学著作《论完全四边形》是数学史上流传至今的最早的三角学专著，其中首次陈述了正弦定理。卡西（Al-Kāshī，约 1380—1429）1427 年著有传世百科全书《算术之匙》，其中有十进制记数法、整数的开方、高次方程的数值解法，以及贾宪三角等中国数学的精华。

公元 5 世纪至 11 世纪是欧洲历史上的黑暗时期，教会成为社会的绝对势力，宣扬天启真理，对自然不感兴趣，期间的希腊学术几乎绝迹，没有像样的发明创造，也少见有价值的科学著作。12 世纪是欧洲数学的翻译时期，希腊的著作从阿拉伯文译成拉丁文传入欧洲。欧洲人了解到希腊和阿拉伯数学，构成后来欧洲数学发展的基础。欧洲黑暗时期过后，第一位有影响的数学家，也是中世纪欧洲最杰出的数学家是斐波那契，他 1202 年编著的代表作《算盘书》讲述算术和算法，内容丰富、方法有效、习题多样、论证令人信服，一度风行欧洲，名列 12 世纪至 14 世纪数学著作之冠，成为中世纪数学的一枝独秀。1228 年，《算盘书》的修订本载有"兔子问题"（某人养了一对兔子，假定每对兔子每月生一对小兔，而小兔出生后两个月就能生育。问从这对兔子开始，一年内能繁殖多少对兔子？）对这个问题的回答，产生了著名的"斐波那契数列"，这是欧洲最早出现的递推数列，在理论和应用上都有巨大价值。斐波那契的另一部重要著作是 1225 年编著的《平方数书》，这部著作奠定了斐波那契作为数论学家的地位。

1.2.3　近代数学时期（17 世纪中叶至 19 世纪中叶）

近代数学时期也常称变量数学时期。

14 世纪至 16 世纪的文艺复兴运动卷起的历史狂飙，催生出欧洲新生的资产阶级文化，同时加速了数学从古典向近代转变的步伐。17 世纪解析几何、微积分出现，产生了变量、函数和极限的概念，变量数学时期开始。这一阶段也使得欧洲跃起为世界数学的中心。

1. 解析几何

变量数学建立的第一个里程碑是 1637 年笛卡儿的著作《几何学》。《几何学》阐释了解析几何的基本思想：在平面上引入坐标系，建立平面上的点和有序实数对之间的一一对应关系，其中心思想是通过代数的方法解决几何的问题，最主要的观点是使用代数方程表示曲线。解析几何的三部曲就是：发明坐标系、认识数形关系、作函数的图形。

"坐标"一出现，变量就进入了数学，于是运动也就进入了数学。在这之前，数学中占统治地位的是常量，而这之后，数学转向研究变量了。

笛卡儿方法论原理的本旨是寻求发现真理的一般方法，他称自己设想的一般方法为"通用数学"，思想是：任何问题　数学问题　代数问题　方程求解。

笛卡儿还提出了自己的一套符号法则，改进了韦达（F. Viete，法，1540—1630）创造的符号系统。笛卡儿之前，从古希腊起在数学中占优势地位的是几何学，解析几何则使得代数获得了更广的意义和更高的地位。

2. 微积分

17 世纪后半叶，牛顿和莱布尼兹（G.W.Leibniz，德，1646—1716）共同创立的微积分是变量数学发展的第二个里程碑。当然，在此之前的许多数学家做了大量的准备工作。

微积分的出现是科学史上划时代的事件，解决了许多工业革命中迫切需要解决的大量有关运动变化的实际问题，展示了它无穷的威力。但初期的微积分逻辑基础不完善，后来形成的极限理论及实数理论才真正奠定了微积分的逻辑基础。

微积分还在应用中推动了许多新的数学分支的发展。例如，常微分方程、偏微分方程、级数理论、变分法、微分几何等，所有这些理论都是由于力学、物理学、天文学和各种生产技术问题的需要而产生和发展的。对这些数学分支，作出贡献的有欧拉、拉普拉斯（P. S. M de Laplace，法，1749—1827）、勒让德（A. M. Legendre，法，1752—1833）、蒙日（G. Monge，法，1746—1818）、柯西（A. L. Cauchy，法，1789—1857）、高斯等一大批数学家。

微积分以及其中的变量、函数和极限等概念，运动、变化的思想，使辩证法渗入了全部近代数学，并使数学成为精确地表述自然科学和技术的规律及有效地解决问题的有力工具。

3. 其他

17 世纪，与解析几何同时产生的还有射影几何，纯粹几何方法在射影几何中占统治地位。这一时期的代数学的主体仍然是代数方程。18 世纪末，高斯给出了代数学基本定理（复系数 n（$n>0$）次多项式在复数域内恰有 n 个根（k 重根按 k 个计））及其证明。对于五次方程的求根问题，许多数学家做了有益的工作，虽没有最终解决，但也为后来代数方程的发展奠定了良好的基础。这一时期的线性方程组理论和行列式理论也有了较大的进展。由于费马、欧拉、高斯等的工作，数论也在古典数论的基础上有了较大的进步。

18 世纪，由微积分、微分方程、变分法等构成的"分析学"，已经成为与代数学、几何学并列的三大学科之一，并且在 18 世纪里，其繁荣程度远远超过了代数学和几何学。这一时期的数学及后来完善与补充的内容，构成了"高等数学"课程的核心。

1.2.4 现代数学时期（19 世纪中叶至今）

现代数学时期的数学主要研究最一般的数量关系和空间形式，通常的数量及通常的一维、二维、三维的几何图形是讨论的极其特殊的情形。这一时期也是代数学和几何学的解放时期。整个现代数学的基础和主体是抽象代数、拓扑学和泛函分析。变量数学时期开创了许多新兴学科，数学的内容和方法逐步得以充实、加深，不断向前发展。

1. 非欧几何——几何学的解放

大约在 1826 年，俄国数学家罗巴切夫斯基（N. I. Lobaceviskii，1792—1856）和匈牙利数学家鲍耶（J. Bolyai，1802—1860）首先提出了非欧几何之一——罗巴切夫斯基几何学。1854 年，德国数学家黎曼提出了非欧几何的另一支——黎曼几何学。非欧几何的出现，改变了欧几里得几何学是唯一几何学的传统观点，它的革命性思想为新几何开辟了道路，人类得以突破感官的局限而深入到揭示自然更深刻的本质。1899 年，德国数学家希尔伯特研究了几何学的基础问题，提出了几何学的现代公理系统及构造原则，弥补了欧氏几何学的不足。

2. 群论——代数学的解放

1843 年，哈密顿（W. R. Hamiltom，英，1805—1865）发现了一种乘法交换律不成立的代数——四元数代数。不可交换代数的出现，打破了一般的算术代数是唯一代数的传统观点，它的创新思想打开了近代代数学的大门。19 世纪 20～30 年代，在研究高次方程的可解条件过程中，法国数学家伽罗瓦提出了群论，开创了近世代数学的研究。此后，多种代数系统（环、域、格、布尔代数等）被建立起来了。代数学的研究对象扩大为向量、矩阵等，并逐渐转向研究代数系统结构本身。

3. 分析的算术化

1872 年，德国数学家魏尔斯特拉斯（K. Weierstrass, 1815—1897）构造了著名的"处处连续而处处不可导的函数"的例子，说明即使是连续函数也可以是很复杂的。这个例子迫使人们对分析基础作深刻的理解，魏尔斯特拉斯提出了"分析的算术化"的思想，即实数系本身最先应严格化，然后分析的所有概念应该由此数系导出。

在分析的算术化进程中，许多数学家做出了贡献。1817 年，波尔查诺（B. Bolzano，捷，1781—1848）在《纯粹分析的证明》中首次给出连续、微分、导数的恰当定义，提出"确界原理"。1821 年，法国数学家柯西在其著作《分析教程》中定义了极限、收敛、连续、导数、微分，证明了微积分基本定理、微分中值定理，给出了无穷级数的收敛条件，提出"收敛准则"。1854 年，德国数学家黎曼定义了有界函数的积分。19 世纪 60 年代，德国数学家魏尔斯特拉斯提出"语言""单调有界原理"。1875 年，达布（J. G. Darboux，法，1842—1917）提出大和、小和的概念。1872 年海涅（H. E. Heine，德，1821—1881）和 1895 年博雷尔提出"有限覆盖定理"。

1872 年戴德金（R. Dedekind，德，1831—1916）提出分割理论。1892 年，巴赫曼（P. Bachmann，德，1837—1920）提出"区间套原理"。

实数的定义及其完备性的确立，标志着由魏尔斯特拉斯倡导的分析的算术化运动的大致完成。19 世纪后期，数学家们证明了实数系（由此导出多种数学）能从确立自然数系的公理集中导出。20 世纪初，数学家们又证明了自然数可用集合论概念来定义，因而各种数学能以集合论为基础来论述。集合论中悖论的出现又导致了数理逻辑学的产生和三大数学学派的出现。

4. 边缘学科及应用数学分支大量涌现

20 世纪 40～50 年代，随着科学技术日趋定量化的要求和电子计算机的发明和应用，数学几乎渗透到所有的科学部门中，从而形成了许多边缘学科，如生物数学、数理语言学、计量经济学等。应用数学也得到了长足的发展，一大批具有独特数学方法的应用学科涌现出来，例如，运筹学、密码学、模糊数学、计算数学等。

现代数学呈现出多姿多彩的局面，主要特点表现在：数学的对象、内容在深度和广度上有了很大的发展；数学不断分化、不断综合；电子计算机介入数学领域，产生了巨大而深远的影响；数学渗透到几乎所有的科学领域，发挥越来越大的作用。

1.3 数学科学的特点与数学的精神

尽管人们很难统一对数学的定义，但对于数学科学的显著特点的认识却很一致，那就是：第一是抽象性；第二是精确性；第三是应用的广泛性。

1.3.1　数学科学的特点

1. 抽象性

众所周知，全部数学概念都具有抽象性，但又都有非常现实的背景。数学所研究的"数"和"形"与现实世界中的物质内涵往往没有直接关系。例如，数 1，可以是 1 个人，也可以是 1 亩地或其他别的一个单位的东西；一张球面既可以代表一个足球面，也可以代表一个乒乓球面等；二次函数 $y = ax^2 + bx + c$，可以表示炮弹飞行的路线，振动物体所释放的能量和自然界中质量和能量的转化关系等；一元函数 $y = f(x)$ 的导数 $\dfrac{dy}{dx}$，可以表示做变速直线运动的物体的瞬时速度，也可以表示平面曲线切线的斜率，还可以表示质量分布非均匀细棒的密度等，除了数学概念，数学的抽象性还表现在数学的结论中，更体现在进行推理计算的数学研究的过程之中。

数学的抽象有别于其他学科的抽象，其抽象的特点在于：

（1）在数学抽象中保留了量的关系和空间形式而舍弃了其他。

随着人类实践的发展，这里量和空间形式的概念包含的内容越来越丰富。古典数学中通常的"形"和"数"已经演变为现代数学中的数学的关系结构系统。

（2）数学的抽象是一级一级逐步提高的，它们所达到的抽象程度大大超过了其他学科中的一般抽象。

现代数学发展的一个重要特点就在于它的研究对象从具有直观意义的量的关系和空间形式扩展到了可能的量的关系和空间形式，这表明了数学抽象所达到的特殊高度。

（3）数学本身几乎完全周旋于抽象概念和它们相互关系的圈子之中。

数学对象借助明确的概念进行构造，再通过逻辑推理，数学对象才能由内在的思维活动转化为外部的独立存在，相应的数学结论才能摆脱思维活动所具有的个体性，获得作为科学知识所必须具有的普遍性。

数学中的抽象思维是数学家必须具备的素质。把现实世界的一个具体问题"翻译"成一个数学问题，就是一个"抽象"的过程。把直觉的认识上升到理性认识，也需要抽象。数学中研究问题的方法，常常是先特殊后一般、先简单后复杂、先有限后无限，但不能把特殊的、简单的、有限的情形全部照搬到一般的、复杂的、无限的情形。有的可以推广，但是是有条件的，这种推广就是抽象的过程。学习数学的时候就应该注重抽象思维能力的培养。事实上，数学的发展过程就是常量与变量、直与曲、简单与复杂、特殊与一般、有限与无限互相转化的过程，这个转化过程实际上就是数学家辩证思维的体现。

2. 精确性

数学的精确性表现在数学定义的准确性，推理和计算的逻辑严密性以及数学结论的确定无疑与无可争辩性。数学中的严谨推理和一丝不苟的计算，使得每个数学结论都是牢固的、不可动摇的。这种思想方法不仅培养了科学家，而且它也有助于提高人的科学文化素质，它是全人类共有的精神财富。

所谓严密性就是指数学中的一切结论只有经过用可以接受的证明证实之后才能被认为是正确的。在数学中只有"是"与"非"，没有中间地带。要说"是"必须证明，要说"非"应举出反例。这个事实决定了数学家的思维方式与物理学家或其他工程技术专家的思维方式有所不同。有人认为"哥德巴赫猜想"是对的，因为你举不出一个反例来，但是数学家不认同这种说法，数学家要证明这个猜想是正确的。四色地图问题（任何地图上如果相邻地区都不是在一点处相邻，那么要区别地图上所有的国家所需的最少颜色数是四）尽管在 1976 年被美国数学家阿佩尔（K. Ap-pel）与哈肯（W. Haken）给出了一个证明，他们把这个问题归结为考虑大约 2000 个不同地图的特征，然后编制程序，使用计算机解决了数学问题，但是数学家还是希望能找到一个分析证明，通过严密的逻辑推理解决四色地图问题。

数学理论的严密性就要求学习数学的人在学习过程中，不仅要做习题，掌握解题的方法，而且要重视和学会证明结论的思想和技巧，理解数学问题背后的精神和方法。强调证明，不是说不要几何直观（直觉），不要例证（验证）。在学习数学、研究数学时，直观和例证都是重要的，能启发人们的思维，但直观和例证不能代替严密的证明。

3. 应用的广泛性

数学的高度抽象性决定了数学应用的广泛性。1959 年 5 月，数学家华罗庚（1910—1985）在人民日报上发表了《大哉数学之为用》的文章，精辟地论述了数学的广泛应用："宇宙之大，粒子之微，火箭之速，化工之巧，地球之变，生物之谜，日用之繁等各方面，无处不有数学的贡献。"

我们的现实生活和科学研究中，少不了和"量"打交道，凡是出现"量"的地方就少不了用到数学，研究量的关系、量的变化关系、量的关系的变化等现象都离不开数学。今天，数学之应用已经贯穿到一切科学部门的深处，成为科学研究的有力工具，缺少了它就不能准确刻画出客观事物的变化，更不能由已知数据推出其他数据，因而就减少了科学预见的准确性。马克思（K. Marx，德，1818—1883）说过："一门科学，只有在其中成功地使用了数学，才算真正发展了。"印度数理统计学家拉奥（A. N. Rao，1920—）也曾说过："一个国家的科学水平可以用它消耗的数学来度量。"历史证明了这一点。

回顾人类历史上的重大科学技术进步，数学在其中发挥的作用是非常关键的。

例 1（航空航天） 牛顿 17 世纪就已经通过数学计算预见了发射人造天体的可能性。19 世纪麦克斯韦方程从数学上论证了电磁波的存在，其后赫兹通过实验发现了电磁波，接着就出现了电磁波声光信息传递技术，使得曾经存在于人们幻想之中的"顺风耳""千里眼""空中飞行"和"探索太空"等都成为了现实。

值得一提的是，干扰和失真是电磁波通信的一大难题。早在 20 世纪 60 年代太空开发初期，美国施行阿波罗登月计划，发现由于太空中过强的干扰，无论依靠怎样精密的电子硬件设备，也无法收到任何有用的信息，更不用说操纵控制了，后来采用了信息数字化、纠错编码、数字滤波等一整套数学和控制技术之后，载人登月的计划才得以顺利完成。

例 2（能量能源） 爱因斯坦（A. Einstein，德-美，1879—1955）相对论的质能公式 $E=mc^2$（其中 E 表示能量，m 表示质量，c 表示光速），首先从数学上论证了原子反应将释放出巨大能量，预示了原子能时代的来临。随后人们在技术上实现了这一预见，到了今天，原子能已成为发达国家电力能源的主要组成部分。

例 3（计算机） 电子数字计算机的诞生和发展完全是在数学理论的指导下进行的。数学家图灵（A. M. Turing，英，1912—1954）和冯·诺依曼的研究对这一重大科学技术进步起了关键性的推动作用。

例 4（生命科学） 遗传与变异现象早就为人们所注意，生产和生活中也曾培养过动植物新品种，但遗传的机制却很长时间得不到合理解释，直到 19 世纪 60 年代，孟德尔（G. J.

Mendel，奥，1822—1884）以组合数学模型来解释他通过长达 8 年的实验观察得到的遗传统计资料，从而预见了遗传基因的存在性。20 世纪 50 年代美国生物学家沃森（J. D. Watson，1928—）和英国科学家克里克（F. Crick，1916—2004）发现了 DNA 分子的双螺旋结构——遗传基因的实际承载体。此后，数学更深刻地进入遗传密码的破译研究。

例 5（国民经济）　　20 世纪前半叶，日本和美国都投入大量资金和人力进行电视清晰度的有关研究，日本起步最早，所研究的是模拟式的；美国起步稍晚，但所研究的是数字式的。经过多年较量，数字式以其绝对的优越性取得关键性胜利，得到世界多数国家认可。今天，电视屏幕还可以通过联网成为信息传递处理的工作面，数学技术在如此重要项目的激烈较量中起了决定作用。

例 6（现代战争）　　1991 年的海湾战争是一场现代高科技战争，其核心技术竟然是数学技术。在海湾战争中，多国部队方面使用一套数字通信与控制技术把对方干扰得既聋又瞎，而让自己方面的信息畅通无阻。采用精密的数学技术，可以在短短数十秒的时间内准确拦截对方发射的导弹，又可以引导我方发射导弹准确击中对方的目标。美国总结海湾战争经验得出的结论是："未来的战场是数字化的战争。"

例 7（地震预报）　　地震是地壳快速释放能量过程中造成振动而产生地震波的一种自然现象。大地震常常造成严重人员伤亡，财产损失，还可能造成海啸、滑坡等次生灾害。2008 年，美国科学家利用数学模型进行地震预测，预测到未来 30 年加利福尼亚州南部可能面临 7.7 级大地震而遭受巨大损失。加利福尼亚州地处美国的地震活跃带，20 世纪，在加利福尼亚州北部就发生了 1906 年、1989 年两次旧金山大地震，1906 年的强度甚至达到可怕的 8.6 级。

例 8（地质勘探）　　当今社会的生产和生活离不开石油，石油勘探需要了解地层结构。多年来，人们已经发展了一整套数学模型和数学程序，目前石油勘探与生产普遍采用的数学技术是：首先发射地震波，然后将各个层面反射回来的信息收集起来，用数学方法进行分析处理，就能将地层各个剖面的图像和地层结构的全貌展现出来。

例 9（医疗诊断）　　在医疗诊断方面，医生需要了解患者身体内部和器官内部的状况与变异，最早的调光片将骨骼和各种器官全都重叠在一起，往往难以辨认。现在有了一整套的基于数学原理的 CT 扫描或 MRI 技术，可以借助精密设备收集射线穿透人体或磁共振带出的信息，将人体各个层面的状况清晰地呈现出来。

20 世纪 90 年代，美国国家研究委员会公布了两份重要报告《人人关心数学教育的未来》和《振兴美国数学——90 年代的计划》。两份报告都提到：近半个世纪以来，有三个时期数学的应用受到特别重视，促进了数学的爆炸性发展：一是第二次世界大战促成了许多新的强有力数学方法的发展；二是 1957 年前苏联人造卫星发射的刺激，美国政府增加投入促进了数学研究与数学教育的发展；三是 20 世纪计算机的广泛使用扩大了对数学的需求。

20 世纪中叶以后，科学技术迅猛发展，使得数学理论研究与实际应用之间的时间差大大缩短，信息的数字化和数学处理已成为几乎所有高科技项目共同的核心技术，从事先设计、制定方案，到试验探索、不断改进，再到指挥控制、具体操作，处处倚重于数学技术，数学技术成为了一种应用最广泛的重要的实用技术。

大量实例说明无论在实际的生产生活中，还是科学技术方面，数学都起着非常重要的作用，科学技术和生产的发展对数学提出了空前的需求，我们必须把握时机，加强数学研究与数学教育，提高全民族的数学素质，更好地迎接未来的挑战。

1.3.2 数学的精神

数学科学的特点决定了数学背后的精神，而数学家是数学精神的承载者，数学家的思维特点归纳起来就是思维的严谨性、抽象性、灵活性及批判性。此外，数学家还具备非同常人的直觉、想象、美感和审美能力。特别地，数学家身上具备勤奋刻苦、甘于寂寞、勇于拼搏和不断进取的精神，他们发自内心喜爱甚至痴迷数学，陶醉于数学之美，追寻精神之自由。

下面看几个例子，体会数学家所追求的数学精神。

$\sqrt{2}$ 是一个无理数，并且它是代数方程 $x^2 - 2 = 0$ 的根；$\dfrac{\sqrt{5}-1}{2}$ 也是一个无理数，并且它是方程 $x^2 + x - 1 = 0$ 的根，$\sqrt{2}$，$\dfrac{\sqrt{5}-1}{2}$ 等一类无理数称为代数无理数。π 是无理数，但它不是任何有理系数多项式的零点或相应方程的根，因此，π 称为超越无理数。19 世纪下半叶，数学家不仅证明了 π 是无理数，而且还证明了它不是代数无理数，即证明了它是超越无理数。证明 π 为一超越数是一项很艰难的工作，完成这一证明也是对无理数 π 的认识的一个飞跃。几千年前，人们就在思考圆周长与其直径之比，即圆周率，两百多年前才用 π 这样一个希腊字母表示它，一百多年前才证明它不仅是无理数，还是一个超越数。现实生活里，一般人记得 π 的前 4 位近似小数就够了，即使是土木工程师，记得 π 的前 7 位近似小数也够用了，如果要计算地球周长并要求精确到一英寸之内，也只需要用到 π 的前 10 位近似小数。如果讲实用，人们用不着计算冗长的更多位数的小数了，但是，我国南北朝时期的数学家祖冲之就已算到了 π 的 7 位小数，16 世纪时欧洲人算到 35 位。近代有了计算机之后，能够算到更多位，1958 年算到了 π 的一万位小数，1987 年算到了一亿位以上，1995 年算到了 40 多亿位。没有计算机，这一结果是难以想象的，如果将这 40 多亿位数字打印出来，需用厚厚的一万本书（每本书 40 多万字），对 π 的这种深入认识，主要体现了数学家探索真理的一种精神。

数学家还能够透过表象，通过严谨的推理得到超乎想象的、与情理的推断似乎相矛盾的结果。一个简单的微积分中的例子是：由双曲线 $y = \dfrac{1}{x}$ 在 $x = x \geqslant 1$ 的部分绕 z 轴旋转所得的旋转曲面称为加百列（Gablriel，是圣经中的报喜天使的名字）喇叭（图 1-1），可以证明这个喇叭所围的体积是有限的，而它的表面积却是无限的。通俗讲，人们可以用有限的涂料把喇叭填满，但绝不可能有足够的涂料把喇叭的表面涂满。再如，在分形几何学中，柯克（Koch）曲线是面积有限而周长无限的图形，这些结论实在令人难以想象，这是数学之所以迷人的一个特点，也是令数学家着迷的地方。

1914 年，德国数学家豪斯多夫（F. Hausdorff, 1868—1942）证明了：一张球面，除了一个可数集，可以分解为有限块，并且可以通过刚体运动重新拼合成两张球面，且每张球面都具有和原球面相等的半径。10 年以后，波兰数学家巴拿赫（S. Banach, 1892—1945）和塔尔斯基（A. Tarski, 波-美，1902—1983）证明了实心球也有同样的性质，而且无须除掉一个可数集。按照他们的结果，地球可以分解为有限块，然后再拼成和原来地球一样大的两个地球。后来，冯·诺依曼对这个惊人的事实作了补充，证明了：把一张球面分解为两张有同样半径的球面，只需分成 9 块。1947 年，罗宾逊（A. Robinson，德，1918—1974）又作了改进，证明分成 5 块就够了。5 块是不是最好的结果？数学家也在继续思索，还要精益求精。

数学作为世界上所有教育系统的学科金字塔的塔基，是古老但又生机盎然的科学，它从生产实践和科学研究所涉及的其他学科中汲取营养和动力，反过来向对方提供思想、概念、问题和解决的办法。今天，有无数未解决的数学问题，有形形色色未开垦的数学领域，等待富有想象力、有创新和拼搏精神、有执著信念的人们去征服！

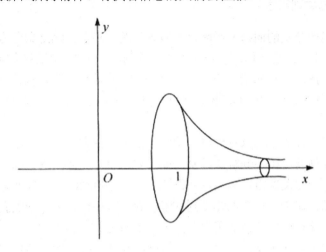

图 1-1　加百列喇叭

1.4　数学推动科学发展

不管怎么说，数学最大的社会功能是推动科学发展，而科学发展则是现代社会进步的主要动力。从 300 年前，近代科学诞生之日起，理论思维同实验观测这两大要素结合是科学发展的主要因素。在理论思维中，数学思维占有重要地位，它使物理概念精密化，定量化，它以自己特有的思想——不变性、对称性、极大或极小（变分原理）得出新物理量以及守恒律等数学规律。而在实验观测中，使用先进的方法推算结果以及数据处理和揭示经验规律也都是重要的数学手段，数学就这样推动了科学的发展。

更重要的是，数学的思维以及科学对社会进步造成的巨大冲击，反过来也发展了数学。虽然没有一件历史上的重大事件是直接同数学的进展与数学家的参与有关联，但有三次大的社会进步与数学关系密切：第一次是牛顿的科学革命，他用数学描绘统一的宇宙图景，作出科学的预言，使科学成为社会上举足轻重的因素，成为 18 世纪启蒙运动及社会革命的思想上的先导。麦克斯韦的电磁理论也是数学与实验结合的产物，不过它更多的是推动人类走向新的电气化技术时代。数学与物理学、化学、天文学、地学、生命科学以及工程技术相结合，成为推动科学技术进步的动力之一。第二次是达尔文的进化论影响他的表弟哥尔顿（F. Galton, 1822—1911）发展相关及回归的概念，孟德尔的遗传规律的发现与再发现更促进数理统计的建立及发展。统计思想及统计方法有着最广泛的社会应用，其中数学提供了理论基础。而统计应用的广度、深度以及正确与否直接影响着工业、农业、国防以及科学技术的进步。统计数学也成为研究社会最重要的工具，没有大量的社会经济统计资料，了解社会、了解国情、了解国际局势是根本不可能的。

第三次也是数学对社会未来有着最大影响的一次，是电子计算机的制造与使用，许多未来科学家已为我们展示由于电子计算机的普及而导致的社会生活的巨变。这是一次最深刻的科技和社会革命。虽说数学在计算机的发展中所起的作用是一小半，一大半要靠技术进步，但大大促进了计算机向智能型发展，为人类社会开创新局面还要靠数学发挥自己的潜力。计算机反过来也推动数学、统计以及科学的发展，使我们能更有效地研究社会。

1.4.1　数学与物理科学

许多科学部门或分支的问题已经转化为数学问题，甚至已经是微分方程或微分方程组的问题。这时，这门学科的理论问题可以说就是数学问题，在 20 世纪初之前，通常把它们归到数学科学的范畴。18、19 世纪最早出现的偏微分方程是波动方程、拉普拉斯方程及热传导方程，整个 19 世纪都在它们的求解问题，除此之外，各分支还有许多求解方程的问题，如：

1. 天体力学

天体力学研究天体的运动以及天体的形状。由于牛顿力学及相对论，运动问题变成解运动方程问题。二体问题已由牛顿解决，其后的主要问题是三体问题。除了极特殊情形，三体问题没有精确解，为此发展出一系列近似方法，特别是摄动法。三体问题及 n 体问题已是天体力学的中心问题。在 18 及 19 世纪受到许多大数学家注意。另一个受到注意的问题是旋转液体的平衡形状，从雅可比到庞加莱都研究过这个问题。

实用天文学的中心问题是计算轨道，确定行星在某一时刻所处的位置。从欧拉到高斯发展了轨道计算方法，并由此引出小行星的发现及海王星的预见，这被称为数学的伟大胜利。至今还经常被人引为数学的用处及威力的最好例证。实际上高斯的名声并不像后来有些人想象的那样来自他 1801 年的《算数研究》，而是来自他发展了最好的轨道计算法，通过三组数据即可确定小行星的轨道，使得他能在 1801 年 1 月 1 日发现的谷神星看不到之后，指出它后来的位置。他的方法于 1808 年发表，至今仍然在用，经过适当改进编成程序使轨道计算自动化。科学的重要功能在于其预测力。天体运动规律在数学的协助下，第一次显示其精确的预测能力。第二次引起轰动的是海王星的发现，这是勒维耶（U. J. J. Le Verrier，1811—1877）和亚当斯（J. C. Adams，1819—1892）先由数学作出预测，然后再由望远镜发现的。随着人造卫星的发射，卫星轨道的确定也是一个数学问题。因为人造卫星公转周期短，不仅要考虑周期的摄动，还要考虑长期摄动对于轨道计算进行修正，这也是数学在天文学上的重要应用。

2. 流体力学

理论流体力学的主要问题是解黏性不可压缩流体的运动方程组——纳维尔（C. Navier，1785—1836）—斯托克斯（G. Stokes，1819—1903）方程。虽然求解问题没有彻底解决，但已通过一系列数学近似方法来处理各种实际问题。

流体力学另一个中心问题是湍流，数学家对此作出许多贡献。特别是 1971 年儒耶（D. P. Ruelle，1935—）及塔金斯（F. Takens）提出的理论，开创了混沌理论的新局面。

随着航空航天事业的发展，空气动力学为数学提供了一系列数学问题，这些问题的解决不仅对航空航天是必不可少的，而且也创立了不少数学领域。如边界层理论，跨声速的混合型方程。

3. 电磁学

1855 年麦克斯韦提出电磁场方程组。麦克斯韦方程的数学解预示电磁波的存在，这由赫兹（H. Hertz，1857—1894）的实验所证实，当然这也是数学理论的重大胜利。数学的应用并不到此为止，无线电波（特别是微波）的传播与器件的设计（如波导管）都要在不同条件下解麦克斯韦方程。

物理科学中的数学问题绝不都是解方程之类的计算。数学的结构理论在物理学中也有着决定性的作用，从晶体分类直到基本粒子分类都可以说是数学的胜利。

群论对于分子、原子、核及基本粒子分类也是关键的。对于基本粒子已知四种相互作用或"力"，即强相互作用，电磁相互作用，弱相互作用及引力相互作用。爱因斯坦及外尔都企图统一处理每种基本粒子的场，但由于历史局限性未能成功。

1.4.2　数学与社会科学

正如自然科学是以自然为研究对象一样，社会科学是以社会为研究对象的一类科学。社会科学是"寻求规律"的科学，它的对象是社会组织，社会制度，社会关系，社会活动或实践及其间关系，社会演化及发展。它可以大致分为四块：政治学，经济学，社会学及文化人类学。

著名科学史家科恩（I. B. Cohen）最近研究过自然科学及精密科学（他统称为"科学"）对社会科学及行为科学的影响。他指出，科学为社会研究提供方法，概念，规律，原理，理论，标准及价值。而最主要的是利用别人的"思想观念（idea）"，这种观念导致自己思想观念发生变化甚至根本的更新。他把科学革命分成三个阶段：

（1）思想上的革命：主要是产生新观念；

（2）纸上的革命：思想传播给同行；

（3）科学上的革命：新思想开始得到应用。

任何一次科学革命最终都两个方面：一方面，对科学思想及实践产生影响；另一方面，对社会及政治思想产生影响，而且从社会科学或哲学一直到日常的思想都起作用。的确，有些科学革命缺少第二阶段思想上的成分。科恩举出麦克斯韦的电磁场论，量子理论和最近的分子生物学的革命。有意思的是，这三次革命恰巧同数学关系极为密切，麦克斯韦及量子力学都是用数学得出其伟大结论的，而分子生物学则应追溯到孟德尔的著名实验，在他的豌豆实验中第一次在生物学中得出定量的规律。但是对社会及政治思想有强烈影响的是牛顿、达尔文、佛洛伊德及爱因斯坦。美国革命时期的政治思想甚至政治语言都同当时的自然哲学有关，美国的立国先贤富兰克林（B. Franklin，1706—1790）、亚当斯（J. Adams，1735—1826）和杰弗逊（T. Jefferson，1743—1826）都是用牛顿运动定律的词汇来考虑政治平衡的。古典经济学家亚当·斯密（Adam Smith，1723—1790）、马尔萨斯（T. R. Malthus，1766—1834）及李嘉图（D. Ricardo，1772—1823）都认为自己也是像牛顿那样的科学家。马克思曾分析过他们的学说，并称赞李嘉图具有"科学的诚实"。

沿着牛顿物理学的方向研究社会的是"社会学之父"孔德（A. Comte，1798—1857）。孔德作为法国综合技术学校的毕业生受过当时最好的数学训练。他的思想方法是逻辑的、按时间顺序排列的、自然进展的。他把数学及天文学作为最原始的科学，然后是物理学、化学、生物学，最后是复杂的社会学。

1971年2月，哈弗大学的多伊奇（K. Deutsch）和两个同事在美国权威的《科学》杂志上发表一项研究报告，列举了从1900年到1965年62项社会科学方面的进展，他们认为社会科学也同自然科学及技术一样存在实实在在的成就，产生重大的社会影响，1980年又补充到77项，大部分与数学有关。

1. 数学与经济学

经济学号称"社会科学的女王"，这不仅仅因为他研究的对象客观而明确，而且也因为它的定量化及数学化程度最高。经济学中的一些概念，如市场价格、产量、工资、利润、利息、汇率、成本、折旧、通货膨胀、税率等等连家庭妇女通过其切身体会都能理解，对于稍微抽象的概念如国民收入、人均总产值、供给、需求、分配、竞争、垄断乃至均衡、投入产出、经济波动（萧条与复苏）、经济周期等也不难通过理论思维及数学概念得出比较明确的认识。相比之下，政治科学中的概念：如国家、民族、权利、权威、行政、法等等就很抽象，很难得到共同认识（政治科学家看法也不同），更不用提定量化、数学化了。作为一门科学，首先需要搞清楚最基本的概念，描述客观的经济现象，阐述经济是如何发展的（这就是经济史的内容），然后仿照自然科学的方法建立经济模型，研究其中各种规律，特别是变量之间的函数关系以及各种量如何演化的微分方程。如果沿着数学化道路发展下去就得出抽象的数理经济学；沿着联系实际的道路走下去，就要得出符合实际的经济学结论，这时要运用统计工具及其他数学方法来确定。确定之后，还需要解方程，得出相应的结论，在这方面与自然科学不同。物理化学的系数往往是靠实验的方法定出的，当然用统计物理方法也可计算，但不一定可靠及算得准，而只有在计算机出现以后这方面才有显著改进。有了方程的解之后，再翻译成经济学的语言，成为我们的认识或预测，这首先就要有可靠的经济学假设、学说或理论，为了得出理论，往往也要靠数学。社会科学与自然科学不同，不是等出了理论就大功告成了。经济科学不仅要知道以后的发展如何，而且还要制定政策使得经济朝着符合人的意志方向发展，在这方面，不仅需要可靠的经济理论（而不是似是而非、概念模糊、不能通过客观事实检验的经济理论），还需要更强有力的数学工具，特别是最优化理论（包括线性及非线性规划）、对策论、统计数学等。最后当然也离不开计算机。由上可看出，每一经济学说发展大体都有四个阶段：（1）经验描述阶段；（2）寻求规律阶段；（3）建立理论阶段；（4）制定政策阶段。每一阶段都离不开数学的参与，只不过所用的数学逐步精深罢了。

第二次世界大战之后形成的主要经济思想流派是新古典综合派和新剑桥学派。前者的代表人物是 1970 年诺贝尔经济学奖获得者萨缪尔逊（P. Samuelson, 1915—2009），他综合了凯恩斯的理论及马歇尔的微观经济分析方法和生产要素的分析，首先提出经济学界现在通用的数学分析方法，他还最早在 1955 年把线性规划引进经济学。随着经济理论的发展，各种数学工具也得到应用，数学模型数目迅猛增长。杰方斯（W. S. Jevons, 1835—1882，英国数学家、逻辑学家）梦想有一天，使某些经济学的定律及规律性定量化。自从 1930 年经济计量学会成立，特别是第二次世界大战后各种经济统计的完备化及经济模型的出现及使用，他的这个梦想已经成为现实。屠梦（J. H. von Thuneu, 1783—1850），1826 年开创了这门学科，研究成本极小化问题时已提出边际生产率的概念。古尔诺（A. Cournot, 1801—1877）在 1838 年出版的《财富理论的数学原理研究》中运用微分法来研究如何获得最大利润。

以统计学为基础的计量经济学则是佛里希（R. Frish, 1895—1973）等人创始的。1933 年《经济计量学》杂志出版标志着计量经济学作为一门学科正式诞生。

到 20 世纪 60 年代末开始对几百个方程的大宏观经济模型进行运算，70 年代初利用最优控制方法来求出经济发展的最优途径。由于在许多情况下，预测效果还不如小的统计模型，以及给决策者提供方案并没有使通货膨胀率及失业率改善，从而导致 70 年代初对数学工具的改善，特别是引进时间序列分析，尤其是包克斯（G. E. P. Box, 1919—2013）—琴根斯（G. M. Jenkins）分析及谱分析，加上格兰热（C. W. J. Granger）引进的新概念，这大大减少模型变元的数目。

2. 数学与社会学

社会学可以说是狭义的社会科学，从社会科学中分出政治科学、经济学、文化科学之后，其余部分属于社会学。这四个方面相互之间有着千丝万缕不可分割的联系。所以，社会学研究的对象和内容一致比较模糊。不过，它研究的主要问题还是比较清楚的：

（1）社会组织与结构研究。社会集团、阶层、阶级分层等等，社会集团有职业集团、利益集团、家庭、村庄、城市等等，相应就有劳动社会学、家庭社会学、农村社会学、城市社会学等等。

（2）城市活动及相互关系、相互作用、研究社会角色、社会功能。

（3）社会变迁和社会演化。研究社会的变迁、变革及其机制、社会稳定性。

（4）社会政策及社会控制。在社会规律的基础上研究社会问题及其对策，如人口问题、住房问题、交通问题、教育问题、医疗问题等等。

由于人类生活对社会的依赖性，长期以来对于社会有各种思考及探讨，如同自然科学一样，对社会科学的研究也开始于哲学的思辨，即所谓道德哲学，其中包括政治哲学及历史哲学，它讨论理想的、合理的社会制度。由于自然科学的发展，在社会研究中发展与进步观念也产生出来。19世纪的进化论观念直接应用于社会的研究。但是这些哲学与思辨的考虑还不足以产生科学的社会学。科学的社会学必须以观察实验所得的客观事实为基础。18世纪起许多社会调查及统计提供了丰富的材料，同时也发展了统计方法。欧洲工业社会发展之后，对于劳工的贫困状况也有许多的了解。社会的改良运动推动了社会研究。在这种背景之下，孔德开创了社会学。孔德本人就提出社会静力学及社会动力的概念。这无疑对社会学使用相应的数学工具是一种促进。在他之前，孔多塞发展概率演算，他称之为"社会数学"，这成为概率统计用于社会研究的先声。19世纪中，比利时统计学家凯特莱（L. A. Quetelet，1796—1874）用统计方法研究社会，提出"平均人"概念，大大发展了统计学，被尊称为"统计学之父"。在他的实际调查研究基础上，仿照自然科学方法，提出所谓"社会物理学"，认为社会规律也像物理学规律一样有其不变性。对于社会现象概括出统计规律：如犯罪年龄以25岁为高峰，许多犯罪与富裕有关等等，这种用数学方法来研究社会规律虽不能绝对化，但毕竟对社会研究及社会政策有一定的参考价值，要比思辨的及模糊的"理论"更有实际意义。沿着社会统计这个方向的社会发展极为迅速，积累了大量的资料，对解决一系列社会问题提供了数据，特别是犯罪问题，济贫问题，住房问题，老年问题和医疗服务问题。

使社会学由经验上升到理论也需数学。最早的社会学理论有四派：以美国斯宾塞（H. Spencer，1820—1903）为首的进化论学派，以社会比附物体，以法国塔尔德（J. G. Tarde，1843—1904）为首的心理学派，把社会学看成社会心理学，社会学主要研究人们的模仿规律及控制模仿的问题。这两派基本上已无追随者。20世纪初两大派至今仍有影响：一是法国涂尔干（E. Durkheim，1858—1917）的正统的实证的社会学派，他是当代最有影响的社会学家。

第二次世界大战前后最有影响的社会学学派是结构—功能学派，其代表人物是帕森斯（T. Parsons，1902—1979）和莫尔顿（R. Merton，1910—2003），他们深受涂尔干及韦伯的影响，对建立理论社会学功绩甚大。所应用的数学也不是过去那种算的数学，而是结构理论以及其推广的系统理论。

1.4.3　数学与艺术

表面上数学家与艺术家是气质完全不同的人，实际上数学与艺术在其深层结构上是最为接近的，它们都反映人类精神的伟大创造，而且都具有相当大的自由性。巴赫及贝多芬的音乐、达·芬奇的绘画、米开朗琪罗的雕塑、莎士比亚的戏剧。歌德的诗《浮士德》、陀思妥耶夫斯基的小说、古往今来许多建筑，都是人类精神不朽的体现。"生命有限，艺术之树常青"，各民族均有其伟大的创造。司马迁的《史记》、曹雪芹的《红楼梦》、故宫、万里长城及各地著名园林也反映中华民族的艺术成就。在伟大的艺术作品当中，同时也不同程度反映出数学的光芒。

1. 古典艺术时期

自古以来数学已经渗入了艺术家的求实精神。从毕达哥拉斯时代起，乐理（或音乐学）已是数学的一部分。他把音乐解释为宇宙的普遍和谐，这种和谐同样适用于数学及天文学。开普勒从音乐与行星之间找到对应关系，莱布尼兹首先从心理学来分析音乐，他认为"音乐是一种无意识的数学运算"，这更是直接把音乐与数学联系在一起，从某种意义上来讲，这也是后来用数学结构来分析音乐的先驱。对于乐谱的分析即傅里叶的三角级数，而这产生出的是数学分支是"调和分析"，而"调和"一词则来源于普遍和谐（harmony）。从形式上讲，音乐的确是一组符号运算，但从内容上讲，音乐成为一种伟大的创造。

在绘画与雕塑方面，各民族都有自己的创造。文艺复兴时期，西欧的绘画与数学平行发展，许多艺术家也对数学感兴趣，他们深入探索透视法的数学原理。意大利人阿尔伯梯（L. B. Ablerti, 1404—1472）在《论绘画》一书中提出正确绘画的透视法则。达·芬奇及丢勒（A. Dürer, 1471—1528）都不只是大艺术家，而且也是大科学家。他们的著作直接影响好几代艺术家，使得其后二三百年间成为西欧古典艺术的黄金时代。他们的经验原理到 18 世纪也为数学家泰勒（B. Taylor, 1685—1731）及朗贝尔（J. H. Lambert, 1728—1777）变成演绎的数学著作。而对原形与截景之间几何性质的研究后来孕育了一门数学新学科——射影几何学。

建筑及装饰与几何的关系更为直接，尤其是虽然古时没有群的观念，但对称性及对称花样已于各民族装饰艺术之中。早在 1924 年波尔亚证明平面上有 17 种对称图样（Patterns）之前，西班牙的阿尔汉布拉宫的装饰已经一个不少地绘制出这 17 种不同的图样，真令人叹为观止。

其他的艺术形式同数学关系要少一些或间接一些。尽管如此，数学与艺术仍有着千丝万缕的联系，如舞谱学。

数学家多为艺术爱好者，但真正是艺术家的不多。不过数学家的职业思维特点却往往使他们对艺术中的"规律"部分进行思考。柯西终生写诗，哈密尔顿不仅写诗而且同大诗人华滋沃斯等过从甚密而且相互倾慕，不过他真正的诗还是数学。而真正的诗学家是西尔维斯特，他不仅写诗，而且在 1870 年出版《诗词格律》，可以说是真正从数学观点来看诗了。

2. 现代艺术时期

19 世纪末以来的现代艺术发展的最大特点是抽象化，而这恰恰平行于现代数学的发展，现代数学的特点也是抽象化、形式化。现代艺术的出现并没有给古典艺术的发展打上终止符，具象的、现实的艺术仍在发展，在某些时期，某些地区、某些领域占统治地位（如抽象群论）。这种平行似乎并非偶然，它反映人类精神的发展与飞跃。

前面所讲的古典艺术是广义的，既包括前古典学派、古典主义，也包括浪漫主义与写实主义（甚至自然主义），而现代艺术则是从象征主义及后期印象主义开始的。现代艺术的理论家是康定斯基（W. Kandinsky, 1866—1944），他本人也是抽象绘画的创始人之一。他在现代艺术中，看到一个伟大的精神时代特征，其中第一点就是"一种伟大的、几乎是无限的自由"。这几乎是同康托说过的话"数学的本质在于它的自由性"如出一辙。正是康托的集合论把现代数学由传统数学的数量关系及三维空间里的几何图形解放出来，大大扩展了自身的领域。

现代艺术也从简单的摹写现实中解放出来。

康定斯基进一步把"结构"引进绘画：他把结构分为简单结构（"旋律"）及复合结构（"交响乐"），而这同布尔巴基对数学结构的处理何其相似。更有趣的是，康定斯基是明确把数学引入现代艺术的第一人。他说"数是各类艺术最终的抽象表现"。他在 1923 年发表的《点·线·面》一书更是对于这些几何学对象的艺术表现作了深入的分析，这给现代艺术奠定了哲学基础。

现代艺术在绘画、雕塑、戏剧、诗、小说中表现得比较明显，在音乐方面则为两个趋向。一是专业化的现代倾向，以荀伯格（A. Schoenberg, 1874—1951）为代表，倡导十二平均律，导致无调音乐，从而乐曲完全形式化及数学化。一般听众很难接受他们的作品，这同抽象数学为一般学者不理解一样，成为学院式的东西。而在群众中流行的现代音乐则是另一种趋向，是建立在原始音乐基础上的各种通俗音乐。而有文化教养的知识分子（包括数学家）大都喜欢这两种现代音乐之外的"古典音乐"——从巴洛克音乐到新古典主义、后期浪漫主义乃至印象主义音乐。如前所述，它们可完全数学化，可以输入计算机，但由电子合成器所"创造"的音乐是否动人则是另外一回事了。

数学有两种品格：工具品格和文化品格。因为数学在应用上的广泛性，因而在人类社会的发展中，特别在崇尚实用主义的今天，那种短期效益思维模式必然导致数学的工具品格越来越突出，越来越受到重视。例如，英国的律师在大学要修多门高等数学课程，不是因为英国的法律要以高深的数学知识为基础，而只是出于这样一种认识，那就是通过严格的数学训练，才能使学生具有坚定不移而又客观公正的品格，并形成一种严格而精确的思维习惯，从而对他们取得数学有两种品格：工具品格和文化品格。因为数学在应用上的广泛性，因而在人类社会的发展中，特别在崇尚实用主义的今天，那种短期效益思维模式必然导致数学的工具品格越来越突出，对事业的成功大有助益。再例如，闻名世界的美国西点军校的教学计划中，规定学员除了要选修一些在实战中能发挥重要作用的数学课程，如运筹学、优化技术和可靠性方法等，还规定学员要必修多门与实战不能直接挂钩的高深的数学课程。因为他们充分认识到，只有经过严格的数学训练，才能使学员在军事行动中，把那种特殊的活力与高度的灵活性互相结合起来，才能使学员具有把握军事行动的能力和适应性，从而为他们驰骋疆场打下坚实的基础。

数学的文化品格的重要使命就是传递一种思想、方法和精神，数学教育在传授知识、培养能力的同时，还能提高受教育者的人文素养，促使其身心协调发展和素质的全面提高。

课外延伸阅读

从人类早期的战争开始，数学就无所不在。不论是发射弩箭还是挖掘地道攻城，数学定律就像冥冥之中的命运之神一样在起作用。

1. 巧妙对付日机轰炸

太平洋战争初期，美军舰船屡遭日机攻击，损失率高达 62%。美军急调大批数学专家对 477 个战例进行量化分析，得出两个结论：一是当日军飞机采取高空俯冲轰炸时，美舰船采取急速摆动规避战术的损失率为 20%，采取缓慢摆动的损失率为 100%；二是当日军飞机采取低空俯冲轰炸时，美军舰船采取急速摆动和缓慢摆动的损失平均为 57%。

美军根据对策论的最大最小化原理，从中找到了最佳方法：当敌机来袭时，采取急速摆动规避战术。据估算美军这一决策至少使舰船损失率从 62% 下降到 27%。

2. 理智避开德军潜艇

1943 年以前，在大西洋上英美运输船队常常受到德国潜艇的袭击。当时，英美两国实力有限，无力增派更多的护航舰艇。一时间，德军的"潜艇战"搞得盟军焦头烂额。

为此，一位美国海军将领专门去请教了几位数学家。数学家们运用概率论分析后发现，舰队与敌潜艇相遇是一个随机事件。从数学角度来看这一问题，它具有一定的规律：一定数量的船编队规模越小，编次就越多；编次越多，与敌人相遇的概率就越大。

美国海军接受了数学家的建议，命令舰队在指定海域集合，再集体通过危险海域，然后各自驶向预定港口，结果盟军舰队遭袭被击沉的概率由原来的 25% 下降为 1%，大大减少了损失。

3. 算准深水炸弹的爆炸深度

英军船队在大西洋里航行时，经常受到德军潜艇的攻击。而英国空军的轰炸对潜艇几乎构不成威胁。英军请来一些数学家专门研究这一问题，结果发现，潜艇从发现英军飞机开始下潜到深水炸弹爆炸时止，只下潜了 7.6 米，而炸弹却已下沉到 21 米处爆炸。

经过科学论证，英军果断调整了深水炸弹的引信，使爆炸深度从水下 21 米减为水下 9.1 米，结果轰炸效果较过去提高了 4 倍。德军还误以为英军发明了新式炸弹。

4. 飞机止损护英伦

当德国对法国等几个国家发动攻势时，英国首相丘吉尔应法国的请求，动用了十几个防空中队的飞机和德国作战。这些飞机中队必须由大陆上的机场来维护和操作。空战中英军飞机损失惨重。与此同时，法国总理要求继续增派 10 个中队的飞机。丘吉尔决定同意这一请求。

内阁知道此事后，找来数学家进行分析预测，并根据出动飞机与战损飞机的统计数据建立了回归预测模型。经过快速研究发现，如果补充率损失率不变，飞机数量的下降是非常快的，用一句话概括就是"以现在的损失率损失两周，英国在法国的'飓风'式战斗机便一架也不存在了"，要求内阁否决这一决定。

最后，丘吉尔同意了这一要求，并将除留在法国的 3 个中队外，其余飞机全部返回英国，为下一步的英伦保卫战保留了实力。

5. 二战中数学家的贡献

第二次世界大战，是人类文明的大浩劫。成千上万的人死于战祸，其中包括许多世界上最优秀的数学家，波兰学派将近三分之二的成员夭折，德国哥廷根学派全线崩溃。但是数学家没有被吓倒。大批有正义感的数学家投入了反法西斯的战斗。二战迫使美国政府将数学与科学技术、军事目标空前紧密地结合起来，开辟了美国数学发展的新时代。

1941 至 1945 年，政府提供的研究与发展经费占全国同类经费总额的比重骤增至 86%。美国的"科学研究和发展局"（OSRD）于 1940 年成立了"国家防卫科学委员会"（NDRC），为军方提供科学服务。

1942 年，NDRC 又成立了应用数学组（AMP），它的任务是帮助解决战争中日益增多的数学问题。AMP 和全美 11 所著名大学订有合同，全美最有才华的数学家都投入了遏制法西斯武力的神圣工作。AMP 的大量研究涉及"改进设计以提高设备的理论精确度"以及"现有设备的最佳运用"，特别是空战方面的成果，到战争结束时共完成了 200 项重大研究。

在纽约州立大学，柯朗和弗里德里希领导的小组研究空气动力学、水下爆破和喷气火箭理论。超音速飞机带来的激波和声爆问题，利用"柯朗—弗里德里希—勒维的有限差分发"

求出了这些课题的双曲型偏微分方程的解。

布朗大学以普拉格为首的应用数学小组集中研究经典动力学和畸变介质力学，以提高军备的使用寿命。哈佛大学的 G·伯克霍夫为海军研究水下弹道问题。

哥伦比亚大学重点研究空对空射击学。例如，空中发射炮弹弹道学；偏射理论；追踪曲线理论；追踪过程中自己速度的观测和刻划；中心火力系统的基本理论；空中发射装备测试程序的分析；雷达。

普林斯顿大学和新墨西哥大学为空军确定"应用 B-29 飞机的最佳战术"。冯·诺伊曼和乌拉姆研究原子弹和计算机。维纳和柯尔莫戈洛夫研究火炮自动瞄准仪。由丹泽西为首的运筹学家发明了解线性规划的单纯形算法，使美军在战略部署中直接受益。

6. 破译密码的解剖刀——数学

英国数学家图灵出生于一个富有家庭，1935 年在剑桥大学获博士学位后去美国的普林斯顿，为设计理想的通用计算机提供了理论基础。

1939 年图灵回到英国，立即受聘于外交部通讯处。当时德国法西斯用于绝密通讯的电报机叫"Enigma"（谜），图灵把拍电报的过程看成在一张纸带上穿孔，运用图灵的可计算理论，英国设计了一架破译机"Ultra"（超越）专门对付"Enigma"，破译了大批德军密码。

1941 年 5 月 21 日，英国情报机关终于截获并破译了希特勒给海军上将雷德尔的一份密电。从而使号称当时世界上最厉害的一艘巨型战列舰，希特勒的"德国海军的骄傲"——"俾斯麦"号在首次出航中即葬身鱼腹。

1943 年 4 月，日本海军最高司令部发出的绝密电波越过太平洋，到达驻南太平洋和日本占领的中国海港的各日本舰队，各舰队司令接到命令：日本联合舰队总司令长官山本五十六大将，将于 4 月 18 日上午 9 时 45 分，由 6 架零式战斗机保护，乘两架轰炸机飞抵卡西里湾，山本的全部属员与他同行。

这份电报当即被美国海军的由数学家和组合学家组成的专家破译小组破译，通过海军部长弗兰克·诺克斯之手，马上被送到美国总统罗斯福的案头。于是，美国闪电式战斗机群在卡西里湾上空将山本的座机截住，座机在离山本的目的地卡西里只有几公里的荆棘丛中爆炸。

中途岛海战也是由于美国破译了日本密码，使日本 4 艘航空母舰，1 艘巡洋舰被炸沉，330 架飞机被击落；几百名经验丰富的飞行员和机务人员阵亡。而美国只损失了 1 艘航空母舰，1 艘驱逐舰和 147 架飞机。

从此，日本丧失了在太平洋战场上的制空权和制海权。

7. 一个一流数学家胜过 10 个师

1944 年，韦弗接到请求，希望确定攻击日本大型军舰时水雷布阵的类型。但是美国海军对日本大型舰只的航速和转弯能力一无所知。

幸运的是海军当局有许多这些军舰的照片。当把问题提到纽约州立大学韦弗的应用数学组时，马上有人提供了一个资料：1887 年，数学家凯尔文曾研究过当船以常速直线前进时，激起的水波沿着船只前进的方向形成一个扇面，船边的角边缘的半角为 19 度 28 分，其速度可以由船首处两波尖顶的间隔计算出来。根据这个公式测算出了日舰的航速和转弯能力。

战争初期，希特勒的空军优势给同盟国造成了很大的威胁，英国面对德国的空袭，要求美国帮助增加地面防空力量。苏联在战争初期失利，要求数学家帮助军队保卫莫斯科，特别是防卫德军的空袭。这时，英国的维纳和苏联的柯尔莫戈洛夫几乎同时着手研究滤波理论与火炮自动控制问题。维纳给军方提供准确的数学模型以指挥火炮，使火炮的命中率大大提高。这一套数理理论组成了随机过程和控制论的基础。

在两军对垒的战斗中，许多问题要求进行快速估算和运用逼近方法。专攻纯数学的冯·诺伊曼立即把注意力放到数值分析方面。他从事可压缩气体运动以及滤波问题，开拓了激波的互相碰撞、激波发射方面的研究。

1943 年底，他受奥本海默邀请，以顾问身份访问洛斯阿拉莫斯实验室，参加制造原子弹的工程，在内向爆炸理论、核爆炸的特征计算等方面都作出了巨大贡献。

二战中军备消耗惊人，研究军火质量控制和抽样验收方面如何节省的问题十分迫切。隶属于应用数学小组的哥伦比亚大学的统计研究小组的领导人瓦尔德研究出一种新的统计抽样方案，这便是现在通称的"序贯分析法"。这一方案的发明，为美国军方节省了大量军火物资，仅这一项就远远超过 AMP 的全部经费。

在硝烟弥漫的战争中，数学家铸就了军队之魂。二战期间仅德国和奥地利就有近 200 名科学家移居美国，其中包括世界上最杰出的科学家。

大批外来高科技人才的流入，给美国节省了巨额智力投资。美国军方从那时起，就十分热衷于资助数学研究和数学家，甚至对应用前景还不十分明显的项目，他们也乐于投资。

美国认为，得到一个第一流的数学家，比俘获 10 个师的德军要有价值得多。有人认为，第一流的数学家移居美国，是美国在第二次世界大战中最大胜利之一。

第二章 数学与哲学

2.1 数学是"万学之学"

"为什么数学可以用来描述世界？"美国数学家、数学教育家柯朗（R. Courant，1888—1972）在其科普名著《数学是什么》一书的序言中说："数学，作为人类智慧的一种表达形式，反映生动活泼的意念，深入细致的思考，以及完美和谐的愿望，它的基础是逻辑和直觉，分析和推进，共性和个性。"法国数学家庞加莱（H. Poincaré，1854—1912）则说："数学是给予不同的东西以相同的名称的技术。"

南京大学的方延明教授在其编著的《数学文化》一书中，搜集了 14 种数学的定义或者说是人们对数学的看法：万物皆数说、符号说、哲学说、科学说、逻辑说、集合说、结构说、模型说、工具说、直觉说、精神说、审美说、活动说、艺术说。

方延明教授的观点是：从数学学科的本身来讲，数学是一门科学，这门科学有它的相对独立性，既不属于自然科学，也不属于人文、社会或艺术类科学；从它的学科结构看，数学是模型；从它的过程看，数学是推理与计算；从它的表现形式看，数学是符号；从对人的指导看，数学是方法论；从它的社会价值看，数学是工具……用一句话来概括：数学是研究现实世界中数与形之间各种模型的一门结构性科学。

数学是什么？基尔凯郭尔（Soren Kierkegaard，1813—1855）有一次说过，宗教讨论的是那些无条件关涉人的问题。与此对比（也具有同样的夸张），我们可以说，数学所讨论的事物是完全不牵涉到人的。数学有着星光那种非人的特性，明亮清晰但却冷漠。但是，似乎是造物的嘲弄，对于离开人的存在中心越远的事物，人的心智就越能更好地处理它。

当我们对许多常见又常用的概念谈不清、道不明的时候，就会像瞎子摸象那样，去探索它的方方面面，然后拼凑出一个图案，乃至一个理论、一个学科，这样出现了美学、文化学（或文化研究乃至文化科学）、道德科学、伦理学、宗教学。这些学科的主要目标之一就是要搞清楚它的主要对象到底是什么？随着时间的推进，我们的认识也许有着不同程度的改进。数学则恰恰相反，数学的对象，比如说数（1，2，3，…）和形（三角形、圆等），大家都清楚，其他数学概念的定义虽然更复杂、更难懂，但都很清楚、确切，只是研究它们的数学是什么？还是不太清楚。原因何在，数学的对象不仅在我们的现实当中，更多是处于柏拉图的理想世界当中，处于可能性世界当中，处于虚拟世界当中，它的范围要比我们看得见摸得着的经验世界远远宏大。数学实际上是一门"万学之学"。

2.2 哲学是"万学之源"

数学是"万学之学"，而哲学更应该享有这种伟大的称号，在历史进程中也的确如此。由于基础教育的普及，现代人对数学的确有了初步的了解，然而却不知哲学甚至逻辑学为何物，因为从来没有开过这些课（也许法国、德国等少数国家是例外）。这样，到了大学选修哲学时，觉得听起来就像数学。这的确显示出哲学与数学有某种亲缘关系，不过，现在恐怕很少人把数学同哲学混为一谈。

哲学是"万学之母"、"万学之源"，对于数学尤其如此，在数学发展历史上，哲学家对数学有着长足的影响。我们可以仿照伟大的法国思想家孔德（Auguste Comte，1798—1857）把科学的发展分为神学阶段、哲学阶段、实证阶段那样，把数学的发展也分为三个阶段。

2.2.1 神学阶段——毕达哥拉斯

图 2-1 毕达哥拉斯

毕达哥拉斯及其学派创立了以数为崇拜对象的带有宗教性质的集团，"万物皆数"就是他们的口号。然而除了带有迷信色彩的东西之外，仍然留下许多有用的数学（勾股定理、图形数以及无理数的发现），而且还留下两大至今未解决的数论难题——完美数问题和亲和数问题。

毕达哥拉斯曾游历埃及、波斯学习几何、语言和宗教知识。回意大利后在一个名叫克罗顿的沿海城市定居。他招收了三百门徒，建立了一个带有神秘色彩的团体，被称为毕达哥拉斯学派。

毕达哥拉斯被他的门徒们奉为圣贤。凡是该学派的发明、创见，一律归功于毕达哥拉斯。这个学派传授知识，研究数学，还很重视音乐。"数"与"和谐"，是他们的主要哲学思想。

他们沉醉于数学知识带给他们的快慰，产生了一种幻觉：数是万物的本原。数产生万物，数的规律统治万物。他们认为：1 是最神圣的数字。1 生 2，2 生诸数。数生点，点生线，线生面，面生体，体生万物。首先生出水、火、气、土四大元素，四大元素又转化出天、地、人及万事万物。

现在看来，"万物皆数"的说法当然是荒唐可笑的。但是，毕达哥拉斯在古代哲学中最早指出事物间数量关系所起的重要作用。这在人类认识史上是一个进步。

与此类似，中国古代有"一生二、二生三、三生万物"的说法。这也是万物皆数的哲学思想。但不像毕达哥拉斯那么认真，那么明确，那么系统。

有趣的是，正是毕达哥拉斯自己的发现，导致"万物皆数"观点的破灭。毕达哥拉斯证明了勾股定理，但同时发现"某些直角三角形的三边比不能用整数来表达"。不过毕达哥拉斯选择隐瞒实情，装作不知道。希帕索斯考虑了一个问题：边长为 1 的正方形其对角线长度是多少呢？这就是希帕索斯悖论，他本人因为此事被抛入大海！二百年后，欧多克索斯建立起一套完整的比例论，巧妙地避开无理数这一"逻辑上的丑闻"，并保留住与之相关的一些结论，缓解了数学危机。但欧多克索斯的解决方式，是借助几何方法，通过避免直接出现无理数而实现的。危机并没有解决只是被巧妙避开。直到 19 世纪下半叶，实数理论建立后，无理数本质被彻底搞清，无理数在数学中合法地位的确立，才真正彻底、圆满地解决了第一次数学危机。这一危机的克服，使数真正具有了表达一切量的能力。

提出"万物皆数"的观点，是一个错误。因为数是概念，不是物，是物的数量特征在人的头脑中反映为数，不是客观存在的数转化为物。毕达哥拉斯把事情弄颠倒了。但这个错误的背后是一个人类认识上的大进步——认识到数量关系在宇宙中的重要性。

而"万物皆数"观点的破灭，同样是一个错误。错误在于，认为数不足以表达万事万物了。错误又是由于一个大的进步引起的：发现了无理数。人们发现了无理数，又不敢承认它是数，这就是第一次数学危机。

但数学对数的认识并没有停留于此。数的概念在不断扩大：复数，四元数，超限数，理想数，非标准实数，各种各样的数都被创造出来了。数学创造出各种的数，用以表达世界上一切可以精确化、形式化的关系。数学工具、数学方法、数学思想空前地向各个学科渗透。一百多年以前，恩格斯还说过：数学在化学中的应用只不过是一次方程，在生物学中的应用等于零。今天，情形已大不同了。已很难找出一个与数学无关的人类知识领域了。如果我们扬弃"万物皆数"观点中的唯心主义成分，把它理解为万物都与数有关的一种观点，也许未尝不可。

一切实在物皆有形，形可以用数描述。运动与变化伴随着能量的交换与转化，能量可以用数表示。人的知识本质上是信息，信息可以用数记取。万物有质的不同，但质又可以用数刻画。人们对世界的认识愈深入，对数的重要性也愈有深刻体会。

辩证法认为一切事物都包含着矛盾，即"一分为二"。为什么一切事物都包含着矛盾呢？为什么是"一分为二"而不是一分为三呢？哲学家对此没有进一步的研究与解答。也许，这正是因为事物的变化归根结底可以用数量的变化来描述。而数量变化，分解到每一维上，无非是增加与减少。表现出来当然是矛盾的双方，而不是三方或多方了。

2.2.2 哲学阶段——柏拉图主义——数存在于理念世界

柏拉图（公元前 427—前 347）是有很大影响的古希腊唯心主义哲学家，他的老师苏格拉底和弟子亚里士多德，都是哲学史上有名的人物。他在政治上提出"理想国"的理论，主张在理想国里人分为金、银与铜铁三等，奴隶是三等之外的牲畜。而国家的统治者应当是像他那样具有广博知识并善于深刻思考的"哲学王"。但是，那时当国王的人不学无术者还是不少的。

柏拉图很重视数学的研究。他认为，数和几何图形，都是永存于理念世界的绝对不变的东西。他主张通过研究学习数学来认识理念世界，甚至说，认识不到数学的重要性的人"像猪一样"。

柏拉图的思想对后人有很大影响。许多卓越的数学家，像集合论的创始人康托，认为数学概念是独立于人类思维活动的客观存在，这与柏拉图的看法是一致的。

通常认为，整个数学历史上或明或暗地有柏拉图主义的影响。特别是 19 世纪，柏拉图主义在数学实践中几乎占了统治地位。

柏拉图的哲学显然受到数学的强烈影响，人人都知道他的学园门口的著名招牌："不懂几何学者不得入内"。数与形的概念恰巧是柏拉图的理念的最佳注释。而柏拉图在哲学上的地位也无人能比。无怪乎大哲学家（也是数学家）怀特海（Alfred North Whitehead, 1861—1947）说，后来的哲学无非是柏拉图哲学的注脚。我以为，这对数学哲学来说，依然如此。柏拉图第一个提出抽象概念的"表示定理"，而这实际上是当代数学研究的重要工具，他在《泰阿泰德篇》提出："例如，当我们数 '1，2，3，4，5，6'，或者说 '3 的 2 倍'、'3 乘 2'、'4 加 2'、'3+2+1'，无非都表示 6。"也就是说，任何一个抽象的数学概念都有非常多的具体表示。他还谈到"真正的知识是关于存在的知识"。所有学科中，数学是最关心存在性问题的，解任何方程，首先要证明存在性定理，而自然科学，甚至物理科学，存在似乎不言而喻，不在考虑之内，这也是数学与科学明显不同之处。

柏拉图主义是这么一种观点：数学研究的对象尽管是抽象的，但却是客观存在的。而且它们是不依赖于时间、空间和人的思维而永恒存在的。数学家提出的概念不是创造，而是对这种客观存在的描述。

柏拉图认为：存在着两个世界。一个是人们可以看到、听到、摸到的由具体事物组成的实物世界；另一个是理智才能把握的理念世界。具体的实在世界是相对的，变化的；而理念世界则是绝对的，永恒的。

比如，像你、我这样的具体的人，像我们坐的具体的椅子，属于实在世界。而抽象的"人、椅子"，属于理念世界。理念世界是永恒的真实存在，实在世界不过是理念世界的幻影！

和毕达哥拉斯类似，柏拉图仍然是颠倒了具体事物与抽象概念的关系。事实上，概念不是本来就有的，是人在与具体事物打交道时产生的。为了建立合理可信的数的理论基础，数学家建议了多种不同的方案，这只能表明人们的思维活动形成了从不同角度反映现实的概念体系，而不是回忆起了共同的理念世界的真理。

当然，柏拉图的"认识即回忆""现实世界是理念世界的幻影"这些观点，数学家是很少有人接受的。所谓数学中的柏拉图主义，只不过是主张或认为数学对象如自然数、点、直线是客观存在的东西而已。例如，柏拉图主义认为，自然数总体是存在的，线段上的无穷多个点是存在的。

数学家有柏拉图主义的观点，看来倒不是因为读了柏拉图的著作。许多数学家不一定知道柏拉图是什么观点。当数学家痴迷地进行着创造性的思维活动时，他自然而然地产生一种感觉或感情，觉得自己所探索的不是抽象概念之间的关系，而是客观世界的真理。数学家在引进一个新概念时，他会认为自己是发现了本已存在的东西。这种感觉产生的原因，除了由于献身科学的热情之外，还由于数学的特点。数学结论虽然是人推出来的，但它有客观性。一个方程有多少根，有哪几个根，是客观的。一个定理，可能被不同的人同时发现。就像它在有人类之前就隐藏在什么地方一样。

哲学一开始，便与数学结了不解之缘。在数学日益向一切学科渗透的今天，哲学如果想承担起"人类一切知识的概括与总结"的重任，是不是应当从数学中汲取更多的东西呢？

柏拉图主义对于数学的发展，是起着积极作用还是消极作用呢？这也是一个复杂的问题，值得哲学家进一步探究。

2.2.3 科学阶段——欧几里得

据说除了基督教的圣经之外，印得最多，流传最广的书，要算公元前 300 年左右，希腊数学家欧几里得写的《原本》了。自从希腊人知道了 $\sqrt{2}$ 不能用分数表示之后，他们对"数"的热情转移到"形"上，使几何学得到辉煌的发展。欧几里得的《原本》，集当时全部几何知识之大成并加以系统化，把希腊几何提高到一个新水平。在两千年之久的时期内，《原本》既是几何教科书，又被当成严密科学思维的典范。它对西方数学与哲学的思想都有重要的影响。欧几里得的《原本》，是一个精致地借助演绎推理展开的系统。它从定义、公设、公理出发，一步一步地推证出了大量的，很不显然的、丰富多彩的几何定理。他尽力对每一个几何术语加以定义。例如，他的最初的几条定义是：（按《原本》编号）

（1）点是没有部分的那种东西；

（2）线是没有宽度的长度；

（4）直线是同其上各点看齐的线；

（14）图形是被一些边界所包含的那种东西。

他除了定义之外，又选择了一些不加证明而承认下来的命题作为基本命题。他把这些基本命题叫公理或公设。公理是许多学科都用到的量的关系，如"与同一物相等的一些物，它们彼此相等""全量大于部分"等。而公设则是专门为了几何对象而提出的。他有五条公理和五条公设。这些公设是：

（1）从一点到另一点可作一条直线；

（2）直线可以无限延长；

（3）已知一点和一距离，可以该点为中心，以该距离为半径作一圆；

（4）所有的直角彼此相等；

（5）若一直线与其他两直线相交，以致该直线一侧的两内角之和小于两直角，则那两直线延伸足够长后必相交于该侧。

这里应当说明一下，按现代数学的观点，公理与公设是一回事，没有必要加以区分。

欧几里得从公理、公设和定义出发，导出了数百条几何定理。这一杰作展示了逻辑的力量，显示出人类理性的创造能力。欧几里得的《原本》向哲学家们建议了一种认识真理的方法：从少数几条明白清楚的前提出发，用逻辑工具证明你的结论。如果前提是真理，则结论也是真理。这一思想对哲学家们产生了重大影响。后来的许多哲学家，特别是唯理论派哲学家，力图用欧几里得的方式写出自己的著作，阐述自己的学说与观点。

图 2-2　欧几里得

欧几里得的最大贡献在于他巧妙地把这数百个定理排成一个有序的链，使得其中的每个定理都可以由给定的公理与公设，以及前面证明过的定理，用形式逻辑推演出来。这样，欧几里得在《几何原本》中构建了人类有史以来第一座演绎推理的宏伟大厦。它是如此的精巧、严密、完美，令人赞叹不已。

欧几里得的《几何原本》是数学史上第一个公理系统，它为数学的发展提供了一个典范。他的这项功绩要远远大于他发现的几个定理。

著名物理学家爱因斯坦曾高度评价欧几里得的贡献。他说："在逻辑推理上的这种令人惊叹的胜利，使人们为人类未来的成就获得了必要的信心。"

欧几里得的《几何原本》不仅为数学科学，而且为其他科学树立了一个光辉的榜样。它启示人们，在众多的事物中，要努力找出那些最为基本的东西，把它们作为讨论的出发点，以演绎出各种各样的结论。正是受了欧几里得几何的影响，牛顿才把他的三条力学定律，作为其一切讨论的基本出发点与基本依据。

欧几里得的《几何原本》在教育史上也是最具影响的教科书。在欧洲，人们把它或其改写本作为中学教材有一千年以上的历史，人们曾把是否通晓几何作为衡量人的教育程度的一项标志。《几何原本》被翻译成世界各种文字，其版本之多，发行量之大，持续时间之久，仅次于《圣经》。许多大科学家都谈起过他们在中学时代深受欧几里得的影响。爱因斯坦曾经说过如下的话："如果欧几里得未能激发起你少年时代的科学激情，那你肯定不会是一个天才的科学家。"

把爱因斯坦的这句话当作一个命题，那么它的逆否命题便是"任何一个天才的科学家在少年时代都曾经被欧几里得激起科学的激情。"

我国明代科学家徐光启在翻译欧几里得《几何原本》时曾高度评价了此书。他说："能精此书者，无一事不可精；好此书者，无一事不可学。"

一千多年来，世界各国均以欧几里得几何为基本内容编写了初等几何，作为中学的一门重要课程。

在中等教育中几何课一直占有极为特殊的地位：它有效地培育了学生的推理能力、严密思考的习惯和努力探索的精神。这一点可能是其他课所不可替代的。

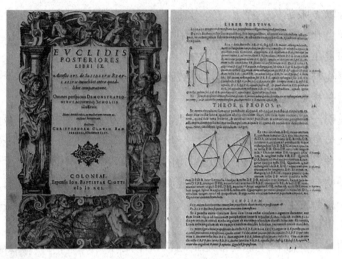

图 2-3 《几何原本》

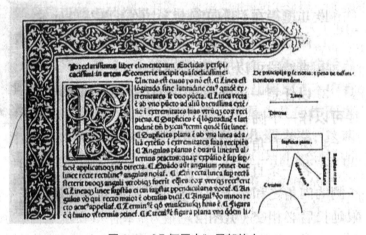

图 2-4 《几何原本》局部放大

2.3 数学悖论与三大学派

2.3.1 何谓悖论

通俗地讲，悖论就是这样的推理过程：它看上去是合理的，但却得出了矛盾的结果。悖论是一种认识上的矛盾，它包括逻辑矛盾、思想方法上的矛盾及语义矛盾。下面是三个著名悖论的例子。

悖论 1　先有鸡还是先有蛋

鸡与蛋的先后问题是流传甚广的悖论。鸡生蛋，蛋生鸡，这是人所共知的常识，但涉及最早的鸡与鸡蛋，就要对鸡蛋给予明确定义。

一种定义是：鸡生的蛋叫鸡蛋。按照这个定义，一定是先有鸡。而最早的鸡当然也应该是从蛋里孵出来的，但是按照定义，它不叫鸡蛋，这样，最早的鸡不是鸡蛋孵出的。

另一种定义是：能孵出鸡的蛋叫鸡蛋，不管它是谁生的。这样，一定是先有蛋了，最早的鸡蛋孵出了最早的鸡，而最早的鸡蛋不是鸡生的。

无论怎样定义，都会产生逻辑上的矛盾，但又都不会影响生物进化发展的事实，至于如何选择定义，还有待生物学家的讨论。

这一悖论告诉我们：某些悖论的消除依赖于清晰的定义，通过分析悖论，人们需要明确概念，需要严格的逻辑推理。

悖论 2　秃头悖论

一个人有 10 万根头发，自然不能算是秃头，他掉 1 根头发，仍不是秃头，如此，让他一根一根地减少头发，直到掉光，似乎得出了一条结论：没有一根头发的光头也不是秃头了！这看起来，自然是十分荒谬的。

产生悖论的原因是：人们在严格的逻辑推理中使用了模糊不清的概念。什么是秃头，这是一个模糊的概念，一根头发没有，当然是秃头，只有一根还是秃头，这样一根一根增加，增加到哪一根就不是秃头了呢？并没有明确的标准。

如果需要制定一个明确的标准，如 1000 根头发是秃头，那么 1001 根头发就不是秃头了，这又与人们的实际感受不一致。可以接受的比较现实的方法是引入模糊的概念，用分值来评价秃的程度，例如，一根头发也没有，则是 1（100%秃），只有 100 根头发是 0.7（70%秃），只有 1000 根头发是 0.5（50%秃），等等，随着头发的增加，秃的分值逐渐减少，秃头悖论就可以消除了。

悖论 3　说谎者悖论

一个人说："我现在说的这句话是谎话"，这句话究竟是不是谎话呢？

如果说它是谎话，就应当否定它，也就是说，这句话不是谎话，是真话；如果说它是真话，也就肯定了这句话确实是谎话。

这句话既不是真的，也不是假的。人们称之为"永恒的说谎者悖论"。这是一个十分古老的悖论。

"永恒的说谎者悖论"属于"语义学悖论"。美籍波兰数理逻辑学家塔尔斯基（A. Tarski, 1902—1983）提出用语言分级的方法消除语义学悖论。我国数学家文兰（1946—）院士提出并论证了说谎者悖论不过是布尔代数里的一个矛盾方程，代数里有矛盾方程不是什么怪事，所以这类悖论就不必去讨论了。

数学悖论是发生在数学研究中的悖论，简单说，是指一种命题，若承认它是真的，那么它又是假的；若承认它是假的，那么它又是真的，即无论肯定它还是否定它都将导致矛盾的结果。悖论出现在数学中是一件严重的事情，前面提到的数理逻辑学家塔尔斯基就曾指出："一个有矛盾的理论一定包含假命题，而我们不愿意接受一个已被证明包含这种假命题的理论。"尤其当一个数学悖论出现在基础理论中，涉及数学理论的根基，造成人们对数学可靠性的怀疑，就会导致"数学危机"。

悖论既然出现了，人们自然就要想办法找到问题的症结所在，以消除悖论。我国著名数学教育家徐利治（1920—）指出："产生悖论的根本原因，无非是人的认识与客观实际，以及认识客观世界的方法与客观规律的矛盾。这种直接和间接的矛盾在一点上的集中表现就是悖论。"所谓主客观矛盾在某一点上的集中表现，是指由于客观事物的发展造成了原来的认识无法解释新现实，因而要求看问题的思想方法发生转换，于是在新旧两种思想方法转换的节点上，思维矛盾特别尖锐，就以悖论的形式表现出来了。

由于人的认识在各个历史阶段中的局限性和相对性，在人类认识的各个历史阶段所形成的各个理论体系中，本来就具有产生悖论的可能性。人类认识世界的深化过程没有终结，悖论的产生和消除也没有终结。因此，在绝对意义下去寻求产生悖论的终极原因和创造解决悖论的终极方法都是不符合实际的。

但是对于悖论问题的研究，促进了数学基础理论、逻辑学、语言学和数理哲学的发展。语义学、类型论、多值逻辑及近代公理集合论无一不受到悖论研究的深刻影响，近代数学三大流派的形成和发展也与悖论问题的研究密不可分。

2.3.2　数学的三大学派

早在哥德尔两个不完全性定理出来之前，从 1900 年至 1930 年前后，围绕着数学基础之争，形成了数学史上著名的三大数学学派：逻辑主义学派、直觉主义学派和形式主义学派。

1. 逻辑主义学派

逻辑主义学派的代表人物是德国的数理逻辑学家弗雷格和英国数学家、哲学家罗素。

逻辑主义学派认为数学的可靠基础应是逻辑，提出"将数学逻辑化"的研究思路：即

（1）从少量的逻辑概念出发，去定义全部（或大部分）的数学概念；

（2）从少量的逻辑法则出发，去演绎出全部（或主要的）数学理论。

总体来说，逻辑主义学派在数学基础问题上的根本主张就是确信数学可以化归为逻辑，只要先建立严格的逻辑理论，然后以此为基础去得到全部（至少是主要的）数学理论。

弗雷格最早明确提出了逻辑主义的宗旨，并为实现它做出了重大的贡献。他的《算术基础》一书的第二卷即将付梓之时，罗素的集合论悖论出现，弗雷格基础研究工作的意义被从根本上否定了。弗雷格陷入了极大的困惑，并最终放弃了他所倡导的逻辑主义的立场。

罗素在 19 世纪末逐渐形成了逻辑主义观点，意识到数理逻辑对数学基础研究的重要性。在 20 世纪初，罗素和弗雷格一样，相信数学的基本定理能由逻辑推出。罗素试图得到"一种完美的数学，它是无可置疑的"。他希望比弗雷格走得更远，罗素在 1912 年出版的著作《哲学的问题》中明确阐释了他的思想：逻辑原理和数学知识的实体是独立于任何精神而存在并且为精神所感知的，这种知识是客观的、永恒的。

逻辑主义学派的愿望没有实现，最重要的原因在于它将数学与现实的关系脱离开来。人们批评逻辑主义学派的观点：将全部数学视为纯形式的，逻辑演绎科学，它怎么能广泛用于现实世界？罗素也承认了这一点，他说："我像人们需要宗教信仰一样渴望确定性，我想在数学中比在任何其他地方更能找到确定性。……在经过 20 多年的艰苦工作后，我一直在寻找的数学光辉的确定性在令人困惑的迷宫中丧失了。"

尽管逻辑主义学派招致了众多的批评，但他们仍有不可磨灭的功绩。一方面，逻辑主义学派成功地将古典数学纳入了一个统一的公理系统，成为公理化方法在近代发展中的一个重要起点；另一方面，他们以完全符号的形式实现了逻辑的彻底公理化，大大推进了数理逻辑这门学科的发展。

数学的基础不能完全归结为逻辑，但逻辑作为数学基础却始终占据着数学哲学最主要的位置，逻辑思维是整个数学科学各分支之间的联结纽带。

2. 直觉主义学派

直觉主义学派诞生于逻辑主义学派形成之时。逻辑主义学派试图依赖精巧的逻辑来巩固数学的基础，而直觉主义学派却偏离甚至放弃逻辑，两大学派目标一致，但背道而驰。

直觉主义学派的代表人物是荷兰数学家布劳威尔，他在 1907 年的博士论文《论数学基础》中搭建了直觉主义学派的框架。他提出了一个著名的口号："存在即是被构造。"

直觉主义学派认为数学的出发点不是集合，而是自然数。数学独立于逻辑，数学的基础是一种能使人认识"知觉单位"1 以及自然数列的原始直觉，坚持数学对象的"构造性"定义。他们的基本立场包括：

（1）对于无穷集合，只承认可构造的无穷集合。例如，自然数列。

（2）否定传统逻辑的普遍有效性，重建直觉主义学派的逻辑规则。例如，他们对排中律的限制很严，排中律仅适用于有限集合，对于无限集合则不能使用。

（3）批判古典数学，排斥非构造性数学。例如，他们不承认使用反证法的存在性证明，因为他们认为，要证明任何数学对象的存在性，必须证明它可以在有限步骤之内被构造出来。

直觉主义学派试图将数学建立在他们所描述的结构的基础之上，但他们将古典数学弄得支离破碎，一些证明十分笨拙，对数学添加了诸多限制。他们严格限制使用"排中律"使古典数学中大批受数学家珍视的东西成为牺牲品。德国数学家希尔伯特曾强烈批评直觉主义学派："禁止数学家使用排中律就像禁止天文学家使用望远镜和拳击师用拳一样。否定排中律所得到的存在性定理就相当于全部放弃了数学的科学性。""与现代数学的浩瀚大海相比，那点可怜的残余算什么。直觉主义学派所得到的是一些不完整的没有联系的孤立的结论，他们想使数学瓦解变形。直觉主义学派重建数学基础的愿望虽然最终也失败了，但是，直觉主义学派所提倡的构造性数学已经成为数学中的一个重要群体，并与计算机科学密切相关。直觉思维是数学思维的重要内容之一，这种直觉思维是非逻辑的，不是靠推理和演绎获得的。直觉主义学派正确指出，数学上的重要进展不是通过完善逻辑形式而是通过变革其基本理论得到的，逻辑依赖于数学而非数学依赖于逻辑。

图 2-5　雅典学院

3. 形式主义学派

形式主义学派的代表人物是德国数学家希尔伯特，他在批判直觉主义学派的同时，提出了思考已久的解决数学基础问题的方案——"希尔伯特纲领"（也称形式主义纲领）。

在希尔伯特看来，数学思维对象是符号本身，符号就是本质。公理也只是一行行符号，无所谓真假，只要证明该公理系统是相容的，那么该公理系就获得承认。形式主义学派的目的就是将数学彻底形式化为一个系统。

形式主义学派的观点有以下两条：

（1）数学是关于形式系统的科学，逻辑和数学中的基本概念和公理系统都是毫无意义的符号，不必把符号、公式或证明赋予意义或可能的解释，而只需将之视为纯粹的形式对象，研究它们的结构性质，并总能够在有限机械步骤内验证形式理论之内的一串公式是否是一个证明。

（2）数学的真理性等价于数学系统的相容性，相容性是对数学系统的唯一要求。

因此，在形式主义学派看来，数学本身是一堆形式演绎系统的集合，每个形式系统都包含自己的逻辑、概念、公理、定理及其推导法则。数学的任务就是发展出每一个由公理系统所规定的形式演绎系统，在每一个系统中，通过一系列程序来证明定理，只要这种推导过程不矛盾，便获得一种真理。但是这些推导过程是否就没有矛盾呢？形式主义学派确实证明了一些简单形式系统的无矛盾性，且他们相信可以证明算术和集合论的无矛盾性。

哥德尔不完全性定理引起震动后，关于数学基础之争渐趋平淡，数学家更关注于数理逻辑的具体研究，三大学派的研究成果都被纳入了数理逻辑的研究范畴而极大地推动了现代数理逻辑的形成和发展。

2.4　数学与哲学随想

亚里士多德的逻辑无疑是数学的基础，这些都推动欧几里得的"科学的数学"问世。

近代三位伟大的哲学家，同时也是大数学家，为科学革命准备了哲学与数学基础，他们是：

——笛卡儿（René Descartes, 1596—1650）；

——帕斯卡（Blaise Pascal, 1623—1662）；

——莱布尼兹（G. W. Leibniz, 1646—1716）。

不过，理性主义必须与经验主义相结合才能产生近代科学的果实。数学与哲学从此分道扬镳。19 世纪末到 20 世纪初，康托尔（Georg Cantor, 1845—1918）的集合论与数学基础的探讨再次诉诸于哲学。当时的一代数学家都有哲学素养，甚至他们本人就是大哲学家。如罗素（Bertrand Russell, 1872—1970）、怀特海、希尔伯特（David Hilbert, 1862—1943）、布劳威尔（L. E-J. Brouwer, 1887—1966）、外尔、哥德尔（Kurt Gtidel, 1906—1978）等。

2.4.1　人类的望远镜与显微镜——哲学与数学

数学的领域在扩大，哲学的地盘在缩小。哲学曾经把整个宇宙作为自己的研究对象。那时候，它是包罗万象的。数学却只不过是算术和几何。

17 世纪，自然科学的大发展使哲学退出了一系列研究领域，哲学的中心问题从"世界是什么样的"变成"人怎样认识世界"。这个时候，数学扩大了自己的领域，它开始研究运动与变化。

今天，数学的研究对象是一切抽象结构——所有可能的关系与形式。数学向一切学科渗透。但西方现代哲学却把注意力限制于意义的分析，把问题缩小到"人能说出些什么"。

哲学应当是人类认识世界的先导，哲学关心的首先应当是科学的未知领域。

哲学家谈论原子在物理学家研究原子之前，哲学家谈论元素在化学家研究元素之前，哲学家谈论无限与连续性在数学家说明无限与连续性之前。

一旦科学真真实实地研究哲学家所谈论过的对象时，哲学沉默了。它倾听科学的发现，准备提出新的问题。

哲学，在某种意义上是望远镜。当旅行者到达一个地方时，他不再用望远镜观察这个地方了，而用它观察前方。

数学则相反，它是最容易进入成熟的科学，获得了足够丰富事实的科学，能够提出规律性的假设的科学。它好像是显微镜，只有把对象拿到手中，甚至切成薄片，经过处理，才能用显微镜观察它。

哲学从一门学科退出，意味着这门学科的诞生。数学渗入一门学科，甚至控制一门学科，意味着这门学科达到成熟的阶段。

哲学的地盘在缩小，数学的领域在扩大，这是科学发展的结果，是人类智慧的胜利。

但是，宇宙的奥秘是无穷的。向前看，望远镜的视野不受任何限制。新的学科将不断涌现，而在它们出现之前，哲学有许多事可做。面对着浩渺的宇宙，面对着人类的种种困难问题，哲学已经放弃的和数学已经占领的，都不过是沧海一粟。

哲学在任何具体学科领域都无法与该学科一争高下，但它可以从事任何具体学科所无法完成的工作，它为学科的诞生准备条件。

数学在任何具体学科领域都有可能出色地工作，但它离开具体学科之后却无法做出贡献。它必须利用具体学科为它创造的条件。

模糊的哲学与精确的数学。人类的望远镜与显微镜。

2.4.2　数学始终在影响着哲学

数学始终在影响着哲学。

古代哲学家孜孜以求的是宇宙本体的奥秘。数学的对象曾被毕达哥拉斯当作宇宙的本质，曾被柏拉图当作理念世界的一部分。

近代哲学家热情地探索人的认识能力的界限和认识的规律，在数学的影响下产生了唯理论学派。他们认为数学思维的严密性是认识的最高目的。唯理论的两位大家——笛卡儿和莱布尼兹——正是卓越的数学家。另一位唯理论的著名代表人物斯宾诺莎，有一本写法奇特的代表作《伦理学》，这本书完全仿照几何学的体例，先提出定义、公理，然后用演绎法一个一个地对命题加以证明，并以"证毕"作为论证的结束。他确信哲学上的一切，包括伦理、道德，都可以用几何的方法一一证明。

唯理论的哲学论敌是经验论。但经验论的代表人物霍布斯也认为几何学的方法是取得理性认识的唯一科学方法。另一位经验论著名人物洛克，也认为数学知识才具有确实性与必然性，感觉的知识只具有或然性。

在西方有巨大影响的是康德的哲学。康德哲学的出发点是解决这样一个基本问题：既然人的认识都来源于经验，为什么又能得到具有普遍性与必然性的科学知识特别是数学知识呢？于是他提出人具有先验的感性直观——时间与空间。可以说，对几何学的错误认识，导致了康德学说的诞生。

数学的成功使哲学家重视逻辑的研究与运用。古代有亚里士多德的《工具论》，现在有西方的逻辑实证主义。

现代数学把结构作为自己的研究对象。西方现代哲学的一个重要派别是结构主义。

数学讲究定义的准确与清晰，现代西方哲学则用很大力气分析语言、概念的含义。

为什么哲学家如此重视数学呢？

当哲学家要说明世界上的一切时，他看到，万物都具有一定的量，呈现出具体的形。数学的对象寓于万物之中。

当哲学家谈论怎样认识真理时，他不能不注意到，数学真理是那么清晰而无可怀疑，那样必然而普遍。

当哲学家谈论抽象的事物是否存在时，数学提供了最抽象而又最具体的东西，数、形、关系、结构。它们有着似乎是不依赖于人的主观意志的性质。

当哲学家在争论中希望把概念弄得更清楚时，数学提供了似乎卓有成效的形式化的方法。

数学也受哲学的影响，但不明显。即使数学家本身也是哲学家，他的数学活动并不一定打上哲学观点的烙印，他的哲学观点往往被后人否定，而数学成果却与世长存。数学太具体了，太明确了。错误的东西易于被发现，被清除。

在唯物主义哲学看来，数学家在从事数学研究中，通常是坚持唯物主义观点的。尽管可能是不自觉的。但有些杰出的数学家，明显地表现出唯心主义观点——特别是数学柏拉图主义。如康托，他认为无穷集是客观独立存在的，但这很可能更激发了他的研究热情。

可不可以说：许多数学家，是自觉的唯心主义与不自觉的唯物主义的结合呢？这是一个复杂的问题。但是，在现代数学的洪流之中，这问题似乎已消失了。现代西方哲学认为唯物论与唯心论的对立是无意义的，这其实也受数学的影响。数学有过一次经验：欧几里得几何与非欧几何，哪个真是无意义的？

如果真的是由于数学的影响，应当说数学这次对哲学的影响是消极的。数学对哲学的影响，哪些是积极的？哪些是消极的？有待于哲学家研究。

2.4.3 抽象与具体

哲学对具体的东西作抽象的研究。

数学对抽象的东西作具体的研究。

哲学研究世界上一切事物共同的普遍的规律。研究人如何认识世界，研究概念的意义，这些被研究的东西是具体的，一般人都可以想象，可以把握。

数学研究的东西使人难以想象，高维空间，非欧几何，超限数，达到高度抽象。不是内行，很难理解。但哲学命题却使人难以把握其确切含意。比如，哲学家常常说"存在"，什么叫"存在"？使用"存在"这个概念要服从什么法则？谁也没有清楚地阐述过。

哲学家常常说"事物"，什么叫"事物"？如何运用"事物"这个概念？也没有界说。哲学家的有些命题，只可意会，不可言传。比如"世界是物质的"，这是一条十分重要的哲学命题。从常识出发，人人能理解，而且它是与科学的发现始终一致的。但如果从字眼上追究，究竟什么叫"物质"？

如何证明世界是物质的？根据这个命题如何指出具体的实验方法？都是不可能的。无论科学作出什么新发现，也不可能否定这个基本命题。它给人以启示，给人以指导，但你又抓不住它的具体内容。

数学研究的对象虽然抽象，但却可以作具体的研究，而且只能作具体研究。数学中的许多概念，可以言传而不可意会。用符号、语言，一步一步可以讲得很严格，很具体，至于它究竟是什么，由于抽象的次数太多了，头脑中已难以想象。但推理、论证，却绝不含糊。

西方现代哲学热心于把概念精确化，这似乎是受了数学的影响，但是，哲学的本性是不精确的，因为哲学的对象是科学的未知领域。如果哲学像数学那么精确严格，哲学也就成了数学的一部分，不再是哲学了。

2.4.4　变化中的不变

数学特别关心变化中不变的东西。

平移运动下，与平移方向一致的直线是不变的。旋转运动下，转动中心是不变的。变化中不变的东西，往往是最重要的东西，刻画了变化的特性的东西。

运动可以改变图形的位置，但图形上线段的长度是不变的。这长度就是两点的距离。保持两点距离不变是运动的特点。

放大镜下，图形变了样，两点距离变大了。摄影，又使图形变小。这时两点距离变了，但直线之间的角度不变。图形的按比例放大与缩小，叫相似变换。保持直线仍为直线，并且直线间的角度不变，是相似变换的特点。

阳光从窗口射到地板上，窗玻璃上画的三角形在地板上留下了影子，三角形的三边的长度变了，三个角也变了，但直线的影子仍是直线，线段中点的影子仍是线段影子的中点，三角形的中位线变成影子三角形的中位线，平行线的影子仍是平行线。几何图形的这种变换，叫仿射变换。它的特点是把平行直线变成平行直线。

广场上的两根柱子是平行的，在灯光照射下，柱子的影子仍是直的，但不再平行了。这种保持直线为直线，但不保证平行直线仍然平行的变换叫射影变换。

各种几何变换之下都有不变的东西。

把图形画在橡皮薄膜上，把薄膜折叠、揉搓、拉伸、压缩，图形的性质会发生剧烈的变化。直可以变曲，短可以变长，三角形可以变成四边形，但只要不撕破橡皮薄膜，不把橡皮薄膜上两个地方粘在一起，图形总有些性质是保持不变的。例如，一个圈子总是一个圈子。这种变换属于拓扑变换。拓扑学已成为现代数学的一个极重要的分支。拓扑学里有一条有名的定理叫不动点定理。它的最简单的例子是球面到自身的连续映射一定有不动点。按照这个定理，可以得到一个有趣的结论：地球上时时刻刻有不刮风的地方！对不动点定理的研究，已成了现代数学的一个重要课题。

任何科学都关心某种变化中不变的东西。生物学关心遗传因子，化学关心元素，物理学关心基本粒子，哲学家关心普遍的规律。

宇宙中的一切在运动与变化。但我们相信变化与运动遵循的基本规律是不变的。如果基本规律也在变，比如说，某一天万有引力忽然消失了，或光速变得更快，或能量守恒律不成立了，人类会觉得世界是不当然，不变的规律是基本规律，是指一定条件下必然产生一定的结果。记得谁说过，太阳上没有水，也就没有关于水的规律，似乎不能这样说。关于水的规律，是指如果有水，则水有什么性质等等，规律的内容包含了它的前提。

我们日常感到的规律，如冬去春来，日出日落，总有一天是要变的。但在这变的背后，仍有不变的东西在支配着，这应当是科学与哲学的基本信念。

2.4.5 量变与质变

量变引起质变，在数学中到处可以找到例子。

平面与圆锥面相截，截口的几何特性随平面与圆锥轴线的交角而变化。交角是直角时，截口是圆，稍变一点，圆成了椭圆，再变，再变，到一个关键之点，椭圆成了抛物线，过了这一点，又变成双曲线了。

实系数二次方程有一个判别式。判别式是正的、负的或 0 分别使方程有相异实根、复根，或相同实根。无穷级数的种种收敛判别法大都依赖某个参数，参数到了一定界限，级数就发散。

一个十分活跃的研究领域——分支理论，研究的正是决定性过程中参变量的变化在哪些关键点导致质变，和如何产生质变。

辩证法有三条基本规律：对立统一规律，质量互变规律，否定之否定的规律。如果要问，为什么会有这么三条规律？哲学家会如何解答呢？在这三条背后，有没有更基本的原理呢？

也许，能够从数学角度加以说明。

一个事物的性质最终可以用一串数描述，它可以看成是一个有穷维或无穷维的以时间为自变量的向量值函数。事物的变化，无非是向量的各个分量的变化——增加与减少。因为数的变化只能如此。增加与减少，正是对立与统一的两个方面。

函数有连续点与不连续点。一般说来，自然界的一切都可以用解析函数描述。解析函数除个别点外是连续的。当事物的变化与联系不能保持函数的连续性时，也就是到达间断点时，人们就说事物发生了质的变化。

函数的变化有两种基本形式：单调增减与周期变化。两种基本形式的组合是螺旋运动。螺旋运动的每一个环节，都可以看成是一个否定之否定的过程。

哲学要研究的是关于自然、社会和思维普遍规律的科学。这种普遍规律只有与具体内容脱离之后才能成为普遍适用的规律。只有数学的抽象，才能完成描述这一普遍规律的任务。

2.4.6 从偶然产生必然

数学家和哲学家、物理学家似乎有点不同。哲学家和物理学家，总是喜欢对客观世界的本质作出假设、猜测和断言。而数学家却不愿拍板。他们总是小心翼翼，说些这一类的话："如果事情是这样的，那将会如何如何；如果是那样的，又会如何如何。"

如果一切都是偶然地发生，又会怎样呢？为了回答这个问题，数学家提供了概率论和数理统计的方法。按照这个方法研究那些偶然性占统治地位的系统——随机系统，得到了许多这样的结论：某些现象将必然发生。

在人们看来，掷一枚钱币出正面还是出反面，是偶然的。当然，决定论者不同意这个说法。他们认为，出正面还是出反面，是由一些确定的因素决定的——钱币的初始位置，掷出的方向与速度，空气阻力……这自然也对。出正面出反面总得有个原因。但即使绝对均匀的钱币，初始位置准确地垂直于地面，落到水平、光滑、弹性均匀的地板上，它总不会立在那里，总要出正面或反面。这表明，确定钱币出正面还是出反面的问题，即使有足够精确的测量手段和完全严格正确的力学理论，仍不能确定。把它看成偶然现象并非无知。即使有无比丰富的知识，也无法确定！如果钱币是均匀的，我们找不出任何理由断言它该出正面还是反面。正反面的概率各占一半。如果只掷两次，可能有四种结果：

$$（正，正），（正，反），（反，正），（反，反）$$

可见两次相同的概率为 1/2，正与反各占一半的概率也是 1/2。

如果掷一千次呢？每次都相同的概率只有 $1/2^{999}$。实际上我们绝观察不到这种现象。而正与反大体上各占一半的事是几乎一定会发生的！

统计物理学家正是用这种办法论证了气体在容器中密度均匀分布的必然性。两个相互连通而对外封闭的房间，如果里面只有两个空气分子，那么两个分子跑到同一个房间的概率是 1/2，这是容易发生的事。而当分子数目增加到通常空气里那么多分子的数目时，所有分子都跑到一个房间里去的事可以说不会发生了，而两个房间里空气分子大体一样的情况几乎是必然的。必然产生于偶然。

概率论提供了一个有趣的定理，不妨叫作"赌徒输光定理"，意思是说，在"公平"的赌博中，谁输谁赢是偶然的，任一个拥有有限赌本的赌徒，只要长期赌下去，必然有一天会输光。这个结论与社会现象惊人地相符合。因赌博倾家荡产的事时有闻知，而致富的却绝不存在——除非是骗子或开赌场——这也不是本来意义下的赌徒了。

关于中国人的姓，有人做过调查。在若干年以前，不同的姓氏有数千种之多，但今天只有几百种了。而且多数人的姓属于张、王、李、赵、刘等几个"大姓"，长期发展下去，必然有更多的姓氏消失。最后都成为一个姓。这是因为中国命名习惯是孩子与父方同姓。母方的姓传不下去。这使得任何一个姓在长期发展过程中都会消失（最后剩一个当然不会消失了）。这是"赌徒输光定理"的一个应用。

最近，有些科学家研究了人的某种遗传因子的特征，从孩子身上只能发现母方的特征。调查结果得到一个惊人的结论：世界各地的人，这种特征是一样的。这就产生了一个有趣的"夏娃假说"——现在所有的人，最远的远祖，在母系方面只是一个女人，道理和中国人的姓氏消失现象类似。如果一个男性只有女儿，他的姓氏传到他这一小枝的部分就消失了。类似地，如果一个女性只有男孩，她的那个遗传特征也就传不下去了。在人类长期发展过程中，本来可能很多的、不同的女性遗传特征一个一个地消失了，只剩下夏娃的了。这是赌徒赌光定理的又一应用。

我们不必过问每一个个别的情形的出现是由什么具体因素确定的，尽管这种具体因素应当存在。例如，生男孩还是生女孩，必有一定的原因。我们只要从宏观上按统计规律推理，照样能够得到一些必然性的规律，如赌徒输光、姓氏消亡等。

用这种观点看生物的进化，看历史的发展，看社会的趋势，都可以看出同样的道理：即使个别现象纯属偶然，甚至假定没有什么原因，总体上仍有确定的规律。

微观上的偶然性集中起来，冲抵了种种相互矛盾的因素之后，呈现出宏观上的必然性。

2.4.7　从必然产生偶然

自然界的许多现象，很明显地是由严格的因果关系所支配的。例如：天体的运行，人类很早就掌握了四季变化，月亮盈亏的规律，甚至能精确地预报日食、月食和彗星的出现。正是由于这些知识的积累，使决定论的观点得以形成和占领哲学上的一席之地。

那么，如果假定一个系统，它是由决定性的因果规律完全主宰的，结果又会如何呢？

近几十年来——自第二次世界大战以来，人们对决定性系统的深入研究，发现了意想不到的事实：严格地遵从决定性规律的系统，在一定条件下，也会呈现出随机过程所具有的特征。

描述决定性系统的数学，是所谓动力系统，或者叫作微分动力系统。它肇始于 20 世纪初叶庞加莱对天体运行的多体问题的研究。比如，太阳、月亮和地球，三者的相互位置在各种初始条件下将会按什么规律变化，就是多体问题中一个最基本的特例。在力学上，它可以抽象为质点组的动力系统，其运动规律可以用微分方程描述，微分动力系统由此而得名。

数学家对决定性的系统，给了一个比微分方程更简单的描述，这就是迭代。如果某个系统服从决定性的因果关系，那么，它明天的状态 Y 与今天的状态 x 之间就有一个确定性的联系。在数学上，这叫作 Y 是 x 的函数

$$Y = F(x) \tag{1}$$

当然，我们也不一定用一天两天为计时单位，也可以设是一小时，或一分钟，一秒钟之后的系统的状态，这在本质上没什么不同。

关系式（1）既可表示今天和明天的状态之间的联系，也可以表示昨天和今天、明天和后天的状态之间的联系。如果 Z 是后天的系统状态，根据（1）便有

$$Z = F(Y) = F[F(x)] \tag{2}$$

而大后天的状态将是，一般说来，n 天之后的状态可以用函数 F 的 n 次迭代表示：

$$X_n = F^n(x)$$

$$\begin{cases} F^n(x) = F(F^{n-1}(x)) \\ F^0(x) = X \end{cases} \quad (n = 1, 2, 3, \cdots)$$

迭代运算是完全确定的。在计算机上作迭代特别适宜：一个固定了的计算程序；给一个初始值；计算出的结果又当成初始值。反复多少次，完全不用人操心。因此，自从有了计算机，决定性系统的迭代模型引起了数学家的广泛兴趣。

对迭代的研究有了一系列有趣的发现，其中一个重要发现是：完全确定的迭代过程，会呈现出由偶然性占统治地位的随机系统的特征。

例如，按照某种简化了的数学模型，一类无世代交叠的昆虫的第 n 代虫口指数 x_n，满足下列方程

$$x_{n+1} = 1 - \mu x_n^2 \tag{3}$$

对迭代性质的研究可以归结到二次函数

$$f_\mu(x) = 1 - \mu x^2 \tag{4}$$

的迭代的研究。此处 μ 是与生态环境有关的参数。

二次函数的图像，不过是简单的抛物线，但迭代起来可不得了。每迭代一次，指数加一倍，函数性状越来越复杂。一旦参数 $\mu > 1.5$，x_n 随 n 而起伏变化的规律惊人的复杂。对大多数初始值 x_0，x_n 恰似掷硬币出正反面那样随机地取正值或负值，看不出是一个决定性过程了。有人用计算机做试验，把区间[-1，+1]分成等长的 100 段，计算 x_k 落在哪些段次数多，哪些段次数少。结果发现：对多数初始值 x_0，当 n 很大时，x_k（$k = 0$，1，2，$\cdots$，n）落在各个小段里的机会几乎均等！

由迭代而产生的这种貌似随机而实为确定的现象被称为混沌现象。它不仅是数学家关心

的领域，同时也是物理学家、生物学家、化学家等许多学科专家们的乐园。

概率论与数理统计表明，空间上微观的随机性导出了宏观的决定性。微分动力系统的研究又揭示出，时间上微观的决定性呈现为宏观的随机性。不是吗？气体分子一个一个地在随机地活动于空间的局部，而整体上却遵从明显的规律，如波义耳定律。迭代过程的每一个环节——代表系统在一秒、一分或一天的变化——都是完全确定的，长程的结局却呈现出随机起伏。

数学的严格论证帮助哲学家在一定程度上说明：决定的必然性与随机的偶然性，不仅是对立的，而且是统一的。这不是来自主观的判断，而是来自严格的推理，因而也许会使人信服。

2.4.8　什么叫必然，什么叫偶然

准确地给出"必然"和"偶然"这两个概念的含义，是哲学家面前的困难问题之一。

哲学家承认，一切事物都有原因，这是当然的。如果认为有毫无原因的事件，那也就否定了哲学与科学。既然都有原因，又为什么有偶然事件呢？霍尔巴赫认为：我们是把我们看不出同原因相联系着的一切结果归之于偶然。这样，"偶然"就成为主观上的东西。不知道原因的，就是偶然的。偶然性与人类的知识水平有关，而不是事件的客观属性了。

较为正确的一种哲学观点认为："决定和影响一个事物发展的原因，是多方面的。有的原因同事物的发展方向有着本质的联系，有的原因同事物的发展方向只是非本质的联系。对于一个具体事物来说，只有那些对事物的发展具有本质联系的原因，才表现为必然性；至于那些对事物的发展只起着加速或延缓的作用，决定事物的这种或那种特点的原因，对于这个事物来说，就只有偶然性。"

这种说法并不能令人满意地回答"什么是偶然事件"这个难于回避的问题。它是说明了事物"原因"的偶然性的意义。一个事件，可能成为好几个事物的原因。在街上洒一盆水，它是尘土在这里暂时不再飞扬的原因，又是一位小朋友不小心滑倒的原因，还是几只蚂蚁被淹死的原因。事件对于不同的事物，有作为原因的偶然性与必然性之分，但事件本身的偶然性与必然性呢？

在这个问题上，数学有可能给哲学以启示。我们不妨利用稳定性的概念来试着解释必然性与偶然性。

仍以抛硬币为例。用一个精密的仪器将硬币按一定初速度垂直上抛。考察两件事：

A. 硬币上升高度达到 2 米；

B. 硬币落地后正面向上。

一般认为，事件 A 是必然的，事件 B 是偶然的。

事件 A 是有原因的，原因是上抛的初速度。事件 B 也不会没有原因，原因在于初始位置。在理想情况下，我们应当假定：这是一个决定性过程，初始状态决定了最终状态。

既然 A 与 B 都有原因，又为什么一个叫作必然的，另一个叫作偶然的呢？仔细分析，便会发现，原因与结果之间的联系，有不同的数学方式。一个是稳定的联系，一个是不稳定的联系。

上抛高度与初速有关。初速的微小改变只能引起高度的微小改变，不会使事情起质的变化，这正是稳定性系统的特征。因此，稳定性可以用来说明必然性。

出正反面应当与初始位置有关。但无论初始位置多么对称于正反面——使硬币平面与水

平平面垂直，结果仍然各以 1/2 的概率出正反两面。这表明，初始位置的无论多么细微的差别，都足以引起后来状态本质的不同！这正是不稳定系统的特点。可见，不稳定性可以用以说明偶然性。

这就提示我们：如果事件与原因以稳定性的方式相联系——原因的小扰动只能引起事件的小变化，就叫作必然事件。

反过来，如果事件与原因以不稳定的方式相联系——原因的无论多么小的扰动都能引起事件性质的显著不同，就叫作偶然事件。

这样，用数学提供的思想给出了必然性和偶然性的客观性的定义。这个定义不依赖于我们知识的贫乏或丰富，不依赖于我们对事件本质的看法，它只与事件的本性有关。

对于某些必然性事件，在我们对它的原因尚不深知时，有可能误认为是偶然的。但对于偶然事件，无论我们的知识多么丰富，手段多么精密，它仍是偶然的，因为对它的原因的定量把握，任何时候都是有限度的，而它在此限度之外的变化，仍能左右事件的性质。

这样，即使我们承认宇宙中的一切都是决定性的，也不会否认偶然事件的发生。所谓决定性的东西，如果人完全不能预知，也就不存在是否是定命的问题。至于我们现在所遭遇的一切，是不是像写好了剧本的电影一样，在宇宙开始的大爆炸时已经确定了的呢？这是一个没有科学意义的问题。因为没有可能具体检验这个问题的正反面答案的真伪。

莱布尼兹说，世界有两大谜是理性迷惑：一是自由与必然如何协调的问题，二是连续性与不可分割性如何统一的问题。数学的进展，对这些难题多多少少提供了解答。不可分的点可以构成连续的线，偶然可以产生必然，必然也可以表现为偶然，这些研究从一个方面支持了辩证唯物主义的事物是对立的统一这个观点。同时，又对"什么是必然""什么是偶然"提供了有启发性的回答。这使我们看到，哲学作为人类一切知识的概括与总结，应当紧跟各门科学的进展，特别是数学的进展。

数学是一切科学的工具，它能够也应当成为哲学的工具。现代西方哲学家致力于使哲学语言精确化，这种努力有助于使数学进入哲学。辩证唯物主义的哲学家似不应当把这一重要领域看成是仅仅是其他学派的专利。马克思在百忙中还认真学习数学，写出了有重要思想价值的《数学手稿》。而当时的数学，正像恩格斯所说，在社会科学中的应用几乎等于零。如果马克思活到今天，看到数学无孔不入地渗入一切学科的局面，《数学手稿》的续集，很可能涉及数学在哲学中的应用。

2.5 分析与综合的艺术

从最早的哲学家开始，便提出了把复杂的事物分解为较简单的因素的组合这种认识世界的基本方法。

开始，这种思想是朴素的，带猜测性的。

中国古代的五行学说，认为万物由金、木、水、火、土组成。

古希腊哲学中有万物皆由水、火、气、土组成的观点，有万物皆数的观点，有万物皆由原子构成的观点。

到了亚里士多德，开始对科学作系统分类。把逻辑规则化解为一些基本法则——三段论。提出事物产生的四因说。把动物分为种、属等。由猜测的分析进展到具体的分析。

到了中世纪后期，唯物主义的勇士布鲁诺认为物质可以分为最小的单位——单子。

17 世纪英国出现的唯物主义经验论哲学学派，开创者为培根，集其大成加以系统化者为洛克。培根已提出对经验分类归纳。到了洛克，进一步提出把观念分成为简单观念与复杂观念，认为复杂观念由简单观念组成。把物体性质分为第一性质与第二性质，等等。

17 世纪法国数学家笛卡儿，是近代唯理论哲学的奠基人。他极其明确地提出了取得知识的原则。其中主张：把难题尽可能地分成细小的部分，直到可以圆满解决，以便从最简单、最容易的认识对象开始，上升到对复杂对象的认识。他同时主张，世界由三种基本要素组成。

比笛卡儿略晚一些的数学家、哲学家莱布尼兹，主张世界由"单子"组成。但他的"单子"与布鲁诺不同，是"上帝"发射出来的，本质上是精神的单子。

18 世纪英国的唯心主义经验论者，如贝克莱、休谟，主张存在即被知觉。把事物分解为感觉的组合。

康德把人能够取得物理学知识的先天思维能力称为"知性"，把知性分为四组 12 种。

辩证法主张分析，认为分析就是分析事物的矛盾。

西方哲学大师罗素，被誉为开一代分析哲学之新风，他主张建立真理体系的方法是分析。

总之，人类在认识事物的过程中，总是想到"分"，把事物分解之后，再合。

科学的进步，也体现出不断地分：物理学的尖端研究，是对基本粒子的认识；化学，把物质分成纯物质，纯物质又分解成元素；生物学，把动植物从总体上分为门、纲、科、目，把个体分为器官、功能系统，直到分析出细胞，又对细胞进行分解；数学的发展中，也在一次一次地分。

毕达哥拉斯的万物皆数，把数等同于物，反映出他还没有能力把数与物分开。

更早一些，有些部族在语言里没有单独的数，数总是和东西连在一起：3 只鸡，3 个人，3 株树，但没有"3"。

把数单独分出来，是一个飞跃。

但在相当长的时间内，无理数总是联系几何量，分不出来。实数理论的建立，把数与形终于分解开了。

欧几里得几何公理系统中的第五公设，经过两千年的研究，终于被分出来了。这一分就是非欧几何的出现，使几何学空前丰富起来。

在第三次数学危机中，逻辑主义也好，直觉主义也好，形式主义也好，它们的基本想法，总是把数学看成不可再分的东西，希望一劳永逸地对数学作出先验的处理。

这时，由于数与形的分离成功，使数学归结为"数的科学"，但没有对数进一步的分解。

结构观点，实质上是对数作了成功的分解。数可以作运算，从这一点着眼，分出了代数结构。一旦代数结构与数分离，它就成了更高一级的抽象物。运算就可以施于其他对象：逻辑命题、几何变换、文字语言。

数可以比较大小，从这里分出了序结构。序结构一旦与数脱离，就获得了更丰富的内容。类的包容关系，生物的亲子关系，逻辑的蕴含关系，都可以放在序结构这一抽象概念之下讨论了。

实数系是连续的，整数系是离散的，因而数具有拓扑结构。数的拓扑结构是从形那里继承来的，因为形已被归结为数。拓扑结构一旦与数和形脱离，就可以用于更广泛的系统。我们可以讨论物理系统相空间的拓扑结构，有限个对象之间的关系网络的拓扑结构，等等。结构与数的分离，意味着数学研究对象提升到一个更高的抽象层次。

恩格斯时代，数学研究对象还限于空间形式与数量关系。

现在，数学完成了进一步的抽象，使形式脱离空间，使关系脱离数量。把纯形式与纯关系作为研究对象了。

可是，形式与关系的区别，本源于空间与数量的不同，一旦抽象出纯形式与纯关系，形式与关系之间的区分就不再是必要的了。纯关系，无非是关系的形式。纯形式，也只能表现为形式之间的关系。两者已是一回事，于是称之为结构。

当数学家研究数量关系时，哲学家，特别是怀疑主义的哲学家可以提出问题：你们所研究的关系是不是真理？它是不是真的不折不扣的数量关系？当数学家研究空间形式时，哲学家，特别是怀疑主义的哲学家可以提出问题：你们所研究的形式，是不是我们这个真实空间的性质？

现在，数学家研究的是结构，怀疑论者又如何责难呢？数学家准备了一套一套的结构。只要哪种对象符合某一套结构的条件，关于这个结构的结果便可以用上去。这里，问题只在于选择适当的结构，而不在于数学结论是不是真理。由于结构已是纯粹的抽象物，关于结构的性质只接受逻辑的检验，因而成为可信的真理。

当一个裁缝加工定做的服装时，顾客可以指责尺寸错了，颜色错了，布料错了，等等。一旦服装设计脱离了具体的人，那就不发生错的问题，只有个选择问题。这里有各式各样的服装请您试穿。您不必说哪种服装错了，说不定是另一位的爱好呢！

但是，如果裁缝以此为理由而随心所欲，不调查体型，不研究心理，不适合潮流而乱做一气，那也只有关门大吉。

数学家把结构作为研究对象，好比是不再单为固定的顾客加工服装了。他面向普遍的需要，他占领广大的市场。哪些结构要增加，哪些结构要修改，这信息来自科学实践。

社会实践仍然是检验真理的标准。

哲学中有一门分支——美学。专门讨论这个极为复杂的问题。与它相关的分支还有艺术哲学和艺术批评以及艺术概论等。与之相应的有数学哲学，但从来没有数学批评这种分支，这点却是耐人寻味的。当然，现在有不少人侈谈"数学与美"，可是，具体到数学本身，究竟什么是"美的数学"或"数学的美"呢？

罗素在谈到数学特质时，曾说过，数学有一种清纯的美（pure beauty），那是一种雕塑或建筑外观的形式美。我个人觉得更像古典音乐中庄重与崇高的美，这种美是与世俗的、功利的、个人情绪和感受几乎无关的美。它主要出现在高端数学当中，尽管基础数学中也有少数美的数学。许多人把"美"与"漂亮"混为一谈，我们这里希望能划分一下界限：美是针对艺术作品——数学作品，主要是理论与定理而言的；而漂亮指证明和表述，可以说是数学中的技术及技巧层面，它们可以比较，有相对性。而数学作品之美正如艺术作品一样有绝对性，也有其神秘难解的方面，我想，也许这就是高端数学难于理解的因素之一。

这里，我还是举出若干具有数学美的定理和理论来例证我们的观点：

（1）勾股定理。

（2）算术基本定理，即素因子唯一分解定理。

（3）射影几何学对偶定理，由此产生出数学中上百个对偶定理。对偶性是数学美的要素之一。

（4）牛顿-莱布尼兹公式。

（5）$e^{i\pi} + 1 = 0$。

（6）欧拉（Leonhard Euler，1707—1783）的多面体公式。

（7）伽罗瓦[①]理论，特别是阿廷所表述的。

（8）李[②]群李代数理论，与此相关的有限单群的分类定理。

（9）类域论。

（10）阿蒂亚-辛格[③]指标定理：解析指标＝拓扑指标。

当然，数学还有成百上千的公式、定理、理论具有艺术美的特征，这些都与对数学的理解有关，没有理解，谈不上对数学美的欣赏。数学的美具有客观性，然而，欣赏数学美却与欣赏者的数学素养密切相关。在这方面，多少与对艺术美的欣赏有些相像。

2.6 数学与哲学的联系和区别

2.6.1 数学与哲学的联系

有位哲学家曾说："没有数学，我们无法看透哲学的深度；没有哲学，人们也无法看透数学的深度；若没有两者，人们就什么也看不透。"这句话精妙地阐释了数学与哲学的关系。

哲学是系统化的世界观和方法论，而数学是一门具体科学。数学与哲学二者联系密切，相辅相成。

在科学技术不发达的古代，人们对世界的认识是肤浅的和笼统的，未能形成分门别类的具体科学，哲学同各种具体科学之间没有明确的分工和严格的界限，数学、天文学、力学等常常包括在哲学之中。许多哲学家本身就是数学家，如亚里士多德、笛卡儿、莱布尼兹（G. W. Leibniz，德，1646—1716）、罗素等。牛顿（I. Newton，英，1642—1727）的《自然哲学的数学原理》是经典力学的划时代著作，从中可见哲学和数学之间不仅联系密切，而且彼此相互促进，共同推动着科学的发展。

数学和哲学都具有高度的抽象性和严密的逻辑性。数学是研究事物的量及其关系的具体规律，哲学则是研究自然、社会和思维的普遍规律，可以说哲学与数学是共性与个性、普遍与特殊的关系。

一方面，哲学以数学等具体科学为基础，依赖于各具体科学为其提供大量丰富的具体知识与具体规律，只有在此基础上加工改造，才能抽象、概括出整个世界最一般的本质和最普遍的规律。所以，具体科学能够解释并验证哲学思想，其不断的发展也必定促进着哲学的完善。例如，函数项级数的出现和发展就解释并验证了人们对客观世界的一般认识规律：从有限多个数的加法到无限多个数的加法——数项级数，再到以幂级数和傅里叶级数为代表的函数项级数，就验证了人们从低级到高级、从特殊到一般的认识规律。再例如，马克思主义哲学的诞生，其最主要的自然科学依据是达尔文的自然选择定律、物理学中的能量转化和守恒定律及生物学中的细胞学说，而这些又都离不开数学的研究和分析方法。

另一方面，哲学必然为数学等具体科学的发展提供正确的世界观和方法论上的指导。一位数学家不懂得哲学和辩证法，那么他在数学上很难取得进展——这已经成为人们的共识。在高等数学中，时时处处蕴涵着丰富的辩证法，蕴涵着直与曲、常量与变量、确定与随机、有限与无限的转化。例如，求定积分的过程就蕴涵着丰富的辩证法，以求曲边梯形的面积为

---

① 伽罗瓦（Evariste Galois，1811—1832），法国数学家。
② 李（Sophus Lie，1842—1899），挪威数学家。
③ 辛格（Isadore Singer，1924—），美国数学家。

例，在 $\lambda \to 0$（λ 是 n 个小矩形底边长度的最大值，用以刻画曲边梯形分割的精细程度）的条件下，多个小矩形的面积之和转化为曲边梯形的面积，直线转化为曲线，近似值转化为精确值，这个过程蕴藏了矛盾的对立统一和量变质变的规律，其中哲学思想在数学研究中的指导作用是显而易见的。

数学离认识论、形而上学、逻辑学、认知科学、语言哲学，以及自然和社会科学哲学这些哲学领域所关注的内容并不很远。而哲学离逻辑学、集合论、范畴论、可计算性，甚至分析和几何这些数学领域所关注的内容也不远。世界范围内的哲学系和数学系都讲授逻辑学。

无论是好是坏，当代哲学中使用的很多技术和工具都是为了数学——只为了数学——而发展和磨炼出来的。逻辑学通过有代数思维的数学家布尔（George Boole）、施罗德（Ernst Schröder）、波尔查诺、弗雷格和希尔伯特而成长为一个繁荣的领域。他们毫不含糊地聚焦于逻辑和数学基础。通过逻辑我们拥有了模型论语义学。而通过后者有了对模态和认识论话语的可能世界分析。形式逻辑的语义学和演绎系统已经成为当代哲学全部议题和思虑的通用语言，这样说一点都不夸张。在某种意义上，很多分析哲学都尝试把逻辑在数学语言上的成功推广到自然语言和一般认识论上，这或许属于理性主义的传统。

有多种理由把数学和哲学联系起来。它们两个都属于为理解我们周围世界所做的最初的理智上的尝试，并且都或者诞生于古希腊或在那里经受了深刻的变革（这取决于什么被看作数学和什么被看作哲学）。第二，也更为核心的是，数学是哲学家一个重要的研究案例。很多当代哲学议事日程上的议题在聚焦于数学时都具有相当简明的表达。这包括与认识论、本体论、语义学和逻辑学相关的问题。我们已经注意到在数学推理成为焦点时逻辑学所取得的成功。哲学家对指称问题感兴趣：一个词项代表或表示一个对象，这是怎么回事？我们如何能把一个名字与其命名的东西连接起来？数学语言为这些问题提供了一个焦点。哲学家还对规范性问题有兴趣：一个人 A 被迫做行为 B，这是怎么回事？当我们说某人应该做某事，如应该捐助慈善事业时，我们是什么意思？数学和数理逻辑至少提供了一种重要的，而且可能是简单的案例。逻辑比任何事情都规范。在什么意义上我们被要求在研究数学时要遵循正确推理的标准原则？柏拉图建议他的学生们要从相对简单和直接的事例出发。也许数理逻辑的规范性正是这样的事例。

数学与哲学相联系的第三个理由存在于认识论——二一对知识的研究中。数学是极其重要的，因为它几乎在所有以理解物质世界为目标的科学努力中都扮演着核心的角色。例如，考虑一下几乎在任何自然和社会科学中都预设了数学知识。看一眼任何大学的简介都会发现从科学到工程的整个教育项目都追随着柏拉图学院的路线，对数学有着相当的要求。

如果把哲学和数学加以对比，可以发现这两大系统的知识领域的确有它们的共性，当然也有极大的差异。先说共性，哲学与数学都具有如下的特点：

——神秘莫测、不知所云，

——概念抽象、难于理解，

——提出问题、推动发展。

只要去读比较专门的哲学或数学著作，自然会感到难懂。在相当多的情形下，作者并不告诉你他的动机，概念是从哪里来的？它有什么用？甚至也不明确提出他的问题。这样，读者看到的就是从概念到概念，从命题到命题。但是，正是由于数学与哲学中一些好的概念、好的对象、好的问题，才成就它们是万学之学的地位，而且也促进自身以及其他学科的发展。

"没有数学，我们无法看透哲学的深度，没有哲学，人们也无法看透数学的深度。而若没有两者，人们什么也看不透。"

2.6.2　数学与哲学的区别

首先，数学与哲学的思维方式不同，数学是从量的角度去分析问题，而哲学是从质的角度去分析问题。从而它们二者之间具有了对立统一的关系。当我们分析不同事物之间具有的数量关系时，只能采用数学上的各种方法；一旦我们遇到了不同质之间具有的相互关系时，就需要采用哲学的方法。

其次，数学与哲学研究问题的着眼点和采用的研究方法不同。数学注重单纯的数量关系，使用的分析工具是各种运算法则，包括数学定理、公式等，运算的结果仍然是数量的多少；哲学注重不同质之间的关系，使用的工具是大脑的抽象能力，即分析与综合的能力，哲学分析的结果是形成了一个新的概念，使认识得到深化。例如，对于数学悖论，数学与哲学所关心的问题及所采用的视角是不同的。

最后，数学思维与哲学思维之间既有同一性又有对立性。例如，在如何看待哥德巴赫（C. Goldbach, 1690—1764）猜想问题上，数学家与哲学家都认为哥德巴赫猜想提出的"大偶数可以分解为两素数之和"这一断言是客观存在的，这体现了二者的同一性。但是，在涉及决定猜想成立的条件上，数学家与哲学家表现出了对立，数学家认为，理论证明是决定这个猜想作为数学定理成立的前提条件；哲学家则认为，实践、分解和验算的结果决定着这个猜想的成立与否，它同理论证明之间没有任何关系。由此，数学与哲学的对立统一关系可见一斑。

康德把哲学视为概念分析的活动，同时他对比了哲学与数学的差别：数学提供了一个没有经验的辅助而有幸自行扩展开来的纯粹理性的最光辉的例子……哲学知识是出自概念的理性知识，数学知识则是出自概念的构造的理性知识。但构造一个概念就意味着：把与它相应的直观先天地展现出来。所以一个概念的构造要求一个非经验性的直观，因而后者作为直观是一个个别客体；但作为一个概念（一个普遍的表象）的构造而仍然必须……表达出对一切隶属于该概念之下的可能直观的普遍有效性。所以我构造一个三角形，是由于我把与这个概念相应的对象要么通过纯粹直观的单纯想象，要么……也在纸上以经验性的直观描绘出来，但两次都是完全先天的描绘，并没有为此而从任何一个经验中借来范本。个别被画出的图形是经验性的，却仍然用于表达概念而无损于其普遍性。因为这个经验性的直观中被注意的永远只是构造这个概念的行动，对该概念来说，许多规定如大小、边和角都是……无关紧要的，因为这些并不改变三角形概念的差异而都被抽象掉了……哲学知识只在普遍中考察特殊，而数学知识则在……个别中考察普遍；但却仍然是先天的和借助于理性的。

我们再来看一段康德的文字，其中进一步揭示了数学与"哲学"的概念分析之间的区别。哲学仅仅执著于普遍概念，数学单凭概念则做不了任何事情，而是马上投向直观，在直观中它具体地考察概念，但……只是在它先天地表现出来，也就是构造出来的这样一种直观中考察……我们若给一位哲学家一个三角形的概念，并让他按照自己的方式去发现三角形的角之和可能会与直角有怎样的关系。他现在只有三条直线所围成的一个图形的概念，以及在这图形上的三个角的概念。现在不论他对这个概念沉思多久，他也不会得出任何新的东西。他可以分解直线的概念，或是一个角的概念，或是三这个数的概念，并使之变得清晰，但不能想到在这个概念中根本没有的其他属性。然而让几何学家来处理这个问题，他马上就会从构造一个三角形开始……他延长这三角形的一边而得到与两直角之和相等的两个邻角。现在他通过引一条与这三角形的对边相平行的线来分割这个外角；并且看到在这里产生了与一个内角相等的一个外邻角，如此等等。他就以这种方式通过一个推论链并始终由直观引导着，从达到了对这个问题的完全清楚明白同时又是普遍的解决。

——哲学较大程度上是主观知识；而数学则是客观知识。

——哲学围绕少数伟大哲学家的论题发展；数学则是积累的、不断进步的、逐步系统化的知识领域。

——哲学和数学各有其关联的范围：哲学的关联范围广，但强度弱；数学关联度强，它把许多领域转化为科学。

数学与哲学研究对象不同，研究方法也不同。两者虽有相似之处，但是，哲学不是数学的一部分，数学也不是哲学的一部分。有人说："哲学从一门学科的退出，意味着这门学科的建立；而数学进入一门学科，就意味着这门学科的成熟。"

哲学研究的领域无疑比数学更大，因此它更有资格成为"万学之学"。然而，只有哲学知识跨越到科学知识的阶段，才能体现近代知识的飞跃。但是必须看到，任何知识包括科学知识的进步，哲学都扮演启动者的角色。

2.7　数学思维的方法

2.7.1　演绎、类比与归纳

已严格地提出来的数学是一门系统的演绎科学，它不同于经验的自然科学；而正在形成过程中的数学却是一门实验性的归纳科学。

演绎方法的本质是根据一定的逻辑规则，从前提出发推出结论。它可以是从一般到特殊的推理，也可以是从一般到一般或从特殊到特殊的推理，还可以是无须用一般和特殊概念的推理，如命题的演算。演绎推理是一种必然推理，只要前提正确，推理过程又合乎逻辑规则，就可以得到正确的结论。

归纳方法是科学家处理经验的方法。归纳推理是从具体到抽象的推理，其目的在于探索事物的规律性，是发现同类事物之间的联系与共有规律，是一种或然性推理。

所谓类比是指有类似的关系。类比作为一种推理方法，它既不同于归纳推理，也不同于演绎推理。类比推理不必经过抽象阶段，不必以一般原理为中介，而是直接从某个特定的具体对象到另一个特定的具体对象的推理。是由此及彼或由彼及此，是发现不同事物之间的联系或相似的规律。

例如，平面上的一个三角形可与空间的一个四面体作类比，着眼点是研究用最少的几何元素去围成一个有限的图形。因为，在平面上两条直线不能围成一个有限的图形，而三条直线却能围成一个三角形。在空间，三个平面不能围成一个有限的图形，而四个平面却有可能围成一个四面体。

也可以把一个三角形和一个三棱锥看作类比的图形。因为，一方面我们可以取一直线段，将此线段外的一点与线段上的所有点用线段相连，可以得到一个三角形；另一方面，取一个多边形，将此多边形所在平面外的一点与多边形上的所有点用线段相连，可以得到一个棱锥。用类似的方法，我们可以把一个平行四边形和一个棱柱看作是相类比的图形，等等。

通过图形的类比可以联想到图形所具有的性质的类比。例如：设以四面体作为三角形的类比，则在立体几何中就有与平面几何中的概念相类比的概念，例如平行六面体、长方体、立方体、二面角的角平分面等分别与平行四边形、矩形、正方形、角平分线等类比；也可以得到一些与平面几何定理相类似的立体几何定理，例如："三角形的三条角平分线交于一点，这个点是其内切圆的圆心"，类似的有"四面体的六个二面角的角平分面交于一点，这个点是其内切球的球心"。

若把三棱锥看作是三角形的类比，则在立体几何中就有与四边形、圆等相类比的立体；也可以得到与平面几何定理："圆的面积等于一个底边长为圆周长、高为圆半径的三角形的面积"相类似的定理："球的体积等于一个底面积为球的表面积、高为球半径的圆锥体的体积"。

运用类比方法的关键是要善于发现不同对象之间的"相似"。泛函分析创始人之一的波兰数学家巴拿赫（S. Banach，1892—1945）认为："一个人是数学家，那是因为他善于发现判断之间的类似。如果他能判明论证之间的类似，他就是个优秀的数学家。要是他能识破理论之间的类似，那么，他就成了杰出的数学家。可是我认为还应当有这样的数学家，他能够洞察类似之间的类似。"

我们在前面所介绍的欧拉数学直觉的例子中，欧拉将无限和有限所作的类比，没有极高的数学直觉洞察力和极强的联想能力是绝不可能的。而欧拉发现简单凸多面体面、顶、棱关系的过程，则突出地反映了欧拉超人的类比能力、归纳能力和洞察数学对象内在本质的能力。

应当指出，尽管归纳、演绎和类比都是推理的方法，都是从已知的前提推出结论，而且结论都要在不同的程度上受到前提的制约，但是结论受前提制约的程度是不同的。其中演绎的结论受到前提的限制最大，归纳的结论受到前提的限制次之，而类比的结论受到前提的限制最小。因此类比在科学探索中发挥的作用最大，它可以在归纳和演绎无能为力的地方发挥其特有的效能。

但类比也有一定的局限性。类比的结论属于或然性推论，用类比从前提得到的结论并不具有逻辑必然性，因此，常常是不可靠的，甚至是完全错误的。1846 年，法国天文学家勒威耶（Le Verrier，1811—1877）和英国天文学家亚当斯（Adams，1819—1892）根据天王星轨道的摄动现象，各自通过计算，成功地预言了海王星的存在，这在科学史上是很著名的事件。1859 年，勒威耶发现水星近日点有 5600 秒/100 年的角位移，在扣除总岁差和行星摄动后还有 42.6±0.9 秒/（100 年）的进动无法用牛顿理论解释，他把水星轨道近日点的进动现象与天王星轨道的摄动现象进行类比，作出了可能又是一个未知行星摄动的推论。此后，许多天文学家花费了几十年的时间，寻找这颗猜想的行星，有人还将它命名为"火神星"。但最后，大家不得不承认，这一行星是根本不存在的。爱因斯坦广义相对论建立以后，人们才弄清了产生水星近日点进动现象的真正原因，在于按牛顿力学建立的水星运动模型方程中应当加一个修正项。

2.7.2　经验与直觉

1918 年爱因斯坦说过："物理学家的最高使命是要得到那些普遍的定律"，而"要通向这些定律，并没有逻辑的道路，只有通过那种以对经验的共鸣的理解为依据的直觉，才能得到这些定律。"他在 1952 年提出了思维与经验关系的著名图式（图 2-6），即直接经验通过直觉上升为公理体系，再演绎导出各个命题，这些命题再回到直接经验去验证。

爱因斯坦强调科学的基本公理来源于经验，而以对经验的共鸣的理解为依据的直觉是实现从经验到理论的飞跃的途径；但"科学不能仅仅在经验的基础上成长起来"而要经过"理智的构造"和"自由地发明观念和概念"；基本公理推出个别命题是逻辑地完成的；而导出的命题必须用经验来验证。

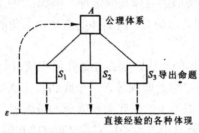

图 2-6 思维与经验关系

数学直觉的基础也是经验和知识的积累，数学直觉力的强弱与经验和知识"组块"有着密切的关系。现代心理学家们认为，人们大脑中储存的信息已经不是感觉映像本身，而是感觉映像经模式识别、抽象概括后的概念及概念之间的关系，是一些"关系的结构"或者说是一些一般模式、知识"组块"。当人们面临某种问题时，由于触发信息的出现，在某种条件下，记忆系统中相应的模式、组块就会被唤起，从而自动对号，迅速作出判别或选择。正如美国心理学教授西蒙所说："因为他能很快地在记忆中把他原来熟悉的组块认出来，就好像在百科全书中，如果我们把索引找对的话，我们就能从索引找到那个内容。"因此，所谓"组块"就是"能够迅速接通长期记忆中的信息的索引项"。

2.7.3 让左右脑协调发展

G. 波利亚指出："正如我们说过的，有两种推理：论证推理和合情推理。在我看来它们互相之间并不矛盾，相反地，它们是互相补充的。在严格的推理之中，首要的事情是区别证明与推测，区别正确的论证与不正确的尝试。而在合情推理之中，首要的事情是区别一种推测与另一种推测，区别理由较多的推测与理由较少的推测。如果你把注意力引导到这两种区别上来，那么就会对这两者有更清楚的认识。"

一个认真想把数学作为他终身事业的学生必须学习论证推理；这是他的专业也是他那门科学的特殊标志。然而为了取得真正的成就他还必须学习合情推理；这是他的创造性工作所赖以进行的那种推理。一般的或者对数学有业余爱好的学生也应该体验一下论证推理：虽然他不会有机会去直接应用它，但是他应该获得一种标准，依此他能把现代生活中所碰到的各种所谓证据进行比较。然而在他的所有工作之中他必将需要合情推理。

数学的思想方法从心理学的角度看，一类是演绎思维，另一类是归纳思维。前者体现了思维的条理化、系统化，是收敛性思维；后者则体现了直觉性、发散性，是一种创造性思维。前者在推理、论证中大有用处，而后者在探索、发现中不可或缺。这两种思维方式，是人的左、右脑不同功能的反映。

人的左脑主要是语言的、分析的、数理的和逻辑推理的功能，其运行犹如串行的、继时的信息处理，是因果式的思考方式。数学的符号化、公理化，严密的逻辑论证、演绎推理是左脑的用武之地。目前电子计算机的功能主要是反映了左脑的功能。

但是，左脑虽然能处理抽象领域和逻辑领域里的问题，却难以处理形象领域和非逻辑领域里的问题；能在语言文字、符号数字所及的范围大显神通，却不能处理尚未能用符号、语言表达而只能依赖直觉的问题。脑科学的研究证明，左脑的许多功能是与左脑组织的一定部位联系着的，而这些部位是相互隔开，易于划分的，这一生理结构上的特点决定了左脑思维的特点。

人的右脑的划分则不很精细，右脑的广阔区域都参加完成任何一项属于其功能范围的思维活动，其运行犹如并行的、同时的信息处理。右脑的记忆容量大约是左脑的 100 万倍。右脑具有形象性、非逻辑性，有很强的识别能力和"纵观全局"的本领。右脑抗干扰，能在各种状态甚至是在睡眠状态下不停地工作，是直觉、想象、灵感、顿悟等创造性思维的发源地。

幼儿能够辨别亲人的声音，能够见到年轻一点的喊叔叔、阿姨，见到年老一点的喊爷爷、奶奶，这表明幼儿就已经具有一定的归纳能力。

美国得克萨斯大学行为学家阿格在《纵横左右脑的管理才能》中指出："右脑最重要的贡献是创造性思维。右脑能统观全局，根据一些支离破碎、互不连贯的资料，以大胆的猜测、跳跃式的前进，达到直觉的结论。这种直觉思维常常能超越现有的情报信息，预知未来的发展趋势。"他还说："我们生活在瞬息万变的、变化趋势又千头万绪的时代，与过去的时代相比较，右脑的创造性直觉思维，对于我们的生存变得尤其重要"。阿格甚至认为，在有些人身上，这种神秘的直觉思维会变成一种先知能力。基于这种认识，在许多大公司的办公室里，订阅了一二百种艺术、生活、科学方面的刊物，鼓励大家阅读，以活跃右脑、孕育创造性思想，发现和捕捉一些意料之外的信息。他们认为，这些设想和信息可能会给公司带来巨大利益。

但在以往的学校教学工作中，往往较多地注重演绎推理能力的培养，而对直觉的、创造性思维能力的提高则注意不够，使得不少学生欠缺独立地发现问题和解决问题的能力。另一方面，中小学生过早地文、理偏科，直至中学生文理分科教学，则又使不少学生过早地放松了逻辑推理能力的训练和提高，甚至视数学如猛兽，这种现象不能不说是我们教育教学的极大遗憾。

一个富有启发性的事实是，历史上很多著名的数学家大学时的专业并非数学而是人文社会科学，费马是法学，莱布尼兹是法学，欧拉是神学，拉格朗日是法学，拉普拉斯是艺术和神学，魏尔斯特拉斯（K. Weierstrass, 1815—1897）是法律和商学，黎曼是神学和哲学，罗巴切夫斯基（N. I. Lobachevsky, 1792—1856）是文学；高斯在大学一年级时对选择语言学还是数学作为自己的专业方向尚存犹豫；而前面提到的物理学家德布罗意在大学里学的则是历史学。人文社会科学的熏陶，对他们后来的创造性工作不能说没有帮助。

美国音乐家、音乐教育家齐佩尔博士，在第二次世界大战前的一场慈善音乐会上，问担任小提琴演奏的爱因斯坦："音乐对你有什么意义？有什么重要性？"爱因斯坦回答说："如果我在早年没有接受音乐教育的话，那么，我无论在什么事业上都将一事无成。"（《音乐学习与研究》1985 年第 3 期）爱因斯坦 4 岁多还不大会说话，上小学后成绩平平，该校的训导主任甚至对他父亲断言："你的儿子将一事无成"。爱因斯坦的母亲波琳爱好音乐，喜爱钢琴艺术。爱因斯坦三四岁的时候，总喜欢悄悄地躲在楼梯的暗处，聆听母亲弹奏的优美钢琴声。虽然小爱因斯坦的语言能力不太好，但是钢琴艺术在不知不觉中提高了他的思维能力。他从六岁开始学习小提琴，左手的训练，加强了右脑的活动能力，开扩了想象力；而对小提琴乐曲内涵的领悟，又增添了他童年的遐想。正是在潜移默化中他的思维能力、想象能力都得到了提高。爱因斯坦说："想象力比知识更重要"。"我首先是从直觉发现光学中的运动的，而音乐又是产生这种直觉的推动力量。"他还认为："这个世界可以由音乐的音符来组成，也可以用数学公式来组成。"

欧拉的数学直觉和其他科学家们的成功启示我们，在我们的学习和生活中，应当注意让自己的左、右脑协调发展，同时应当注意扬己之长，补己之短，这样才能使我们变得更聪明，更能干。同时也启示我们，在我们学习数学的过程中，应当自觉地注意和加强数学直觉与数学能力的培养；在我们从事数学教育教学工作的全过程中，也应当自觉地注意和加强对学生们的数学直觉与数学能力的培养，只有这样，才能真正提高我们自身的数学水平，提高我们国家的数学水平。

课外延伸阅读

数学中的哲理

人们在欣赏优美的数、式和数学图形时，将其与现实生活联系，引入到人们的精神境界中，产生丰富的联想和创造，反映出人们崇高的思想境界和要求，因而产生了风格独特、内涵深刻、语言新颖的数学格言。

数学格言是数学殿堂的一颗放射异彩的明珠。人们将数字语言、数、式和图形赋以新的含义，使之充满了人生哲理和丰富的寓意美，进一步显示了人们的审美观已进入了更高的层次。

零和负数

在实数里，负数比零小；在生活里，没有思想比无知更糟。

零与任何数

任何数与零相加减，仍得任何数；光说不做，只能在原地停留。

小数点

丢掉了小数点数值会变大；两个相反数，相加等于零；不拘小节会犯大错误。

相反数

聪明不勤奋，将一事无成。

分数

人好比是一个分数。他的实际才能是分子，而他对自己的估价是分母，分母越大，则分数值越小。

几何图形中的哲理

水平线

当一个人本能地追求一条水平线时，他体验到了一种内在感，一种合理性，一种理智。

垂直线

人要追随一条垂直线，是由于一种狂喜和激情的驱使，就必须中断他正常的观看方向，而举目望天。

直线

向两边延伸，无始无终，无边无际，代表着果断、刚劲和一往无前的毅力。

曲线

轻快流畅，犹如一条静静流淌的小溪；蜿蜒、曲折，犹如人生历程的轨迹。望着您纤细不倦的身影，却放大成奔腾浩荡的大河和博大幽深的海洋。

螺旋线

知识的掌握，生活的积累，都是沿着螺旋线上升的。

圆形

从各个方向看都是同一个图形，有其完美的对称性，使人产生"完美无缺"的美感和向往。难怪有圆满、圆润、圆通、圆场之说和"花好月圆"的成语。但是"圆滑"一词，却为人们所不爱。

等腰三角形

有扎实、深厚的基础知识功底，才能构建起尖端的科技大厦。

倒三角形

头重脚轻根底浅，如大厦将倾。华而不实的浮夸者，亦有如是的立世后果。

"点"的自述

我是一个"点"，
曾为自己的渺小而难堪，
对着庞大的宏观世界，
只有闭上失望的双眼，
经过一位数学教师的启发。
我有了新的发现：
两个"点"可以确定一条直线；
三个"点"能构成一个三角；
无数个"点"能构成圆的"金环"。
我也有自己的半径和圆心。
不信，从月球看地球，
也是宇宙间渺小的雀斑。
我欣喜，我狂欢！
谁没有自己的位置？
不！你的价值在闪光，
只是，你还没有发现。

三次数学危机

从哲学上来看，矛盾是无处不存在的，即便以确定无疑著称的数学也不例外。数学中有大大小小的许多矛盾，例如正与负、加与减、微分与积分、有理数与无理数、实数与虚数等等。

在整个数学发展过程中，还有许多深刻的矛盾，例如有穷与无穷、连续与离散、存在与构造、逻辑与直观、具体对象与抽象对象、概念与计算等等。

在数学史上，贯穿着矛盾的斗争与解决。当矛盾激化到涉及整个数学的基础时，就会产生数学危机。而危机的解决，往往能给数学带来新的内容、新的发展，甚至引起革命性的变革。

数学的发展就经历过三次关于基础理论的危机。

（1）第一次危机——可恶的有理数

危机产生——希伯索斯悖论

毕达哥拉斯学派（公元前 500 年）信奉数是万物的本源，事物的性质是由某种数量关系决定的，万物按照一定的数量比例而构成和谐的秩序；"一切数均可表成整数或整数之比"。

后来，毕达哥拉斯证明了勾股定理，但同时发现"某些直角三角形的三边比不能用整数来表达"。不过毕达哥拉斯选择隐瞒实情，装作不知道。希伯索斯考虑了一个问题：边长为1的正方形其对角线长度是多少呢？这就是希帕索斯悖论，他本人因为此事被抛入大海！

二百年后，欧多克索斯建立起一套完整的比例论，巧妙地避开无理数这一"逻辑上的丑闻"，并保留住与之相关的一些结论，缓解了数学危机。

但欧多克索斯的解决方式，是借助几何方法，通过避免直接出现无理数而实现的。危机并没有解决只是被巧妙避开。

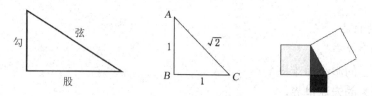

危机的解决

直到到19世纪下半叶，实数理论建立后，无理数本质被彻底搞清，无理数在数学中合法地位的确立，才真正彻底、圆满地解决了第一次数学危机。

（2）第二次危机——微积分中幽灵般的无穷小

危机产生——贝克莱悖论

17世纪，牛顿与莱布尼兹各自独立发现了微积分，但两人的理论都建立在无穷小分析之上。

贝克莱提出了一个悖论，求 x^2 的导数时会有如下奇怪情形出现。

$$(x^2)' = \frac{(x+\Delta x)^2 - x^2}{\Delta x} = \frac{2x\Delta x + \Delta x^2}{\Delta x} = 2x + \Delta x$$

Δx 不为0 Δx 为0

无穷小量在牛顿的理论中"一会儿是零，一会儿又不是零"。贝克莱嘲笑无穷小量是"已死量的幽灵"。

危机的缓解

19世纪70年代初，魏尔斯特拉斯、柯西、戴德金、康托等人独立地建立了实数理论，在实数理论基础上，建立起极限论的基本定理，缓解了危机。

但又出现新的问题：魏尔斯特拉斯给出一个处处不可微的连续函数的例子，说明直观及几何的思考不可靠，而必须诉诸严格的概念及推理。推动数家们更深入地探讨数学分析的基础——实数论的问题，导致了集合论的诞生。

（3）第三次危机——集合论中自相矛盾的理发师问题

危机产生——罗素悖论

集合论产生：19 世纪下半叶，康托尔创立了著名的集合论。刚产生时，曾遭到许多人的猛烈攻击。后来数学家们发现，从自然数与康托尔集合论出发可建立起整个数学大厦。"一切数学成果可建立在集合论基础上"。

但是不久伯特兰·罗素（Bertrand Russell，1872—1970）提出了一个悖论，可以用一个理发师问题进行通俗的描述：塞尔维亚有一位理发师，他只给所有不给自己理发的人理发，不给那些给自己理发的人理发。问：他要不要给自己理发呢？

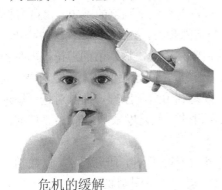

如果他给自己理发，他就属于那些给自己理发的人，因此他不能给自己理发。如果他不给自己理发，他就属于那些不给自己理发的人，因此他就应该给自己理发。（严格的罗素悖论：S 由一切不是自身元素的集合所组成。罗素问：S 是否属于 S 呢？）

德国数学家、逻辑学家弗雷格："一位科学家不会碰到比这更难堪的事情了，在他的工作即将结束时，其基础崩溃了。"

危机的缓解

库尔特·哥德尔（Kurt Godel）1931 年成功证明：任何一个数学系统，只要它是从有限的公理和基本概念中推导出来的，并且从中能推证出自然数系统，就可以在其中找到一个命题，对于它我们既没有办法证明，又没有办法推翻。

哥德尔不完全定理的证明结束了关于数学基础的争论，宣告了把数学彻底形式化的愿望是不可能实现的。

历史上的三次数学危机，给人们带来了极大的麻烦，危机的产生使人们认识到了现有理论的缺陷，科学中悖论的产生常常预示着人类的认识将进入一个新阶段，所以悖论是科学发展的产物，又是科学发展源泉之一。

第三章 数学与美术

在数学与绘画之间，似乎没有明显的相似之处，但与形的概念可以上溯至远古的石器时代。先民们把现实对象（野牛、野猪、羊、鹿等）的轮廓线抽象出来绘在壁上，并用代表不同意义的符号记录牲畜的头数和发生的各类事情，这些原始绘画和记号已具有几何对称的特征和一定的数的意义。

怎样在二维的平面画布上，反应三维空间的实体？自古以来成了画家的难题。1435 年阿尔伯蒂写作《绘画论》一书，其主要观点是艺术的美应与自然相符，数学是认识自然的钥匙，他希望画家通晓全部自然艺术，更希望他们着重精通几何学。因此，这本书的理论基本是论述绘画的数学基础——透视学。从而提出："远小近大，远淡近浓，远低近高，远慢近快"的一些定性的结论。意大利文艺复兴时期的著名画家达·芬奇利用数学原理，通过对透视镜理论的研究，使素描艺术获得前所未有的发展，成为闻名于世的一代艺术宗师。他说："任何人的研究，如果没有经过数学的证明，就不能认为是真正的科学。"

我国绘画大师徐悲鸿说得好："艺术家与数学家同样有求实的精神，研究科学，以数学为基础；研究美术，以素描为基础。"而素描又是以透视学（数学）为基础的。

从抽象派艺术大师毕加索的不少作品中，可以看出几何图形描绘对象的手法，把形体变成由重叠的或透明的几何面块所组成的抽象构图。

有趣的是，荷兰著名画家埃舍尔创作了一个三维空间不可能的图形，成为 1981 年在奥地利举行的第 10 届国际数学家大会的会标。画家也是几何学家，是有意不遵守透视学等基本原理而造成错觉，致使画中谬误百出、引人发笑，他的作品以其深刻的数学、物理含义得到科学家的尊重。

近代计算技术已将数学与美术者两者紧密的结合起来，从而形成一门崭新的边缘科学——数学美术学。1980 年当计算机的图形功能日趋完善的时候，数学公式所具有的美学价值被曼得布尔鲁斯所发现，这就打开了数学美术宝库的大门，使常人也有幸目睹了数学公式所蕴藏的美学内涵，有一些简单的数学公式经过上亿次迭代计算所发生的数学美术作品，没在似与不似之间，从而为观众留下了丰富的想象余地。

如今，电脑还可以当场临摹实物或作品，并可依据实物自行改变大小进行组合形成局部图案，再自动拓展设计出复杂的图案，广泛用于印染、针织、装潢，巧妙鲜艳，为使用一般色板的画家望尘莫及。20 世纪末一门新的艺术形成——电脑美术出现了，它的产生为许多领域的艺术创作拓广了新的空间。许多复杂的绘制过程和难以得到的视觉效果，在电脑中变得轻而易举，它不仅极大地丰富了当代数据和艺术世界，而且有助于人类精神与情感的沟通。

3.1 规矩

我们经常见到"规矩"一词，例如《官场现形记》第三十一回："如今我拿待上司的规矩待他，他还心上不高兴。"这里"规矩"指成规、老例。"规矩"这个词是由"规"和"矩"复合而成的，其中"规"是中国古时候的圆规，"矩"是中国古代的角尺，它们都是用来绘制几何图形的工具，形状如图3-1所示。

图3-1　汉代石刻

汉代画像石刻中的"伏羲手执矩，女娲手执规"，是我国乃至世界图学史上最早有关作图的最基本的工具——规和矩的图像资料（图3-2）。根据石刻图像来看，规的结构具有平行两脚，一脚定心，一脚画圆。这种圆规已有如现代的木梁圆规，为作半径较大的圆所用。直至目前，仍有圆木工人，以较厚竹片为梁，一端垂直的固定一钉以定心，一端则根据需要尺寸钻出若干小孔，用以插入铁针作圆。汉代画像石中的图像资料，恐怕就是我国几千年所用的传统画圆工具。长沙发掘出土的楚器中，有一柄两足形木器，两头都尖形，现称为木剪，或即古之圆规。伏羲手执矩，则和当前木工使用的"角尺"形式完全一样。且有的已做成短垂边较厚，长垂边较薄，并且有刻度。当短边靠拢工件时，不仅可画出与工件垂直的直线，而且移动时，以竹笔或其他笔对准刻度紧附尺边，还可画出与工件平行的直线，以及矩形或方形等榫口形象，起着现代三角板和丁字尺联合使用的作用。

规和矩是中国古代绘制工程图样的工具和仪器，规为绘制圆弧和画圆的绘图仪器，矩为绘制直线与垂线的绘图工具。规和矩的使用，为图样绘制的精确性和科学性提供了保证。尽管规矩之用在秦汉之际的史料中论述甚多，但人们从文献中无法想象规矩这两件工具的具体形状，一图胜千言，正是汉画像石伏羲和女娲握规执矩图，不仅向人们展示了早期工程制图工具的真实画像资料，也为图学史与科技史的研究提供了最为重要的实物根据。

在被破坏的唐代古墓中发现的伏羲女娲手持规矩图中，女娲高举圆规，伏羲紧握角尺，上有太阳，下有月亮，边有北斗七星等星辰，祥云缭绕、气势磅礴，这是赞美墓主人婚姻美满，功高德显。

在西方美术中，上帝右手拿着圆规，全神贯注、目光炯炯地画了一个圆，在圆中中间一片是陆地，四周是波涛汹涌的大海，还有日月星辰，上帝小心翼翼地把它推到茫茫宇宙中去，体现出上帝创造世界万物的故事。参见图3-3。

作为数学绘图工具的圆规和角尺出现在女娲、伏羲和上帝手中，体现了世界万物离不了数学，数学是解决宇宙谜题的关键。

中国美术利用女娲手中圆规说明她有补天力量，西方绘画上帝手里的圆规显示他有创世之功，西方和东方美术不约而同的使用数学的简单表现宇宙的复杂，数学使得复杂的宇宙变得简单。

图 3-2 伏羲女娲手持规矩图

图 3-3 上帝手持圆规

图 3-4 柏拉图

"柏拉图学园"是柏拉图 40 岁时创办的一所以讲授数学为主要内容的学校。在学园里，师生之间的教学完全通过对话的形式进行，因此要求学生具有高度的抽象思维能力。数学，尤其是几何学，所涉及对象就是普遍而抽象的东西。它们同生活中的实物有关，但是又不来自于这些具体的事物，因此学习几何被认为是寻求真理的最有效的途径。柏拉图甚至声称："上帝就是几何学家。"遂这一观点不仅成为学园的主导思想，而且也为越来越多的希腊民众所接受。人们都逐渐地喜欢上了数学，欧几里得也不例外。他在有幸进入学园之后，便全身心地沉潜在数学王国里。他潜心求索，以继承柏拉图的学术为奋斗目标，除此之外，他哪儿也不去，什么也不干，熬夜翻阅和研究了柏拉图的所有著作和手稿，可以说，连柏拉图的亲传弟子也没有谁能像他那样熟悉柏拉图的学术思想、数学理论。经过对柏拉图思想的深入探究，他得出结论：图形是神绘制的，所有一切现象的逻辑规律都体现在图形之中。因此，对智慧训练，就应该从图形为主要研究对象的几何学开始。他确实领悟到了柏拉图思想的要旨，并开始沿着柏拉图当年走过的道路，把几何学的研究作为自己的主要任务，并最终取得了世人敬仰的成就。

欧几里得（Euclid）是古希腊著名数学家、欧氏几何学的开创者。欧几里得生于雅典，当时雅典就是古希腊文明的中心。浓郁的文化气氛深深地感染了欧几里得，当他还是个十几岁的少年时，就迫不及待地想进入"柏拉图学园"学习。

1508 年，拉斐尔离开佛罗伦萨，经布拉曼特——一位正在监造圣彼得教堂的建筑家的推荐，来到罗马，开始为教皇朱理二世工作。在那里历时 10 年，他为教皇宫殿绘制了大量壁画，其中以梵蒂冈教皇宫内的四组壁画为最出色（总题目为《教会政府的成立和巩固》，

图 3-5 欧几里得

壁画分列四室：第一室的画题是《神学》、《诗学》、《哲学》和《法学》四幅；第二室是关于教会的权力与荣誉；第三室画的是已故教皇利奥三世与四世的形状；第四室内的四幅壁画，系由其学生按照拉斐尔的草稿绘成，而第一室内的《哲学》，也称《雅典学院》（参见图 2-5），又是该室的四幅壁画中最成功的杰作。这幅巨大壁画（2.794m×6.172m），是以柏拉图和亚里士多德为中心，画了五十多个大学者，不仅出色地显示了拉斐尔的肖像画才能，而且发挥了他所擅长的空间构成的技巧。他对每一个人物的所长与性格作了精心的思考，其阵容之可观，只有米开朗基罗的天顶画才可与它媲美，其时拉斐尔只有 26 岁。

图 3-6 拉斐尔

3.2 黄金分割

黄金分割点：2000 多年前，古希腊雅典学派的第三大算学家欧道克萨斯首先提出黄金分割。所谓黄金分割，指的是把长为 L 的线段分为两部分，使其中一部分对于全部之比，等于另一部分对于该部分之比。其比值是一个无理数，取其前三位数字的近似值是 0.618。

由于按此比例设计的造型十分美丽，因此称为黄金分割，也称为中外比。这是一个十分有趣的数字，通过简单的计算就可以发现：

$$1/0.618＝1.618 \quad (1-0.618)/0.618＝0.618$$

这个数值的作用不仅仅体现在诸如绘画、雕塑、音乐、建筑等艺术领域，而且在管理、工程设计等方面也有着不可忽视的作用。

让我们首先从一个数列开始，它的前面几个数是：1，1，2，3，5，8，13，21，34，55，89，144，……这个数列的名字叫"菲波那契数列"，这些数被称为"菲波那契数"。特点是即除前两个数（数值为 1）之外，每个数都是它前面两个数之和。菲波那契数列与黄金分割有什么关系呢？经研究发现，相邻两个菲波那契数的比值是随序号的增加而逐渐趋于黄金分割比的。即 $f(n-1)/f(n) \to 0.618\cdots$。由于菲波那契数都是整数，两个整数相除之商是有理数，所以只是逐渐逼近黄金分割比这个无理数。

在几何上，黄金比例是如何得到的？欧几里得在《几何原本》第二卷给出命题："将一条线段分成两段，使得整段与其中的一分段所含矩形等于另一分段上的正方形。"其中得分点就是所谓的黄金分割点。欧几里得的作图法如下：在 AB 上作出正方形 $ABCD$，取 AD 的中点 E，在 DA 的延长线上取点 F，使得 $EF=EB$，在 AB 上取点 H，使得 $AH=AF$。于是点 H 即为所求。另一种作图法是古希腊数学家海伦给出的，今天更为常用。

设 $BH=1$，$AH=x$，由 $\dfrac{x+1}{x}=\dfrac{x}{1}$，得一元二次方程

$$x^2 - x - 1 = 0$$

其正根即为黄金数 $\phi = \dfrac{\sqrt{5}+1}{2}$

1977 年，美国数学家和诗人布鲁克曼在《斐波那契季刊》中发表短诗"恒常的比例"以记之：

黄金比例可真荒唐，

荒唐的有点不寻常。

如果你把它倒一倒，

与自身减一没两样，

如果你把它加个一，

得到自己的二次方。

一个很能说明问题的例子是五角星/正五边形。五角星是非常美丽的，我们的国旗上就有五颗，还有不少国家的国旗也用五角星，这是为什么？因为在五角星中可以找到的所有线段之间的长度关系都是符合黄金分割比的。正五边形对角线连满后出现的所有三角形，都是黄金分割三角形。由于五角星的顶角是 36 度，这样也可以得出黄金分割的数值为 2sin18°，黄金分割点约等于 0.618:1 是指分一线段为两部分，使得原来线段的长跟较长的那部分的比为黄金分割的点。线段上有两个这样的点。利用线段上的两黄金分割点，可作出正五角星，正五边形。

黄金分割在文艺复兴前后，经过阿拉伯人传入欧洲，受到了欧洲人的欢迎，他们称之为"金法"，17 世纪欧洲的一位数学家，甚至称它为"各种算法中最可宝贵的算法"。这种算法在印度称之为"三率法"或"三数法则"，也就是我们现在常说的比例方法。其实有关"黄金分割"，我国也有记载。虽然没有古希腊的早，但它是我国古代数学家独立创造的，后来传入了印度。经考证，欧洲的比例算法是源于我国而经过印度由阿拉伯传入欧洲的，而不是直接从古希腊传入的。因为它在造型艺术中具有美学价值，在工艺美术和日用品的长宽设计中，采用这一比值能够引起人们的美感，在实际生活中的应用也非常广泛，建筑物中某些线段的比就科学采用了黄金分割，舞台上的报幕员并不是站在舞台的正中央，而是偏在台上一侧，以站在舞台长度的黄金分割点的位置最美观，声音传播的最好。就连植物界也有采用黄金分割的地方，如果从一棵嫩枝的顶端向下看，就会看到叶子是按照黄金分割的规律排列着的。在很多科学实验中，选取方案常用一种 0.618 法，即优选法，它可以使我们合理地安排较少的试验次数找到合理的配方和合适的工艺条件。

正因为它在建筑、文艺、工农业生产和科学实验中有着广泛而重要的应用，所以人们才珍贵地称它为"黄金分割"。黄金分割（Golden Section）是一种数学上的比例关系。黄金分割具有严格的比例性、艺术性、和谐性，蕴藏着丰富的美学价值。应用时一般取 0.618，就像圆周率在应用时取 3.14 一样。

令人惊讶的是，人体自身也和 0.618 密切相关，理想的人体比例：对人体进行美学观察，医学界推崇的是人体比例学说。所谓比例学说，就是用数学方法来表示标准人体；并根据一定的基准进行比较，以同一人体的某一部位为基准，制定它于人体的比例关系的方法称为同身方法。Leonardo 认为八头身（即身长是头高的 8 倍）的身材，且以两侧髂骨最高点连线将身体分为上下相等的两段才是健康男女青年理想的身材。颜面五官部位的分布比例规律：（1）从发际到下颏之间的距离应等于 3 个耳朵或鼻子的高度，即从发际至眉毛和从下颏至鼻子之间的距离相等且与耳的高度相等。（2）早在 5 世纪，达·芬奇就把颅面部横分成二等分，上半部是从颅顶到鼻根部，下半部从鼻根部到下颏部，这两部分的高度应该相等，同时他还认为两眼之间的距离为一个眼的宽度，鼻翼的两外侧缘不超过两内眦的垂直线。口角的两侧缘恰好在两角膜内侧缘的垂直线上，面部正面可纵行分为四等分，即分别从面部中线和其左右通过虹膜外侧缘及面部外侧角做垂线纵向分割成四个相等的部分。也有人将面部做五眼分法，即在眼睛水平线上，左右耳孔之间的距离正好等于五个眼的宽度。

对人体解剖很有研究的意大利画家达·芬奇发现，人的肚脐位于身长的 0.618 处；咽喉位于肚脐与头顶长度的 0.618 处；肘关节位于肩关节与指头长度的 0.618 处，人体存在着肚脐、咽喉、膝盖、肘关节四个黄金分割点，它们也是人赖以生存的四处要害。

断臂维纳斯，也称米洛的维纳斯（Venus de Milo），图 3-7 是一尊希腊神话中代表爱与美的女神维纳斯的大理石雕塑，高 203 cm，由两块大理石拼接而成，两块大理石连接处非常巧妙，在身躯裸露部分与裹巾的相邻处。可能是在前 130 年左右制成的。

图 3-7　维纳斯

1820 年 2 月，在爱琴海的米洛斯岛上，一个米洛农民伊奥尔科斯在一座古墓旁整地时挖掘到一尊女性雕像。她分成上、下两截，并与刻着名字的台座、拿着苹果的手腕以及其他碎片等等一道散落在附近的田地下。已懂得这是值钱的东西的农夫，立刻将它们埋于原地，并报告了在岛上的法国领事。领事稍付定金，即通知当时设在君士坦丁堡的法国大使。几乎与此同时，在爱琴海搞测量的一位法国海军士官，名叫鸠尔·丢孟·都尔维尔对此表示了更大的关注。这是一位希腊艺术的爱好者，当他看过这些雕像的部分碎片以后，认为它们是一个整体，并第一个断定这就是维纳斯的雕像。于是立刻告诉农夫，法国决定把她买下，要他不必再到处声张了。随即赶到君士坦丁堡，向大使陈述详情，促使大使下了决心并派专人前去交易。不料岛上的长老出于本岛的利益而中途插手，开会决议命农夫将雕像卖给在土耳其任职的一位希腊大官，当法国人赶到岛上时已经是雕像装船的关头了。见此情景，他们几乎要动武，命令法国船舰随时准备行动。顿时，爱琴海上战云密布。恰巧，一场暴风雨解了围。它推迟了土耳其船只的起航，为法国使者争得了斡旋的时机，他们软硬兼施，把雕像终于转到了法国船上。后来又给岛上赠送金钱，从而取得了岛上放弃雕像的誓约书。雕像顺利运抵巴黎，由于种种政治、人事方面的原因，一直推至 1821 年 3 月 2 日，国王路易十八才正式接受献礼。从这一天开始，她便成为法国国家财产。当时的登记名称是"在希腊群岛中的米洛斯所发现的维纳斯像"，并被陈列于卢浮宫特辟的专门展室中，与蒙娜丽莎的微笑、胜利女神的雕像并称为卢浮宫三大镇馆之宝。

作者不追求纤巧细腻，而以浑厚朴实的艺术手法处理。当这座雕像后来被法国获得时，几乎全国都沸腾了，把她看作国宝。现在收藏在卢浮宫里，它是这样优美，端庄，简直美得使人无法想象。因为雕像在发现时折断了两个手臂，阿芙罗蒂德的罗马名字叫维纳斯，于是它就被人们称为"断臂的维纳斯"。这个名字流传开以后，"米洛的阿芙罗蒂德"这个原来的称呼倒反而被淹没了。

这座雕像自从被发现以后，一百多年一直被公认为希腊女性雕像中最美的一尊。她像一座纪念碑，给人以崇高的感觉，庄重典雅；但同时又感到亲切，貌美婀娜，体态万方。丰满的胸脯，浑圆的双肩、柔韧的腰肢，都呈现出一种成熟的女性美。她既有女性的丰腴妩媚和温柔，又有人类母亲的纯洁、庄严和慈爱，体现了充实的内在生命力和人的精神智慧。雕像的躯体采取螺旋状上升的趋向，略微倾斜，各部分的起伏变化富有音乐的节奏感；下肢用衣裙遮住，从舒卷自然的衣褶中显示出人体的动态结构，给雕像增添了丰富的变化和含蓄的美感。

图 3-8　维纳斯的黄金比例

由图 3-8 可以看出维纳斯黄金比例：

$$GH = 0.618AH, \quad AG = 0.618GH, \quad DE = 0.618DF,$$

$$CD = 0.618DE, \quad AB = 0.618AC, \quad FG = 0.618AG,$$

$$AE = 0.618FG, \quad FC = 0.618AF, \quad AC = 0.618CF$$

《蒙娜丽莎》是文艺复兴时代画家列奥纳多·达·芬奇所绘的丽莎·乔宫多的肖像画。法国政府把它保存在巴黎的卢浮宫供公众欣赏。2012 年 7 月 17 日，意大利考古学家声称找到了疑似修女丽莎·盖拉尔迪尼的遗骨。对《蒙娜丽莎》原型的身份，各界众说纷纭，不过丽莎·盖拉尔迪尼即为"蒙娜丽莎"的说法得到普遍认同。英媒称，通过对这具遗骨的还原，或许能帮助人们揭开"蒙娜丽莎微笑之谜"。最近的研究表明，2012 年公开亮相的画作《艾尔沃斯·蒙娜丽莎》同样出自达·芬奇，而且其创作时间远远早于《蒙娜丽莎》。被认为是年轻版《蒙娜丽莎》。

2014 年 2 月，研究人员对 16 世纪意大利佛罗伦萨贵妇丽莎·格拉蒂尼的骨骼 DNA 测试表明，她可能是《蒙娜丽莎》作品中的原型模特。《蒙娜丽莎》是一幅享有盛誉的肖像画杰作。它代表达·芬奇的最高艺术成就，成功地塑造了资本主义上升时期一位城市资产阶级的妇女形象。画中人物坐姿优雅，笑容微妙，背景山水幽深茫茫，淋漓尽致地发挥了画家那奇特的烟雾状"无界渐变着色法"般的笔法。画家力图使人物的丰富内心感情和美丽的外形达到巧妙的结合，对于人像面容中眼角唇边等表露感情的关键部位，也特别着重掌握精确与含蓄的辩证关系，达到神韵之境，从而使蒙娜丽莎的微笑具有一种神秘莫测的千古奇韵，那如梦似的妩媚微笑，被不少美术史家称为"神秘的微笑"。

图 3-9　蒙娜丽莎黄金比例

　　达·芬奇在人文主义思想影响下，着力表现人的感情。在构图上，达·芬奇改变了以往画肖像画时采用侧面半身或截至胸部的习惯，代之以正面的胸像构图，透视点略微上升，使构图呈金字塔形，蒙娜丽莎就显得更加端庄、稳重。另外，蒙娜丽莎的一双手，柔嫩、精确、丰满，展示了她的温柔，及身份和阶级地位，显示出达·芬奇的精湛画技和他观察自然的敏锐。另外蒙娜丽莎的眉毛因化学反应而不见了，背景曾有蓝天。据考证，蒙娜丽莎的微笑中含有 83%的高兴，9%的厌恶，6%的恐惧，2%的愤怒。

$$BC = 0.618AB，\quad AB = 0.618BC，\quad DE = 0.618DF，\quad EF = 0.618ED$$

　　达·芬奇广泛研究了人体的各种比例。图 3-10 著名的维特鲁威人是他对人体的详细研究的作品，图中标示了黄金分割的应用。这是一张他为朋友、数学家的帕西沃里的《神奇的比例》所做的图解。

意大利1欧元硬币上的达芬奇名画《维特鲁威人》

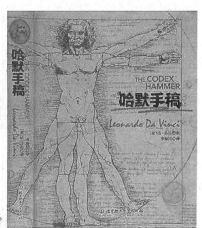

图 3-10　维特鲁威人

黄金分割还出现在达·芬奇未完成的作品《圣徒杰罗姆》中。该画作于公元 1483 年。在作品中，圣徒杰罗姆的像完全位于一个黄金矩形内。应该说，这不是偶然的巧合，而是达·芬奇有意识的使画像与黄金分割相一致。

蔺绘丹黄金分割定律：著名画家蔺绘丹中国当代著名画家。出生于湖北钟祥，广州人，先后毕业于广州美术学院油画系高级研修班、中央美术学院中国画高级创作研修班。毕生专注于油画、国画、书法创作研究。绘画功底深厚，艺术思想融汇中西，作品融传统美学与当代审美于一体，注重内心情感的表达和人性真善美的颂扬。绘画语言集古今中外画家之大成，风格高雅、古典唯美。绘画技法全面，国画写意、工笔线描、素描速写、古典写实油画，无不精通。著作有《蔺绘丹国画作品选》《蔺绘丹油画作品选》《蔺绘丹速写作品选》《楷书速成秘籍》《中国画教学》等。作品多次参加国内外画展及办个展，并被艺术品投资者竞相购买收藏。当代少有的国画、油画、书法皆精的大家，被誉为"最有创造力、最有潜力和投资价值的年轻画家"。其高超的艺术造诣和独特成熟的艺术思想可谓首屈一指，享誉海内外。

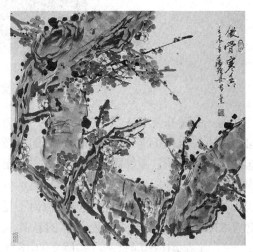

图 3-11　蔺绘丹梦中百合　　　　　　　图 3-12　蔺绘丹傲骨寒香

经过毕生创作研究原创，著名画家蔺绘丹教授弟子国画十法秘诀：笔法、水法、墨法、色法、形法、位法、临摹法、观察法、意境法、媒介材料法，以上十法，掌握不分先后，每一法都非常重要，缺一不可。每一法可反复研究琢磨，在一生的不同学习和创作阶段都有不同的理解，对每一法不同时期需有交集，不同认识和悟解。绘画须以道载术，心领神会，遵循阴阳变幻之道。画什么题材不重要，重要的是怎么画，画品高低取决于画道修养。

根据蔺绘丹首创国画中墨分十色原理，画面布局，墨与空白构成关系，墨六空四，墨六中七成到十成黑的墨占 10%、四成到六成黑的墨占 30%、一成到三成黑的墨占 60%，此时出来的画面效果十分悦目，墨四中反用，色和墨的搭配亦遵循，色六墨四或色四墨六。其中四六比是接近黄金分割 0.618 的。

摄影中的黄金分割：摄影构图通常运用的三分法（又称井字形分割法）就是黄金分割的演变，把长方形画面的长、宽各分成三等分，整个画面承井字形分割，井字形分割的交叉点便是画面主体（视觉中心）的最佳位置，是最容易诱导人们视觉兴趣的视觉美点。摄影构图的许多基本规律是在黄金分割基础上演变而来的。但值得提醒的是，每幅照片无需也不可能完全按照黄金分割去构图。千篇一律会使人感到单调和乏味。关于黄金分割，重要的是掌握

图 3-13　三分法人像摄影

它的规律后加以灵活运用。

　　"三分法则"实际上仅仅是"黄金分割"的简化版，其基本目的就是避免对称式构图，对称式构图通常把被摄物置于画面中央，这往往令人生厌。在图 3-15 和图 3-17 中，可以看到与"黄金分割"相关的有四个点，用"十"字线标示。用"三分法则"来避免对称在使用中有两种基本方法。

　　第一种：我们可以把画面划分成分别占 1/3 和 2/3 面积的两个区域。

图 3-14　三分法景物摄影

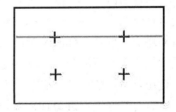

图 3-15　三分法

　　第二种：直接参照图示的四个"黄金分割"点。例如，设想我们看到了非常引人入胜的风景，但缺少具有优美几何结构的被摄主体，这样拍出来的照片只会是一个空洞乏味的场景，那该如何处理呢？试着寻找一个与这种单调的环境形成鲜明对比的物体，并将这一被摄物置于如图 3-17 中的其中一个"十"字点位置，这样照片就有了一个明显的锚点，并将观众的目光由此出发引导至整个风景。

图 3-16 三分法景色摄影

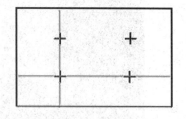

图 3-17 三分法

天然画框：有时在我们看到的场景中有一个引人注目的被摄主体，但往往由于主体周围杂乱的环境分散了观众的注意力而削弱了主体的吸引力，使照片最终的效果令人很失望。试试寻找一个能够排除杂乱环境干扰的天然画框使观众注意力集中于被摄主体，如图 3-18 利用主体周围的树枝形成一个天然画框从而使中间的山岩更为突出。

天然岩洞口也是一个极好的画框。

图 3-18 天然画框树枝

图 3-19 天然画框洞口

从远古时代，美观与美学就开始受到人们的赞扬。但很少有人知道最有效、最平衡完美、最有视觉冲击力的创作往往和数学有着丝丝的联系。直到 1876 年，德国物理学家、心理学家古斯塔夫·费希（Gustav Theodor Fechner）提出一个简单比率，通过一个无理数来定义大自然中的平衡，即黄金分割率。Fechner 的实验很简单：十个矩形具有不同的长宽比，请人们从中选出最好的一个。结果显示，最受青睐的选择是具有"黄金分割率的矩形"（比例为 0.618）。

宽与长之比接近 0.618 的长方形最受人们的喜爱！我们不妨关注一下生活当中常用的各种卡片的尺寸，它们大多与黄金矩形相近。

前面提到五角星具有黄金分割比例，而黄金分割早被古希腊毕达哥拉斯学派所熟悉，因为该学派选择五角星作为兄弟会的会标，并赋以"健康"的含义。古希腊作者杨布利丘告诉我们一则故事：一位毕达哥斯学派的成员客死他乡，临终前，他告诉所住旅店的店主，只要在门口挂上一个五角星，便会有人来帮助他偿还他因住店和看病所欠下的债务。不久，果然有一位路过的人进旅店帮助那位已经离世的人还清了生前的债务。这种小小的五角星，它所代表的含义其实不仅仅是健康，它同时也是友爱、戒律、智慧的标志，有着无穷的魅力。

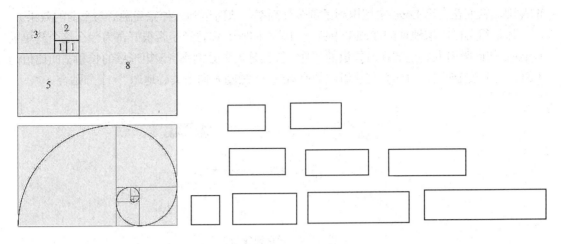

图 3-20 黄金矩形   图 3-21 Fechner 实验

今天，如果你让幼儿园的孩子画一颗星星，他准给你画出一个五角星。而历史上，早在新时期时代，两河流域就已经出现五角星图案了。或许，人类对这一种笔画对称图案有着天然的爱好，并非只有毕达哥斯学派喜爱他。这就不难说明，为什么世界上超过六十个国家的国旗上都有这个图案了。

长和宽之比等于黄金比的长方形叫做黄金矩形。奇妙的是，从一个黄金矩形中去掉一个以宽为边长的正方形，

图 3-22 古巴 1934 年五角星 1 比索

余下的矩形还是黄金矩形。这样一直下去，所得到的一系列黄金分割点恰恰位于同一条对数螺线上！

0.618 这个数字了不起的地方在哪里呢？一些人认为它是最有效率的结果，自然力量的结果。一些人认为它是设计的普适常量，神的签名。无论你相信哪一种说法，我们在大自然中所发现的所有设计中，黄金分割率（φ）为其创造了平衡、和谐与美观的感觉。那么，人类在自己的艺术、架构、颜色、设计、作曲，甚至音乐创作中，利用这个在自然界中发现的比率以达到平衡、和谐、美观的目的，也就不足为奇了。从帕特农神庙到蒙娜丽莎，从埃及金字塔到信用卡，都应用了 0.618。

图 3-23 信用卡宽和长的比接近黄金分割

拥有黄金分割的 Logo 设计：0.618 同样应用到了 Logo 设计中。让我们看看一些最著名

的品牌，它们在自己 Logo 中应用到了黄金分割率，从而达到一种完美融洽与平衡的效果。

还记得美国国家地理的 Logo 中黄色的矩形框吗？你曾经是否很好奇为什么这个简单的 Logo 会如此吸引人？正如你所知道的那样，答案是黄金分割率。该矩形框的长和宽的比值为 1.61。基于黄金矩形的 Logo 与该组织的座右铭（"激励人们去关心地球"）十分贴合。

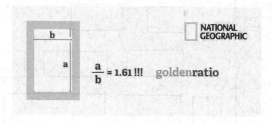

图 3-24　国家地理 Logo

百事的新 Logo 更简单、更有效、更具有空间感。它看起来有趣而漂亮，红蓝之间的图形像一个小笑脸。你知道 Pepsi Logo 最基本的框架符合黄金分割率吗？它由几个交叉的圆组成，彼此之间遵循一定的比率，该比率是：黄金分割率。

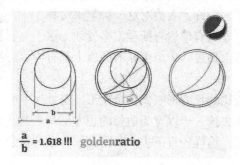

图 3-25　百事 Logo

Apple 的 Logo 上没有标识出公司名称，只有很少的几家公司会这样做。但 Apple 的 Logo 却成为全世界最著名的公司标识之一。该 Logo 具有完美的平衡，映射到 Logo 上的轮廓是在直径上遵循斐波那契数列的圆形。

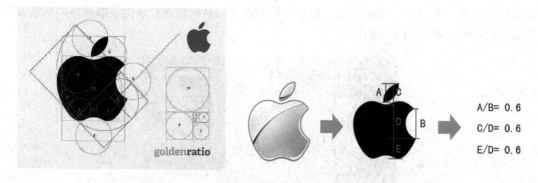

图 3-26　苹果 Logo　　　　　图 3-27　苹果 Logo 分析

iCloud 是 Apple 的另一个产品，也是一个设计杰作。云边缘的"波纹"由一系列的圆组成，其直径遵循黄金分割率。同时该 Logo 还包含一个"黄金矩形"，如图 3-28 所示。实际上，Apple 的大部分产品，从 iPad 到 iPhone 都包含黄金矩形。

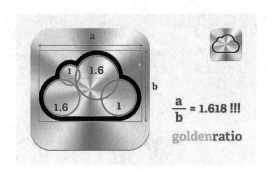

图 3-28　ICloud 标志分析

BP 是世界上最大的石油和石化集团公司之一。2000 年，该公司发布了新 Logo。该 Logo 之所以引人瞩目，原因在于它由一系列同心圆组成，在直径比例上同样遵循斐波那契数列。

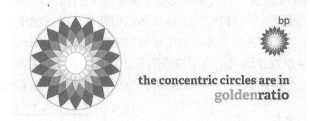

图 3-29　BP Logo

Toyota 的 Logo 由三个椭圆组成。美国丰田汽车销售公司首席发言人 Mike Michels 在邮件中表示，"两个交叉的椭圆意在代表客户与产品……及两者之间关系的重要性。最外面的椭圆代表业务的全世界及全球特性。"进一步观察这个 Logo，我们会很容易地发现一个基于 ϕ 的网格。该网格的网格线间隔遵循黄金分割率 ϕ。

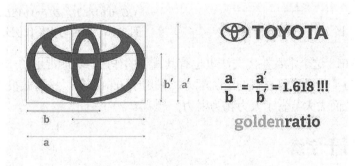

图 3-30　丰田 Logo 分析

巴西企业 Grupo Boticário 的 Logo 由 Futurebrand 的巴西分公司设计。该 Logo 用到了黄金螺旋。在几何上，黄金螺旋是一个对数螺旋线，其增长因子为 ϕ——黄金分割率。即黄金螺旋会在每个四分之一处按照增长因子 ϕ 逐渐增宽。黄金螺旋十分近似于斐波那契螺线。黄金螺旋在大自然中十分普遍，例如螺旋星系与软体动物的壳。

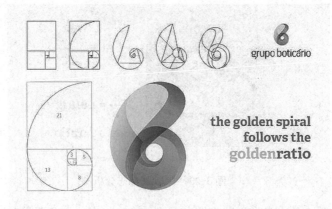

图 3-31 巴西 Grupo Boticário Logo

黄金习字格原理：《黄金分割习字格标准字帖》是人们在长期的教学实践中，自觉运用美学法则系统深入地研判汉字结构的美学体征和结构部件之间的比例关系，发现"黄金分割美学法则"广泛存在于汉字各种字体书体字形结构的关系中，而据此研制的"黄金分割习字格"，把汉字结构的美学规律运用于习字宫格的设计，使习字宫格清晰地展示出汉字字形结构的黄金分割比例关系。这就使一个字的点画部件的比例间架展示在具体的结构图式中。

图 3-32 黄金习字格

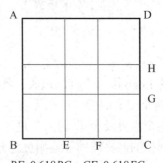

$BF=0.618BC$, $CF=0.618EC$,
$CG=0.618CH$, $DH=0.618DG$

图 3-33 黄金习字格比例分析

在我国，0.618 这个常数在优选法里也有其重要的作用，是最常用的一种方法。例如某建筑材料实验室为了选择建筑材料的最优配方，采用了 0.618 法，只需做很少几次试验就确定出最优方案，从而大大节省了人力物力财力。

3.3 数学与十字绣

早在公元 4 世纪，十字绣就从土耳其经由意大利在欧洲传播开来。最早的十字绣是用从蚕茧中抽出的蚕丝线在动物毛皮的织物上刺绣，这种十字绣在许多国家被人们用来装饰衣服和家具，由于各国的文化不尽相同，随着时间的推移，都形成了各自的风格，绣线、面料的颜色、材质，都别具匠心。

公元 15 世纪，十字绣开始进入民间，逐渐为广大普通的消费者所接受。随着西方优势文化在世界的扩张，十字绣从欧洲传入了美洲、非洲、大洋洲和亚洲。

在几十年前，十字绣进入亚洲市场，并在菲律宾、马来西亚、新加坡、泰国、印度尼西

图 3-34　十字绣花开富贵

图 3-35　十字绣富贵荣华

亚、韩国和日本等国家以及我国台湾、香港、澳门等地区流行。

　　钻石画，又名 DIY 钻石画，是钻石画设计者们把精致闪耀的人造水晶平底圆钻（有的是方钻）和设计精良的图案有机的结合在一起，绘制者只需要把点钻工具提取到的钻粘在画布相应符号上，这样就完成了一颗钻的粘贴，然后慢慢的填充好每个符号对应的区域，几分钟就能正式上手。相对于十字绣，钻石画操作简单，上手容易，制作同 一图案，钻石画的时间大概为十字绣的 1/10。目前分为水晶圆钻钻石画，魔方圆钻钻石画和方钻钻石画！

图 3-36　钻石画局部放大

图 3-37　钻石画黄金满地

　　数字油画，又名数字彩绘和编码油画，是通过特殊工艺将画作加工成线条和数字符号，绘制者只要在标有号码的填色区内填上相应标有号码的颜料，就可以完成的手绘产品。它流行于欧美、日、韩，汇集休闲、装饰、馈赠、学习等功能于一身，它能使没有半点绘画基础的人马上绘制出一幅令人赞叹的艺术作品，并享受到绘画过程的无穷乐趣。

图 3-38　数字油画城堡

图 3-39　数字油画海豚

我们知道图形是由点，线，面构成的，面与面相交得线，线与线相交得点，点动成线，线动成面，面动成体。

上面的十字绣、钻石画、数字油画虽然名字不同，做完后模样不同，但都离不开由点到线，由线到面。另外，这些画都蕴含数学中的对应关系，每个点对应一种颜色，针绣或粘贴或描色都是把相应的位置对应上相应的颜色，最后完成震撼的画作。

之所以深受人们喜欢，主要原因是不需要专业的技法和专业知识，只要有对应思想，认真仔细别对错位置，都能完成。

3.4 奇妙的 3D 画

据美国猎奇新闻网站报道，巴西 15 岁少年画家若昂·卡瓦洛，年纪轻轻，就具有极高的艺术天赋。他可以在白纸上勾画线条，营造出立体的视觉效果。

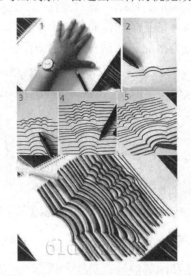

图 3-40 3D 手绘画过程

图 3-41 和图 3-42 的 3D 画准确地说不是纸，是光栅材料，因为 3D 立体画的材料表面是线条，它经过反复的折射，形成视觉假象，所以你就觉得它凸出来了。

图 3-41 3D 画汽车

图 3-42 3D 画电梯

　　据悉，若昂进行创作时，首先在白纸上勾画出蓝色的线条，然后在恰当的地方添加曲线和阴影，从而使画作产生 3D 的视觉效果。

　　据了解，若昂的创作包括时下十分流行的卡通形象，比如霍姆·辛普森、狗狗史努比和老鼠杰瑞等。他还擅长运用画笔创造出水波流动和纸张皱褶的效果，每幅作品都栩栩如生，让人惊叹。

图 3-43　若昂作品 1

图 3-44　若昂作品 2

图 3-45　若昂作品 3

图 3-46　若昂作品 4

图 3-47　若昂作品 5

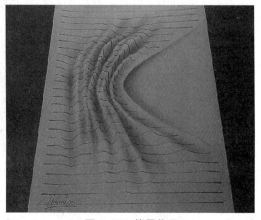

图 3-48　若昂作品 6

3.5　数学工具

让我们先来欣赏中世纪的一幅绘画作品《查理曼救援教皇亚德里安》。任务与背景不成比例，换言之，它们"不像"我们在三维空间看到的真实场景。

图 3-49　查理曼救援教皇亚德里安

为什么会这样呢？原因是中世纪的画家没有一个掌握一种特殊的工具。

文艺复兴时期成了绘画艺术史的分水岭，因为艺术家拥有了数学工具——透视学，他们能够在二维画布上逼真地再现三维空间的真实场景，这使他们的作品富有现实主义。

据说公元前 400 年左右古希腊哲学家德谟克利特最早研究了透视的法则。以设计佛罗伦萨大教堂圆顶而闻名的意大利建筑师和雕塑家菲利波·布鲁内列斯基是第一个掌握透视绘画精确方法的人。而第一本论透视的著作是阿尔贝蒂的《论绘画》，书中，阿尔贝蒂介绍了布鲁内列斯基的方法，阿尔贝蒂认为数学是艺术和科学的共同基础，主张利用透视法进行艺术创作。他认为，做一个合格的画家，首先要精通几何学，借助于数学，自然界将变得更加迷人。在《论绘画》中，他写道："如果一名画家尽可能精通所有的自由艺术，那将令人愉悦；但首先我希望他懂得几何。我喜欢古代画家潘菲洛斯的格言……他认为，如果不懂几何学，没有哪个画家能画好画。书中解释了一切完美的绝对的绘画艺术，对此，几何学家很容易理解，但不懂几何者却无法理解，因此，我认为画家有必要学习几何学。"

图 3-50　布鲁内列斯基　　　图 3-51　佛罗伦萨大教堂

将三维空间真实场景中的不同平行线画在二维画布上时，须满足三个定理：

定理 1　与画面垂直的平行线交于一点，该点称为主投影点。

定理 2　与画面既不垂直、也不平行的两组平行线各交于一点，称为对角投影点，两个对角投影点与主没影点共线，且与主投影点等距。

定理 3　与画面平行的一组平行线仍然是平行的。

图 3-52　两条平行线在远处相交

文艺复兴时期最重要的透视学家是 15 世纪意大利艺术家和数学家弗朗西斯卡。在《透视绘画论》中，他开始利用透视法来绘画，在其后半生的 20 年间，他写了三篇论文，试图证明利用透视学和立体几何学原理，现实世界就能够从数学秩序中推演出来。

用通俗的话来讲，透视其实就是近大远小。空间结构的平行线在远处会交叉出一个点来。

图 3-53　弗朗西斯纪念邮票（梵蒂冈 1992）

图 3-54　耶稣受鞭图之主投影点

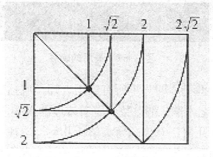

图 3-55　耶稣受鞭图构图分析

　　达·芬奇对透视学做出了重要贡献。在《论绘画》中，达·芬奇列出在它看来同样重要的三种透视方法；一是远距离物体尺寸的减小，一是颜色的变淡，一是轮廓的消失。他说；"欣赏我的作品的人，没有一个不是数学家。"他认为，绘画的目的是再现自然，而绘画的价值就在于精确地再现。甚至纯粹抽象的创造物，如果能在自然界中存在，那么它的价值也必定会出现。因此，"绘画是一门科学，而一切科学都能以数学为基础。人类的任何探究活动都不能称为科学，除非这种活动通过数学表达方式和经过数学证明来开辟自己的道路。"他还认为，"一个人如果怀疑数学的极端可靠性，就会陷入混乱，他永远不可能平息科学中的诡辩，只会导致空谈和毫无结果的争论。"达·芬奇藐视那些轻视理论而声称仅仅依靠实践能进行艺术创作的人，认为正确的信念是"时间总是建立在正确的理论之上"。他将透视学看作是绘画的"舵轮与准绳"。

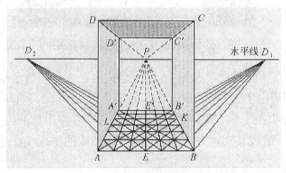

图 3-56　透视原理

　　如果分析《最后的晚餐》这幅图的话，你会发现，天花板的透视线与桌边平行线全部都汇聚于耶稣的头部——简直是神迹啊！你要知道稍微画歪斜一点点，整个透视线就会歪掉，就不会有最后交叉于耶稣头部一点这样的神迹出现！

图 3-57　最后的晚餐

　　实际上，15 世纪和 16 世纪早期几乎所有绘画大师，包括西诺莱利、布拉曼德、米开朗琪罗、拉斐尔以及其他许多艺术家，都对数学有着浓厚的兴趣，而且力图将数学应用于艺术。

　　美术作品里蕴含着平面几何、立体几何、解析几何、透视、对称等数学知识，数学帮助美术更容易掌握，美术帮助数学更易平易近人，一幅好的美术作品正好是美术的浪漫，数学的严谨两者的完美结合。

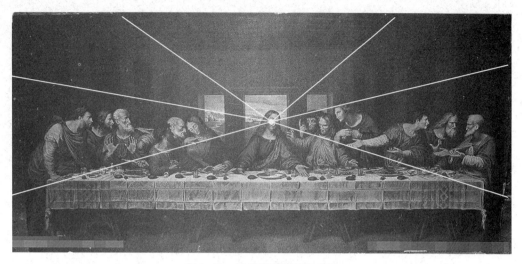

图 3-58　最后的晚餐透视分析

课外延伸阅读

11 幅名画：养风度，蓄风雅

1. 力拔山兮气概世——《千里江山图》

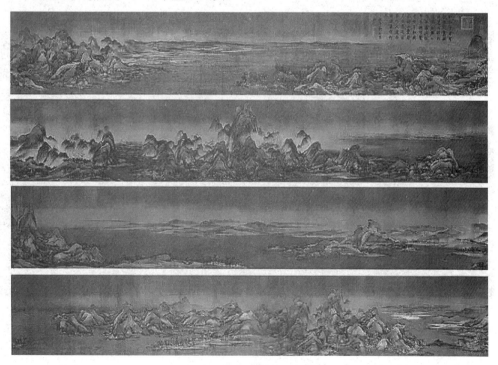

▲宋　王希孟　《千里江山图》

▲宋 王希孟 《千里江山图》局部

有一个人，宋徽宗亲授其法；

有一个人，一幅画成就了他短暂的一生！

这个人便是王希孟。他用了半年时间终于绘成名垂千古之鸿篇杰作《千里江山图》卷，时年仅十八岁，不久英年早逝。

2. 海到尽头天是岸，山至高处人为峰 ——《富春山居图》

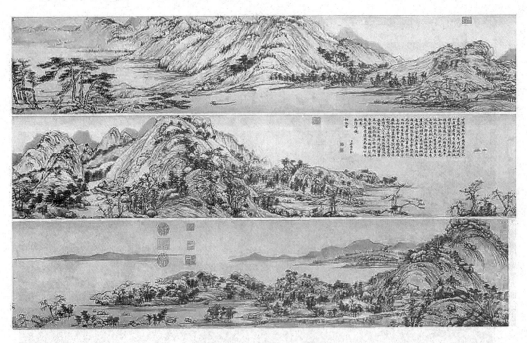

▲元 黄公望 《富春山居图》

▲元 黄公望 《富春山居图》局部

　　《富春山居图》是"元四家"之首的黄公望历时 7 年创作的，此画不仅被认为中国古代山水画的高峰，也被视为黄公望绘画艺术上的巅峰之作。

　　其苍润洗练的笔墨、优美动人的意境不仅使人"于宁静处感悟平淡，于细致处品味天真"，而且生动真切地展现了富春江两岸的山川风物，带给人超凡脱俗的飘逸感。

　　3.《五牛图》

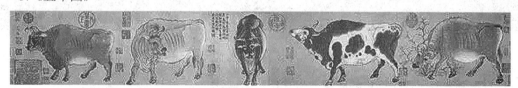

▲唐 韩滉 《五牛图》

▲唐 韩滉 《五牛图》局部

　　《五牛图》是唐代画家韩滉的画牛精品力作，此画已达到唐代画牛最高水平，被称为"中国十大传世名画"之一。有勤劳致富、勤恳忠实、诚信友好、年富力强、事业兴旺之寓意，尤其值得当今男人借鉴！

4. 以退为进 ——《韩熙载夜宴图》

▲南唐 顾闳中 《韩熙载夜宴图》

▲南唐 顾闳中 《韩熙载夜宴图》局部

这幅画描摹了南唐巨宦韩熙载家开宴行乐的场景。

韩熙载为避免南唐后主李煜的猜疑，以声色为韬晦之所，每每夜宴宏开，与宾客纵情嬉游，此图绘写的就是一次韩府夜宴的全过程。韩熙载这种沉湎声色来消磨时光的做法，实际上是力求自保，想借此来表明自己对权力没有兴趣，以达到避免受皇帝怀疑和迫害的目的。后来，韩熙载在南唐累官至中书侍郎、光政殿学士承旨，得善终。

以退为进是一种韬晦之计，在特定的形势之下，用伪装的办法，将自己真正的意图隐藏起来，才能在对手对你不设防的情况下，保全和发展自身的势力。

5. 人生得意须尽欢 ——《李白行吟图》

▲ 南宋 梁楷 《李白行吟图》

"君不见黄河之水天上来，奔流到海不复回。"

"长风万里送秋雁，对此可以酣高楼。"

"花间一壶酒，独酌无相亲。"

从这些千古不朽的名诗佳句中，我们似乎看到了唐代大诗人李白那宽阔的胸怀，无畏的气概，不满现实，借酒浇愁的思绪，以及才气横溢，风度翩翩的潇洒之态。

面对当下有些人的胆怯、软弱、妥协，我们需要李白的潇洒、狂傲、不畏权贵的精神。

6. 好男儿，烈马疆场壮志豪迈 ——《奔马图》

▲ 近现代 徐悲鸿 《奔马图》

　　徐悲鸿画马多是借以抒发郁结难言的悲愤和爱国忧世之情，他画马注重刻画骨骼和肌肉结构，有着一定的写意成分，往往是挥墨一气呵成，人们常用"一洗万古凡马空"来称赞其笔下的骏马，矫健的身姿，高昂的头，奔出嘶鸣千里的气势，体现出一种迅疾的速度、力量和雄壮的美。

7. 做人当为君子，君子亦如竹 ——《墨竹图》

▲清 郑板桥 《墨竹图》

郑板桥所写墨竹，瘦硬坚劲，潇潇飒飒，光明磊落，具有一种孤傲刚正的桀骜不驯之气。在艺术构思上提出"胸中之竹"的著名段论，影响之深远，至今仍常为人们所引用。

男人崇德，皆为临世做人之本；竹能立品，正当竹林成器之重。男人不应该去学拐竹，伪装一种高深莫测的城府，硬要弄出个七弯八拐来；不应去做方竹，看似圆润、模棱两可，摸上去确是方方的感觉……竹可以重叠罗汉，那是对空间的傲进与竞争；竹也可以挺胸正身，那是对蓝天伺机助长的追求。

8. 不与百花争高洁 ——《冰姿倩影图》

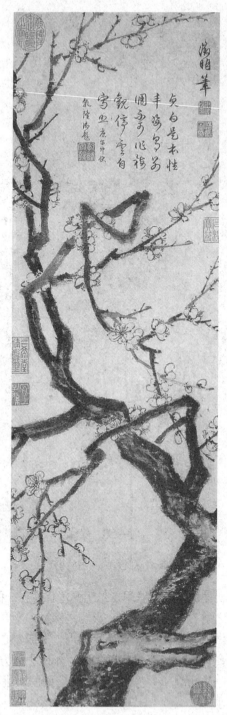

▲明　文徵明　《冰姿倩影图》

　　画史上将文徵明与沈周、唐寅、仇英并列，合称"吴门四杰"。这幅墨梅作品古朴质拙，韵高神清。以朗朗清气、疏影暗香，衬出梅的铮铮傲骨，是文徵明的传世国画之精品。

　　梅花以它的坚贞不渝、高洁、坚强、谦虚的品格，给人以立志奋发的激励。在严寒中，梅开百花之先，独天下而春。

自古以来，人们都赞美她的傲雪精神，她的孤独的不与百花争春的高洁的美。所以，她象征高洁、坚强的人。男人女人都该赏之。

9. 锲而不舍，金石可镂 ——《愚公移山》

▲ 近现代　徐悲鸿　《愚公移山》

这幅画取材于《列子·汤问篇》，故事是人所熟知的。徐悲鸿在抗日战争时期画愚公移山，其用意是要以愚公精神鼓励全国军民不畏艰苦、坚持抗日，夺取最后胜利。

句子讲："锲而舍之，朽木不折；锲而不舍，金石可镂。"

这句话充分说明了一个人如果有恒心，一些困难的事情便可以做到，没有恒心，再简单的事也做不成。

10.《洛神赋图》

▲ 晋　顾恺之　《洛神赋图》

曹植的作品中，除了"七步诗"，最有名的就是《洛神赋》了，顾恺之依据《洛神赋》，画了流传千古的名画《洛神赋图》，其中最感人的一段描绘是曹植与洛神相逢，但是洛神却无奈离去的情景。

▲ 晋　顾恺之　《洛神赋图》局部

展开画面，只见站在岸边的曹植表情凝滞，一双秋水望着远方水波上的洛神，痴情向往。梳着高高的云髻，被风而起的衣带，给了水波上的洛神一股飘飘欲仙的来自天界之感。她欲去还留，顾盼之间，流露出倾慕之情。

初见之后，整个画卷中画家安排洛神一再与曹植碰面，日久情深，最终缠绵悱恻的洛神，无奈驾着六龙云车，在云端中渐去，留下此情难尽的曹植在岸边，终日思之，最后依依不忍地离去。这其中泣笑不能，欲前还止的深情，最是动人。

11.《贤母图》

从此图的题款"临民听狱，以庄以公。哀矜勿喜，孝慈则忠"，可以推知此为贤母向即将离家赴任的儿子所作的教诲。画家以高超的笔法将贤母严肃训诫却又暗含离别伤感之态、儿媳恭顺侍立而又对丈夫依恋不舍之情、儿子恭敬聆听却踟蹰难离之意，刻画得极其生动传神。

▲清 康涛 《贤母图》

第四章　数学与建筑

4.1　具有"数学美"的建筑

数学，在生活中应用广泛，因而显得平常，建筑则更是普遍存在于视野里，但是，如果建筑和数学结合起来，其成果肯定会让你叹为观止。

图 4-1　卢浮宫前的玻璃金字塔

赵州桥——圆弧，河北省赵县赵州桥只用单孔石拱跨越洨（xiáo）河，由于没有桥墩，既增加了排水功能，又方便舟船往来，石拱的跨度为 37.7 米，连南北桥堍（桥两头靠近平地处），总共长 50.82 米。采取这样巨型跨度，在当时是一个空前的创举。石拱跨度很大，但拱矢（石拱两脚连线至拱顶的高度）只有 7.23 米。拱矢和跨度的比例大约是 1 比 5。可见桥高比拱弧的半径要小得多，整个桥身只是圆弧的一段。这样的拱，叫作"坦拱"。

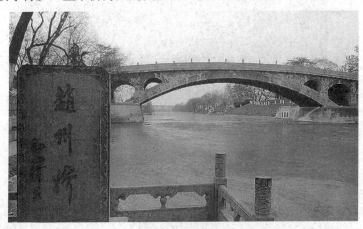

图 4-2　赵州桥

北京凤凰国际传媒中心——莫比乌斯环，北京市朝阳区麦子店街道凤凰国际传媒中心，凤凰国际传媒中心采用的是钢结构体系，设计和施工难度都比较大。它运用的是现代先进的参数化非线性设计，打破了传统的思维，不通过画图，而是借助设计师的经验和数字技术协同工作，运用编程来完成大楼的设计和施工的。凤凰国际传媒中心钢结构工程是一个技术创新型工程，在"莫比乌斯环"内，每一个钢结构构件弯曲的方向、弧度以及长度都是不一样的，而这所有的不一样，成就了这座雄伟的、独一无二的建筑。

图 4-3　北京凤凰国际传媒中心

湖南长沙龙王港中国结大桥——莫比乌斯带和中国结，长沙市建筑事务所为湖南长沙龙王港设计的人行桥梁同样以莫比乌斯带为原型，与凤凰国际传媒中心不同的是，大桥还融入了中国结元素。其独特的莫比乌斯带（中国结）造型为坚固的桥梁注入柔美气质，如缎带般优美柔和的人行桥，仿佛舞者的水袖掠过梅溪河。设计采用多种工艺，行人可在不同高度选取路线过桥。其实此桥设计不只是杂糅中国结和莫比乌斯带，行人在行走路线的选择中，也在向著名的七桥问题致敬。

图 4-4　长沙梅溪湖"中国结"步行桥

申发大厦——菱形几何元素，福建省福州市台江区鳌峰街道申发大厦楼体 31°切角，主要朝向面向闽江面，使浩瀚江景与建筑空间实现无缝融合。简洁现代的立面，采用隐框、明框玻璃幕墙设计，使建筑与波光粼粼的闽江水相映成辉，将闽江文化演绎得淋漓尽致。

强调光与影的简约笔触，力求表达风靡全球的时尚理念，申发大厦首创独特的菱形建筑形态，外立面采用切面设计和玻璃幕墙，整个建筑大气磅礴。申发大厦璀璨耀世，"菱"动海西，标注 CBD 最具前瞻的建筑。

广州电视塔——单页双曲面，珠海市广州电视塔（小蛮腰）的外形是典型的单页双曲面，即直纹面。单页双曲面的每条母线都是直线，通俗来说，虽然看上去广州塔外边是光滑的曲线，中间细两头宽，但是事实上每一根柱子自下而上都是直的，所以广州塔是一堆笔直的柱子斜着搭起来的！

图 4-5 申发大厦

图 4-6 广州电视塔

伊东丰雄的蛇形画廊——旋转的立方体算法，建筑设计师伊东丰雄和数学家贝尔蒙德合作的作品，它从外表上看似乎是一个非常复杂的随机模式，但其实是一种旋转的立方体算法。相交线形成了不同的三角形，梯形，透明和半透明感的无限次重复运动。尽管这个建筑只存在了 3 个月，却让到访的人无不惊讶一个盒子空间可以创造出的轻松动感。这些复杂、但有据可循、可以延伸的算法、模型和矩阵，让伊东和贝尔蒙德在相互启发和影响的过程中对空间重新认识，最终成就了他们寻找的、越来越人性化的建筑空间。

图 4-7 蛇形画廊

　　慕尼黑奥运会场馆——极小曲面，在数学中，极小曲面是指平均曲率为零的曲面。举例来说，满足某些约束条件的面积最小的曲面。物理学中，由最小化面积而得到的极小曲面的实例可以是沾了肥皂液后吹出的肥皂泡。肥皂泡的极薄的表面薄膜称为皂液膜，这是满足周边空气条件和肥皂泡吹制器形状的表面积最小的表面。

图4-8　慕尼黑奥运会场馆

　　胡夫金字塔——圆周率、勾股定理，埃及大金字塔高146.6米，它的10亿倍正好等于地球到太阳的距离，塔底周长920米，如果把塔底周长除以2倍的塔高那就接近于圆周率。胡夫大金字塔的塔心正好是地球上各大陆的引力中心，通过塔底的中心的子午线，正好把地球上海洋和陆地分成相等的两半，把正方形的塔底的两条对角线延长正好可以把尼罗河三角洲夹在里面。

　　在胡夫大金字塔中，最神秘的还是塔中的墓室，它的长、宽、高之比恰好是3:4:5，体现了勾股定理的数值。

图4-9　胡夫金字塔

泰姬陵——对称，泰姬陵建筑是完美的对称。从远处看泰姬陵园区的大门，你会发现，河道、水渠、建筑物，木板小道，树木的种植的位置、品种、高度，乃至那小道上砖块构成的纹路都沿着中轴线完全对称。园区之外的集市中商铺的位置，以及亚穆纳河对岸的月影花园都遵循着这个规律完全对称，进入建筑物中，一切仍然对称。

图 4-10　泰姬陵

圣乔凡尼教堂、阿皮利亚山上的古城堡——多边形，在古代埃及和巴比伦，宗教以及官方建筑都具有规则的几何形状，而世俗建筑则常常被设计成倾斜和不规则的。自古希腊以来，建筑师一直利用规则几何图案来表达美与和谐。在欧洲中世纪，教堂和修道院的建筑都必须符合特定的规则，其中，正多边形（尤其是正三角形，正方形、正六边形、正八边形）占有统治地位，而修道院的世俗部分则建成倾斜的形状。

图 4-11　意大利圣乔凡尼教堂

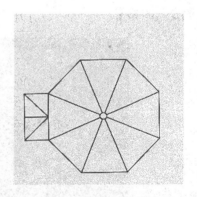

图 4-12　圣乔凡尼教堂截面几何图

建于 1059～1128 年间的意大利佛罗伦萨圣乔凡尼教堂就是一个典型的例子。该教堂外形为一正八棱柱加正八棱锥顶，从教堂内部看，藻井为一系列同心的正八边形，地面的正中位置也镶嵌着正八边形。

图 4-13 圣乔凡尼教堂顶部

意大利南部阿皮利亚山上的古城堡被建筑史家誉为中世纪"建筑上无与伦比的纪念碑"。城堡为神圣罗马帝国皇帝腓特烈二世所建，用于军事目的。其内外墙均为正八棱柱，外墙的每一个角上又分别建有一个正八棱柱。从剖面图看，城堡内八边形相应八角形的每个顶点恰恰位于角上正八边形的中心，角上正八边形朝内的顶点正是外八边形的一个顶点。外八边形，内八边形和角上八边形边长之比为 $2:1:(\sqrt{2}-1)$。

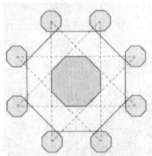

图 4-14 阿皮利亚山古城堡　图 4-15 阿皮利亚山古城堡剖面图　图 4-16 根据古城堡构图法得到的分形图

如果再按同样的方法不断在那一个小八边形外作出八个更小的正八边形，并保留朝外的五个，那么最后所得的图形乃是一个漂亮的分形图案。

牛顿纪念堂等——球体，16 世纪德国艺术家雅尼则发现，用正多面体、半正多面体和星形多面体来装饰的建筑物会很吸引人。18 世纪，受启蒙思想的影响，建筑师们追求简朴的建筑风格，他们在设计中大量使用了规则的几何形体，其中，球体最受青睐。著名建筑师布雷设计的牛顿纪念堂是圆柱形台基上的一个圆球，建筑师列杜设计的农村公安队宿舍则是放置于长方形水池中的圆球。这些作品尽管当时没建造出来，但从某种意义上说，18 世纪热爱数学的建筑师们的理想在今天已经完全得到了实现：斯德哥尔摩的巨蛋体育馆、巴黎的晶球电影院、北京的国家大剧院等等，都已成为当地地标性的建筑。当代美籍华人建筑大师贝聿铭（1917—）的建筑作品中充满了几何元素，其代表建筑是巴黎卢浮宫前玻璃金字塔和苏州博物馆。

图 4-17　布雷作品牛顿纪念堂

4.2　数学与建筑的关系

几千年来，数学一直是用于设计和建造的一个很宝贵的工具。它一直是建筑设计思想的一种来源，也是建筑师用来得以排除建筑上的错误技术的手段。数学与建筑，就像混凝土搅拌后砂石与水泥相互粘合那样，有着一种无形的十分密切的情结。在这里，数学这一基础学科，作为人类认识自然、理解自然、掌握自然，以及征服自然的钥匙和工具，也早已渗透到建筑学科的所有领域。数学为建筑服务，建筑也离不开数学。

我们列出一部分长期以来用在建筑上的数学概念：如，角锥、棱柱、黄金矩形、视错觉、立方体、多面体、网格球顶、三角形、毕达哥拉斯定理、正方形、矩形、平行四边形、圆，半圆、球，半球、多边形、角、对称、抛物线、悬链线、双曲抛物面、比例、弧、重心、螺线、螺旋线所、椭圆、镶嵌图案、透视等等。

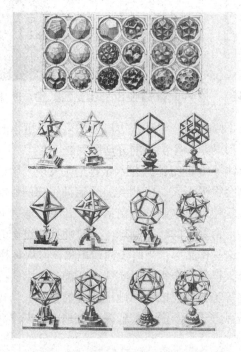

图 4-18　雅尼泽的建筑装饰图案

下面从以下几个方面阐述一下数学与建筑之间的关系。

第一方面，什么是数学？谈起数学，很自然会联想到小学里学过的算术，初中时学的代数、平面几何以及三角、立体几何、平面解析几何和一元微积分学等等。这些数学内容由浅入深，由少到多，由简单到复杂，五花八门，琳琅满目。然而，把这些内容仔细分析一下，数学分为初等数学与高等数学两大部分。初等数学中主要包含两部分：几何学与代数学。几何学是研究空间形式的学科，而代数学则是研究数量关系的学科。初等数学基本上是常量的数学。高等数学含有非常丰富的内容，以大学本科所学为限，它主要包含：解析几何——用代数方法研究几何，其中平面解析几何部分内容已放到中学。线性代数——研究如何解线性方程组及有关的问题。高等代数——研究方程式的求根问题。微积分——研究变速运动及曲边形的求面积问题。作为微积分的延伸，物理类各系还要讲授常微分方程与偏微分方程。概率论与数理统计——研究随机现象，依据数据进行推理。所有这些学科构成高等数学的基础部分，在此基础上建立了高等数学的宏伟大厦。对于建筑来说，建筑与数学的那份交情，老早就是根深蒂固的。但是，若要与上面列举的新兴边缘学科比较，则到目前为止还是不足以自成体系的。最重要的是应该去了解并掌握与专业教学有关的数学内容，使之作为一门重要的工具课，能学以致用，学以够用，更好地为专业服务。

总之，说得具体一些，数学是以数和形的性质、变化、变换和它们的关系作为研究对象，探索它们的有关规律，给出对象性质的系统分析和描述，并在此基础上分实际，培训得具体解法的科学。如果换一个角度，数学也可看成是对客物质世界的数量关系和空间形式的一种抽象。

第二个方面，什么是建筑？"建筑"——指建筑物和构筑物的通称。建筑物，这是为了满足社会需要，利用所掌握的物质技术手段，在科学规律和美学法则支配下，通过对空间的限定组织而创造的人为的社会生活环境。构筑物，是指人们不直接在内进行生产和生活的建筑。如烟囱、水塔、堤坝等。建筑从形态学来说，构成建筑形式的基本要素为：点、线、面、体。点是所有形式之中的原生要素，从点开始，其他要素都是点派生出来的。例如，一个点展开变成一条线，一条线展开变成一个面，一个面展开变成一个体。建筑的所有形态，都是依据点、线、面、体四个基本要素构成的，体现的就是一个"形"字。建筑从工程学说，侧重的是工程计算，这是建筑构成的基础，也是建筑构成的手段。例如，把点变成线，把线变成面，把面变成体的量度，是建筑构成的重要特征。这在建筑工程中，是计算的基本内容。这里，除建筑构成已表现出来的长度、面积、体积等特征外，"量度"还反映了重量、角度、强度等"量"和其他特征。这些归纳起来，便是"数"。

总之，建筑中的"数"与"形"，是对客观物质世界的数量关系和空间形式的一种表现，是人类为了适应环境的一种创造。

第三个方面，数学与建筑有什么联系？

如前所叙，同样是"数"与"形"，一种对其抽象，一种对其表现。表现依据了抽象，抽象来自表现。在建筑工程的实践中，我们会遇到各种各样"数"与"形"的问题。例如，在房屋设计中，既要进行各种技术经济指标以及荷载、内力、构件截面等数量的分析与计算，又要进行建筑、结构、水暖电工等图形的分析与绘制；在组织施工中，既要进行建筑资源（如材料量、劳动力……）等数量的分析与计算，又要进行建筑资源使用的时间安排和空间布置等的分析与绘制……。在实现建筑工业现代化的过程中，我们将会遇到更多的"数"与"形"的问题。

在建筑学中数学知识的应用比比皆是。例如，劳动力的安排、施工进度、配料、支座反力，需要一次代数方程的计算；生产增长率，简支梁受压区高度，需要二次代数方程的计算；劳动生产率、钢筋锚固锚长度、配料允许范围的计算，建筑材料的代换，需要代数不等式的应用；土方施工中"零点"位置的确定，变截面梁钢箍高度的计算，建筑构件形体及自重的计算，需要大量的几何及三角计算；均匀荷载作用位置的函数及幂函数的应用。

从"极限与连续"开始，数学内容便进入到高等数学范畴。这里，通过导数的学习，为建筑力学中梁的弯矩及挠度计算提供了各种各样的便利；对于导数的应用及最大值、最小值的讨论，又为建筑施工中人力、物力、财力的合理使用找到了较佳办法；对于弧长微分与曲率的计算，可得到荷载作用下梁的弯曲程度的精解；对于积分运算、概率与统计、行列式、矩阵与线性方程、微分方程等内容，在建筑力学和建筑结构计算中，建设方案或生产计划的决策中，施工网络及建筑产品或用品的概率分析中，都有着大量的广泛的应用。

第四个方面，一部建筑史，无处不折射出数学的辉煌。有人说：建筑是一部石头史书，几千年人类文明的痕迹，无不铭刻在这石头的史书上。我们说：在这部石头的史书上，在这些先民的遗迹上，也无处不折射出数学的辉煌。

图 4-19　富勒球

图 4-20　斯德哥尔摩"巨蛋"体育馆

图 4-21　巴黎晶球电影院

一些历史上的例子是——

为建造埃及、墨西哥和尤卡坦的金字塔而计算石块的大小、形状、数量和排列的工作，依靠的是有关直角三角形、正方形、毕达哥拉斯定理、体积和估计的知识。秘鲁古迹马丘比丘的设计的规则性，没有几何计划是不可能完成的。

图4-22　马丘比丘　　　　　　　图4-23　意大利古罗马大斗兽场

埃皮扎夫罗斯古剧场的布局和位置的几何精确性经过专门计算。以提高音响效果，并使观众的视域达到最大。圆、半圆、半球和拱顶的创新用法成了罗马建筑师引进并加以完善的主要数学思想。

拜占庭时期的建筑师将正方形、圆、立方体和半球的概念与拱顶漂亮地结合在一起，就像伊斯坦布尔的圣索菲亚教堂中所用的那样。

古代的埃及法老王动用庞大的人力物力，为自己建立金字塔陵墓，原因为何？除了夸耀自己的丰功伟绩外，当中有没有超自然的理由呢？引用科学家的研究，揭示金字塔神秘的一面。科学家证实，金字塔的形状有一股奇异的力量，能使尸体迅速脱水，加速"木乃伊"化，古代法老相信这会加速他们的复活。有研究亦发现，假如把一枚锈斑斑的金币放进金字塔里，不久就会变得金光闪烁；假如把一杯鲜奶放进金字塔内，二十四小时后取出，鲜奶仍然新鲜；假如有人牙痛或头痛，到金字塔呆一小时后，就会消肿解痛。人类对于金字塔神秘力量的研究，从未间断。不少科学实验证明，把肉食、蔬菜、水果、牛奶等放在金字塔模型，可以保持长期新鲜不腐。现在法国、意大利等国家一些乳制食品公司，也把这项实验成果运用于生产线内，采用金字塔形的袋盛载鲜奶，保鲜时间可以很久。不止如此，把种子放在金字塔模型内，可以加快发芽；断根的农作物栽在金字塔内，可继续生长。所以有人考虑把葡萄棚设计成金字塔状，以提高葡萄产量，增加含糖量。金字塔能拥有这种力量，有科学家解释是和金字塔的形状与其空间内所进行的自然、化学、生物的进程有关。不同种类的几何图形外状，会加速或减慢空间内的自然进程，只是金字塔形有较强的影响力。想知道更多对金字塔神秘力量的剖析。一谜未解，一谜又起。说法越来越多，也愈来愈离奇，被它吸引的人也日益增加。

几年前，法国工程师杜拜尔在其《形状波》一书中强调指出，各种形状，如圆锥形、球形、正方形、金字塔形，都能通过宇宙射线或阳光改变其内部的宇宙波。金字塔形并不是会在其内部空间产生特殊能场的唯一形状。杜拜尔还说，人的一生都是在各种形状的建筑物中度过的，从一种形状到另一种形状，譬如汽车、影剧院、住房等。他主张应研究建筑物形状对人体的影响，在设计建造房屋时选择对人们健康最有益的几何图形。杜拜尔认为球形和金字塔形的建筑物最有益于身心健康，这两种形状的病房能加速病情的好转，也有人认为圆柱状结构好处多。一些研究者认为，目前人类一生中大部分的时间是在正方形和长方形的建筑物中度过的，而这两种形状不能产生积极和特殊的能源，相反，它们可能产生某种消极的力场，阻隔和破坏周围有利于人类的自然力场。他们呼吁建筑师们认真考虑，在设计住房、办公室、病房等建筑时，改变因循守旧的传统的正方形和长方形形式，使人类得以在更符合身体健康、令人充满活力的建筑形状中工作和生活。

文艺复兴时期的石建筑物，显示了一种在明暗和虚实等方面都堪称精美和文雅的对称。

随着新建筑材料的发现，适应于这些材料最大潜力发挥的新的数学思想也应运而生。用各种各样可以得到的建筑材料，诸如石头、木材、砖块、混凝土、铁、钢、玻璃、合成材料（如塑胶、强力水泥、速凝水泥）等等，建筑师们能够设计出实质为任何形状的建筑物。在近代，我们能亲眼见到双曲抛物体形式的建筑物（旧金山圣·玛丽大教堂）、B. 富勒的短程式构造、P. 索罗里的易于分离和结合的设计、抛物线型的机棚、模仿游牧部落帐篷的立体组合结构、支撑东京奥林匹克运动大厅的悬链线缆，以及带有椭圆顶天花板的八角形房屋等。建筑是一门正在发展中的科学，建筑师们研究、提炼、提高，并对过去和新产生的一些想法重新加以梳理，终于使自己能够自由地想象任何的设计，只要数学和材料能够支持这样的构造。

中国是世界四大文明古国，中国有着悠久的历史，中国的劳动人民用自己的血汗和智慧创造了辉煌的中国建筑文明。中国的古建筑是世界上历史最悠久，体系最完整的建筑体系。从单体建筑到院落组合，城市规划，园林布置等在世界建筑史中都处于领先地位；中国建筑独一无二地体现了的"天人合一"的建筑思想。

图 4-24　景观膜结构——张拉膜

图 4-25　阿比让的地标建筑金字塔大厦

　　古代世界的建筑因为文化背景的不同，曾经有过大约七个独立体系，其中有的或早已中断，或流传不广，成就和影响也就相对有限，如古埃及、古代西亚、古代印度和古代美洲建筑等，只有中国建筑、欧洲建筑、伊斯兰建筑被认为是世界三大建筑体系，又以中国建筑和欧洲建筑延续时代最长，流域最广，成就也就更为辉煌。

　　中国建筑以中国为中心，以汉族为主体，在漫长的发展过程中，始终完整保持了体系的基本性格。原始社会至汉代是中国古建筑体系的形成时期。在原始社会早期，原始人群曾利用天然崖洞作为居住处所，或构木为巢。到了原始社会晚期，在北方，我们的祖先在利用黄土层为壁体的土穴上，用木架和草泥建造简单的穴居或浅穴居，以后逐步发展到地面上。南方出现了干栏式木构建筑。进入阶级社会以后，在商代，已经有了较成熟的夯土技术，建造了规模相当大的宫室和陵墓。西周及春秋时期，统治阶级营造很多以宫市为中心的城市。原来简单的木构架，经商周以来的不断改进，已成为中国建筑的主要结构方式。瓦的出现与使用，解决了屋顶防水问题，是中国古建筑的一个重要进步。

　　近代，中国建筑也在现代化的趋势下和世界潮流中，做出了自己的贡献。同时也形成了一种被称为"世界主义"的思潮，推行"国际式"风格，漠视各民族各地区建筑文化特性。这种思潮经过一再的鼓吹，已经产生了不可忽视的负面效应，甚至成为"后殖民主义"借以泯灭发展中国家民族文化意识的武器。创造出既具有时代精神同时又富涵中国特色的新建筑，是摆在当代中国建筑艺术家肩上的迫切而神圣的使命。

图4-26　中国国家体育场（"鸟巢"）

　　中国国家体育场（"鸟巢"）是2008年北京奥运会主体育场。"鸟巢"外形结构主要由巨大的门式钢架组成，共有24根桁架柱。国家体育场建筑顶面呈鞍形，长轴为332.3米，短轴为296.4米，最高点高度为68.5米，最低点高度为42.8米。体育场外壳采用可作为填充物的气垫膜，使屋顶达到完全防水的要求，阳光可以穿透透明的屋顶满足室内草坪的生长需要。比赛时，看台是可以通过多种方式进行变化的，可以满足不同时期不同观众量的要求，奥运期间的2万个临时座席分布在体育场的最上端，且能保证每个人都能清楚地看到整个赛场。入口、出口及人群流动通过流线区域的合理划分和设计得到了完美的解决。鸟巢设计中充分体现了人文关怀，碗状座席环抱着赛场的收拢结构，上下层之间错落有致，无论观众坐在哪个位置，和赛场中心点之间的视线距离都在140米左右。"鸟巢"的下层膜采用的吸声膜材料、钢结构构件上设置的吸声材料，以及场内使用的电声扩音系统，这三层"特殊装置"使"巢"

内的语音清晰度指标指数达到 0.6——这个数字保证了坐在任何位置的观众都能清晰地收听到广播。"鸟巢"的相关设计师们还运用流体力学设计，模拟出 91000 个人同时观赛的自然通风状况，让所有观众都能享有同样的自然光和自然通风。"鸟巢"的观众席里，还为残障人士设置了 200 多个轮椅座席。这些轮椅座席比普通座席稍高，保证残障人士和普通观众有一样的视野。赛时，场内还将提供助听器并设置无线广播系统，为有听力和视力障碍的人提供个性化的服务。许多其他建筑界专家都认为，"鸟巢"不仅为 2008 年奥运会树立一座独特的历史性的标志性建筑，而且在世界建筑发展史上也将具有开创性意义，将为 21 世纪的中国和世界建筑发展提供历史见证。

有人曾经说过，如果在每一种科学后面加上数学二字，便成了边缘学科。那么，在建筑后面加上数学二字，是不是成了边缘学科呢？答案是"是也不是。"说"是"，就是说应该承认这种分类，说"不是"，就是说"建筑数学"到目前还没有达到自成体系。这就是我们现在人应该努力去做的事。这里，我们来展望一下建筑数学的未来。

我们知道，"建筑"作为人类衣食住行生存环节中的重要一环，有着从人类穴居，巢居到现代摩天大厦这样一个漫长的发展历程，如今，建筑业作为我们国民经济建设中的一个支柱产业，一个朝阳产业，其发展前景是十分美好的。建筑工业化、建筑现代化已经开始或正在成为不争的事实。从我国一些发展较快的地区到世界发达社会的很多地方，装配式建筑生产的工艺化，多功能数字化住宅的设计，以及建筑新材料、新工艺的不断更新及运用，为建筑数学的发展开辟了一个全新的天地。

那么，数学模型教育是什么呢？我们可从当代两个显著特点来观察：一是计算机的迅速发展和普及，计算技术和软件的广泛使用，不但代替了许多人工推导和运筹，而且正在改变着人们对数学知识的需求，冲击着传统的观念和方法；二是数学的应用向社会和自然界的各个领域渗透，大量新兴的数学正在被有效地应用于科学研究、工农业生产、经济与管理之中，从而大大增强了数学解决现实问题的手段并且扩大了数学与实际的接触面。过去的种种原因，数学教学相当程度地离开了现实，只见定义、定理、推导和证明，这种倾向必须采取有效的措施加以克服。数学模型教育正反映了这样一种努力，它是应用数学知识解决实际问题桥梁，是培养学生综合运用数学知识、提高学生分析解决问题的意识、兴趣和能力的重要途径。

从建筑的角度看数学建模，就是用数学语言与方法抽象简化并刻划建筑设计、建筑施工、建筑管理等建筑工程中的实际问题，再通过一定的技术手段（如编程计算）来求解和作图。近年来建筑设计的全套图纸均采用计算机绘图，就是在建筑领域采用数学建模的最好范例。

数学建模给建筑业的发展带来的好处将是显而易见的。首先它使建筑师从烦琐复杂而又十分简单的劳动中解放出来，使建筑师得以把聪明才智更多地用到创造性的工作上去。可以说，随着数学建模在建筑业的普及和推广，建筑师把聪明给了计算机，计算机将使建筑师更聪明。

当代数学进展非常迅速，展望未来，建筑数学如同欣欣向荣的建筑业一样，前程似锦。但是我们只有通过不懈的努力，越过一座座高山。涉过一条条激流，迎来的将是建筑数学美好的明天。

在 21 世纪中将会设计出什么类型的结构和居住空间呢？什么对象能充填空间呢？如果设计特点包括预制、适应性和扩展性，则平面和空间镶嵌的思想将起重要的作用。能镶嵌平面的任何形状像三角形、正方形、六边形和其他多边形可以改造得适用于空间居住单元。另一方面，建筑师可能要考虑填塞空间的立体，最传统的是立方体和直平行六面体。有些模型可能用菱形十二面体或戴头八面体。

建筑师现在有众多的选择，因而他们今天在确定哪些立体在一起效果最好，如何把空间充填得使设计和美达到最优，怎样创造出舒服的开居住面积等方面受到了挑战。而这一切的可行性都受制于数学和物理的规律，数学和物理既是工具，又是量尺。

4.3　数学家的房子

一个数学家用微积分打造的房子会是什么样的？

2014 年 12 月，加拿大著名数学家，曾著有经典教程《微积分》的詹姆斯·斯图尔特（James Stewart）去世了。

他在多伦多留下一座美得令人惊叹而又带有强烈个人风格的豪华私邸。

自落成后，这座豪宅就引起许多建筑和设计爱好者的兴趣。纽约现代艺术博物馆（MoMA）的馆长 Glenn D Lowry 曾评价它"在很长时间内都是北美最重要的私宅之一"。

斯图尔特的房子由加拿大设计事务所 Shim-Sutcliffe Architect 设计。它是一座有五层楼的别墅，建在多伦多市的罗斯代尔山谷，十分亲近自然。

图 4-27　詹姆斯·斯图尔特的别墅

其内部有四间卧室，八间浴室，甚至中央还有一个能容纳 150 人的大厅，作音乐厅用。

不过，如果只汇集一些象征"奢侈"的数据，这座别墅多半已经隐没在众多豪宅中。而它之所以受人瞩目，在于一个独树一帜的特点：建筑内外无处不在的曲线。

最显见的是建筑外墙，曲折而流动，橡木框架和落地玻璃参差排列。

别墅内部也有许多精致细节、弯曲的线条，这些的实现也都离不开精细计算。

曲线让整座建筑优雅、灵动，并带来乐律感，它就像竖琴与手风琴的集合体。

这样设计正是受了微积分的启发。詹姆斯·斯图尔特一生的激情所在、他的最大成就，化作曲线凝聚在这座婉转流动的建筑之中。这座别墅被命名为"积分之屋"（Integral House），向数学，也向微积分致敬。

图 4-28 "积分之屋"建在山林中

图 4-29 雪天时的样子

图 4-30 书房桌椅棱角缓和没有直角

图 4-31 落地玻璃让光线充足

斯图尔特喜欢曲线,因为它们有趣。

与曲线相反的是什么?直线。多无聊啊!所有的线条都是一样的外形,一样地笔直!他在采访中还说,"微积分正是关于曲线的学问,它有无穷尽的变化性。世界的运转都要靠曲线。"

一个小细节:从墙面"伸出"的组合家具,作长椅和置物架用。

图 4-32 组合家具长椅和置物架

他给自己打造这样一座府邸,靠的也是曲线——斯图尔特凭自己编写的这本《微积分》教材成了富翁。

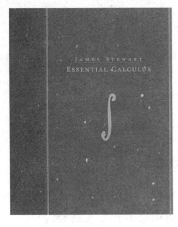

图 4-33　《微积分》教材封面

图 4-34　音乐厅能容纳 150 人

1970 年代，他在 McMaster 大学教书。当时两个学生建议他自己编写一本课本，因为他课上讲的内容比他们在用的教科书好得多。斯图尔特花了七年去写这本教科书，最终他的努力有所收获。这本书自发行以来就很是畅销，成为经典教材被广泛用于美国和加拿大的学校中，仅仅一年就卖出 50 万本，收入大约在 2660 万美元。

图 4-35　室内游泳池

图 4-36　浴室同样能看到窗外的自然景致

詹姆斯·斯图尔特还是个小提琴家，因此他在委托设计师时也特地提出要有一个举办音乐会的空间。音乐的抽象与流动性本来就与起伏波动的曲线很吻合，音乐厅的存在正与这座房子相得益彰。

下次去多伦多，不妨去看看这座美丽的建筑。即使微积分没学好也没关系的。

4.4　比例之谐

在建筑美学中，有一个重要的奇特的常数叫 0.618，称为黄金分割，通常用希腊字母 Φ 表示这个值，庙宇的建筑必须遵循黄金分割这样的比例。

建筑师们对数字 0.618 特别偏爱，无论是古埃及的金字塔，还是巴黎的圣母院，或者是近世纪的法国埃菲尔铁塔，都有与 0.618 有关的数据。

事实上，在一个黄金矩形中，以一个顶点为圆心，矩形的较短边为半径作一个四分之一圆，交较长边于一点，过这个点，作一条直线垂直于较长边，这时，生成的新矩形（不是那个正方形）仍然是一个黄金矩形，这个操作可以无限重复，产生无数个黄金矩形。

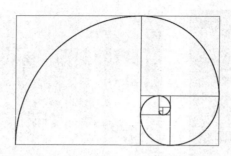

图 4-37　黄金矩形、斐波那契螺线

建筑师们发现，按这样的比例来设计殿堂，殿堂更加雄伟、美丽；去设计别墅，别墅将更加舒适、漂亮，连一扇门窗若设计为黄金矩形都会显得更加协调和令人赏心悦目。

文艺复兴时期意大利著名建筑师帕拉第奥在《建筑四章》中写道："音调的纯粹比例听着和谐，空间的纯粹比例看着和谐。这样的和谐给予我们快乐的感觉。"德国艺术家维特柯华研究发现，文艺复兴时期的建筑均可归结为一种或几种比例理论。1855 年，德国学习和洛贝最先提出；几乎所有古埃及金字塔的设计中都普遍使用了黄金数；金字塔侧面与底面夹角的正割，即侧面高与底面边长之半的比等于 $\sec \alpha = (\sqrt{5}+1)/2$ 。

1859 年，英国作家约翰·泰勒在其《大金字塔》一书中提出：古埃及人在建造胡夫金字塔是利用了黄金比例。泰勒还引用古希腊历史学家罗多德的记载；金字塔的每一个侧面的面积都等于金字塔高度的平方，如图 4-39。若 $as = h^2$，则由勾股定理，$as = s^2 - a^2$，即 $\left(\dfrac{s}{a}\right)^2 - \dfrac{s}{a} - 1 = 0$，因此，$\sec \alpha = \dfrac{s}{a}$ 为黄金数。

图 4-38　联合国教科文组织公事邮票

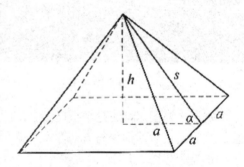

图 4-39　胡夫金字塔中的黄金比

检查希罗多德《历史》第二卷第 124 节，发现希罗多德只是说金字塔的高与底面边长相等均为 8 普列特隆（约 240 米）。看来，希罗多德实际上并未记载黄金数，泰勒为了给自己的理论提供依据，篡改了它的原文。那么，胡夫金字塔是否含有黄金比例呢？实测得到的数据是；金字塔地面平均边长为 $2a = 230.36$ 米，高为 $h = 146.73$ 米，由勾股定理可测得斜面斜高 $s = 185.46$ 米。于是，$\sec \alpha = \dfrac{s}{a} = 1.62$，与黄金比例真的十分接近！

美国作家迪特里希的历史冒险小说《拿破仑的金字塔》反映了人们对黄金比例的无限崇尚。小说主人公，美国人盖奇随拿破仑的军队来到埃及，并随地理学家若马尔来到吉萨，对金字塔进行测量。若马尔告诉盖奇：

"金字塔的长、宽、高等代表至圣至高的神。几千年来，建筑师和工程师们发现盖奇在胡夫金字塔上发现了鹦鹉螺化石；若马尔由此想到了斐波那契数列，并将其"几何化"，在塔顶划出一条斐波那契螺线。

雅典著名的帕特农神殿建于公元前447至前432年，是古希腊庙宇建筑的典范。神殿高与宽的比为黄金比。负责神殿雕塑的菲狄亚斯在他的众多雕塑作品中都是用了黄金比。

帕特农神庙的构造依靠的是利用黄金矩形、视错觉、精密测量和将标准尺寸的柱子切割成呈精确规格（永远使直径成为高度的1/3）的比例知识。

帕特农神殿的设计师还使用了另一个比4:9，神殿台基的长69.5，宽为30.88米；圆柱地径为1.905米，高为10.44米，圆柱中心轴距为4.293米；内中堂长宽分别为48.30和21.44米。不难发现：台基的宽与长之比、圆柱地径与中心轴间距之比、水平檐口高与台基宽之比、内中堂宽与长之比均为4:9！

图4-40　雅典著名的帕特农神殿

图4-41　帕特农神殿侧面素描图

在建筑学上，在15世纪之后相当长的时间内，黄金分割似乎被人们遗忘。20世纪20年代，柯布西耶在建筑设计中重新开始使用黄金分割。柯布西耶建立了模度理论。

6英尺（1.829米）高的人，一只手向上举至2.260米，将其置于一个正方形内，如图4-42所示。身高与肚脐眼高（1.130米）为黄金比；从脚到所举的手的总高（2.260米）与下垂手臂肘的高度（1.397米）为黄金比等等。柯布两耶将他的模度理论大量运用于建筑设计，一幅幅美妙的作品从他的手里相继诞生。

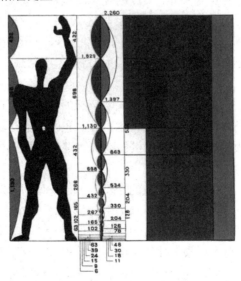

图4-42　柯布西耶模度理论

法国巴黎的埃菲尔铁塔高 300 米，在离地 57 米、115 米和 276 米处各有平台，第二层平台接近整座铁塔的黄金分割点。多伦多电视塔高 553.33 米。观光台离地 342 米，为黄金分割点。纽约联合国总部大楼的宽与每十层高之间构成黄金比。

图 4-43　埃菲尔铁塔　　图 4-44　多伦多电视塔　　　　图 4-45　联合国总部大楼

4.5　对称

人们所说的对称，往往指物体的左右对称或者上下对称，其实对称含义是十分广泛的、深刻的。

1974 年 5 月 30 日，毛泽东出人意料地约见了诺贝尔物理奖的得主李政道。

关于这次约见，李政道先生在 2000 年出版的《对称与不对称》一书中写道，"使我吃惊的是，他见到我时想了解的第一件事竟是物理学中的对称性。"

这里所说的物体"左右对称"，在平面的情形也称为"轴对称"。

平面几何的书中，有下面两个关于"对称图形"的定义。

定义 1　如果一个平面图形沿着平面上的一条直线折叠，直线两旁的部分互相重合，那么这个图形叫做轴对称图形，这条直线称为它的对称轴。

定义 2　把一个平面图形绕平面上某点旋转 180 度，如果旋转后的图形能够与原来的图形互相重合，那么这个图形叫做中心对称图形，这个点称为它的对称中心。

物体的"左右对称"，是指物体作为空间的立体图形对一个镜面作反射后，左、右部分能够互相重合，所以也称为"镜面对称"或"反射对称"。类似地，"中心对称"的概念也可推广到空间。

方形的桌子，六角形的雪花，圆形的车轮，环形的救生圈，球形的足球，都是中心对称的例子，生物学中的一些病毒，呈正多面体的形状，也是中心对称的例子。

客观世界的对称也是多种多样的，象棋和围棋的棋盘，中国古代的窗棂，电风扇的扇叶，蜜蜂的蜂巢。

人类很早就喜爱对称，古代两河流域的先民已经广泛使用了对称性，这一点可以从出土的陶碗，印章上的图案中得到证明。在希腊语中，"对称"这个术语原来指的就是一座建筑、一尊雕像或一幅绘画从部分到整体的形状和比例的重复。从数学上讲，对称有平移、旋转、反射、滑动反射等情形。自古以来，建筑中的反射对称可谓是司空见惯。中世纪法国哥特式教堂具有显著对称性特征。故宫的整体设计遵循的是轴对称，故宫的太和殿、印度的泰姬陵等等，都具有对称性。

图 4-46　北京故宫

图 4-47　故宫太和殿

文艺复兴时期的建筑设计大多遵循对称性原则，帕拉第奥的众多作品都具有完美的对称性。

中世纪欧洲哥特式教堂建筑最典型的元素之一是圆花窗，圆花窗的图案完全由圆弧和直线段构成，具有旋转对称性，是中世纪建筑史上　大创新，是他们爱好几何的证明。多数圆花窗既是中心对称图形，也是轴对称型图案。最早的，也是最简单的圆花窗图案，见于法国兰斯大教堂。

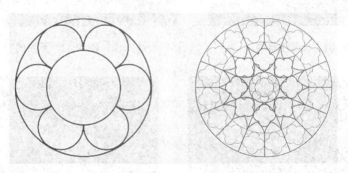

图 4-48　兰斯大教堂花窗图案

在欧洲，每一座哥特式的教堂无不带有圆花窗，图 4-49 和图 4-50 分别是斯特拉斯堡大教堂和巴黎圣母院的圆花窗，从教堂里面看这些花窗，五彩缤纷，美不胜收。

图 4-49　法国斯特拉斯堡大教堂花窗图案　　　图 4-50　巴黎圣母院圆形花窗

在我国苏州园林里，也能看到具有反射对称性或旋转对称性的花窗。

4.6　二次曲面

现代建筑设计中，二次曲面的使用已是稀松平常的事情。建筑上常用的二次曲面有球面、椭球面、单叶双曲面和双曲抛物面。

球心在原点，半径为 R 的球面方程为 $x^2+y^2+z^2=r^2$。球面的一部分广泛用于建筑设计。

中心在原点的椭球面的方程 $\dfrac{x^2}{a^2}+\dfrac{y^2}{b^2}+\dfrac{z^2}{c^2}=1$（$a>0$，$b>0$，$c>0$），典型的建筑是中国国家大剧院。

图 4-51　巴黎圣母院

图 4-52　苏州博物馆

图 4-53　苏州园林多边形花窗

图 4-54　苏州园林长方形花窗

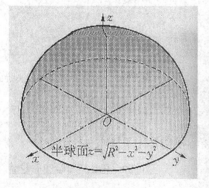

图 4-55　半球面

图 4-56　中国国家大剧院

单叶双曲面方程 $\dfrac{x^2}{a^2}+\dfrac{y^2}{b^2}-\dfrac{z^2}{c^2}=1$，它是一种直纹面，也就是说，尽管它是曲面，但其上含有两族直线，因此，该曲面在建筑上有广泛应用，日本神户港塔、巴西利亚大教堂、广州电视塔等具有单叶双曲面形状。

双曲抛物面（马鞍面）的方程 $\dfrac{x^2}{a^2}-\dfrac{y^2}{b^2}=2z$。

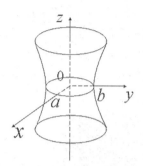

图 4-57　单叶双曲面

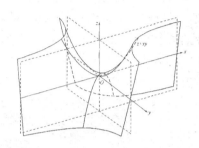

图 4-58　马鞍面

图 4-59 至图 4-62 是一些著名的双曲抛物面建筑。

图 4-59　日本神户港塔

图 4-60　巴西利亚大教堂

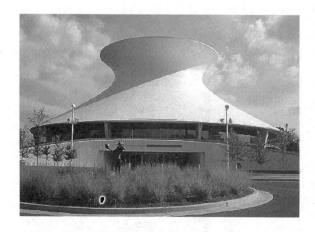

图 4-61　圣路易斯科学中心的麦克唐纳天文馆

图 4-62　上海体育馆

4.7　数学之魅

在古希腊和古罗马，建筑师往往都是数学家。查士丁尼大帝统治时期建成的的拜占庭帝国最辉煌的建筑，君士坦丁堡的圣索菲亚大教堂是由两位小亚细亚数学家伊西多鲁洛斯和安泰缪斯负责设计的。上万名工人参加教堂的建造，花费 32 万两黄金，历时五年才建成。当时的拜占庭历史学家普洛柯比乌斯这样描述该教堂："人们觉得自己好像来到了一个可爱的百花盛开的芳草地，可以欣赏到紫色的花，绿色的花；有些是艳红的，有些是闪着白光的。大自然像画家一样把其余的染成斑驳的色彩。一个人到这里来祈祷的时候，立即会相信，并非人力、并非艺术，而是只有上帝的恩泽才能使教堂成为这样，他的心飞向上帝，飘飘荡荡，觉得离上帝不远……"。正是数学和艺术才具有如此神奇的力量！

图 4-63　圣索菲亚大教堂

文艺复兴时期，艺术家和建筑师往往也都是数学家。意大利艺术家和数学家达·芬奇、德国数学家布拉默、比利时数学家法伊尔等都是军事工程师。达·芬奇设计过防御工事、教堂、桥梁、别墅等。意大利数学家古尔里尼是著名建筑师，他设计了都灵以及其他欧洲城市的众多公共和私人建筑，如圣罗伦兹教堂、卡里加诺宫、拉科尼基城堡等等。古尔里尼认为，建筑依靠的是数学。

著名建筑师克里斯多弗·雷恩被牛顿誉为那个时代最好的英国数学家之一。他设计了伦敦的 50 座教堂，还设计了格林威治天文台弗拉姆斯蒂德楼、剑桥大学三一学院图书馆、伦敦大火纪念塔等等，他的重要助手胡克也是数学家。

图 4-64　剑桥大学三一学院图书馆

图 4-65　伦敦大火纪念塔

今天，建筑师和数学家集于一身的情形已不多见，但这并不意味着建筑与数学的分道扬镳。驻足欣赏北京水立方的华丽，国家大剧院的惊艳，上海体育场的飘逸，广州电视塔的巍峨，它们是数学和建筑的完美结合。

思考题

1. 数学美包括什么？
2. 黄金分割在建筑中的应用有哪些？
3. 生活中的建筑哪些用到数学的元素？

课外延伸阅读

中国窗：窗外岁月，窗里人生

中国窗是艺术的　冬梅夏荷，花鸟鱼虫，青丝白马，神话仙人，几乎所有的世间美景都会出现在中国的窗户上，雕梁画栋应犹在，就连最简单的线条，都能够在能工巧匠的手中，变得创意非凡，中国的窗户开启的是最美的世界。

窗户，作为建筑的基本构成部分，通过窗进行引景、借景，对室内视野进行艺术的再创造。这时窗户又被赋予了它新的美学功能。

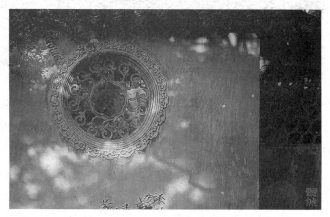

在古人眼里，门窗有如天人之际的一道帷幕。而窗户，作为室内探测外界，外界窥觑室内的眼睛，在整个建筑史中成为了独到的风景。

灯笼窗寓光明永照，书卷窗寓诗书传家

六角窗应合"六六大顺"之意

方窗圆门——方正圆融

六角窗与瓶形门——平安大顺

正方形窗与八角门——四通八达

多样构成的什锦窗——十全十美

中国窗是浪漫的 小轩窗，正梳妆，相顾无言，唯有泪千行。窗户封闭了自己，却连通了世界，窗户也许只是房间的一个角落，在中国人的眼中却成为打开心灵的开关，隔窗而望是世间桃源，临窗而立是岁月人生，窗是中国人浪漫的描画。

中国十大名楼，你知道几个？

在中国历史上，历朝历代皆喜欢修建楼阁，于是常有文人墨客、达官贵人登楼望远，吟诗作赋，很多楼阁因为一些著名诗句而闻名天下。

今天来为大家介绍中国十大文化名楼，分别是：湖北武汉黄鹤楼、湖南岳阳岳阳楼、江西南昌滕王阁、山西永济鹳雀楼、山东烟台蓬莱阁、云南昆明大观楼、江苏南京阅江楼、湖南长沙天心阁、陕西西安钟鼓楼、浙江宁波天一阁。

1. 黄鹤楼

位于湖北省武汉市海拔高度 61.7 米的蛇山顶，它以清代"同治楼"为原型设计。楼高 5 层，总高度 51.4 米，建筑面积 3219 平方米。72 根圆柱拔地而起，雄浑稳健；60 个翘角凌空舒展，似黄鹤腾飞。楼的屋面用 10 多万块黄色琉璃瓦覆盖。在蓝天白云的映衬下，黄鹤楼色彩绚丽，雄伟壮观。

黄鹤楼的建筑特色，是各层大小屋顶，交错重叠，翘角飞举，仿佛是展翅欲飞的鹤翼。楼层内外绘有仙鹤为主体，云纹、花草、龙凤为陪衬的图案。第一层大厅的正面墙壁，是一幅表现"白云黄鹤"为主题的巨大陶瓷壁画。四周空间陈列历代有关黄鹤楼的重要文献、著名诗词的影印本，以及历代黄鹤楼绘画的复制品。2 至 5 层的大厅都有其不同的主题，在布局、装饰、陈列上都各有特色。黄鹤楼外观为五层建筑，高 51 米，里面实际上是九层。中国古代称单数为阳数，双数为阴数。"9"为阳数之首，与汉字"长久"的"久"同音，有天长地久的意思，所谓"九五至尊"，黄鹤楼这些数字特征，也表现出其影响之不同凡响。黄鹤楼素有"千古名楼"，"天下绝景"之誉，不同的时代，由于社会生活的需要不同，科学技术的水平不同，人们的审美观念不同，黄鹤楼产生了不同的建筑形式和建筑风格。宋代黄鹤楼由主楼、台、轩、廊组合而成的建筑群，建在城墙高台之上，四周雕栏回护，主楼二层，顶层十字脊歇山顶，周围小亭画廊，主次分明，建筑群布局严谨，以雄浑著称。元代黄鹤楼具有宋代黄鹤楼的遗风，但在布局与内容构成方面有不小的发展，植物配置的出现，更是一大进步，使原来单纯的建筑空间发展成为浓荫掩映的庭院空间，特点是堂皇。明代黄鹤楼，楼高三层，顶上加有两个小歇山，楼前小方厅，入口两侧有粉墙环绕，特点是清秀。清代黄鹤楼的图形具有鲜明的特色。它拔地而起，高耸入云，表现出一种神奇壮美的气质。建制格调以三层八面为特点，主要建筑数据应合"八卦五行"之数，其特点为奇特。现代黄鹤楼以清同治楼为雏形重新设计，楼为钢筋混凝土仿木结构，72 根大柱拔地而起，60 个翘角层层凌空，琉璃黄瓦富丽堂皇，五层飞檐斗拱潇洒大方。

曾有唐朝诗人崔颢作诗曰："昔人已乘黄鹤去，此地空余黄鹤楼。黄鹤一去不复返，白云千载空悠悠。晴川历历汉阳树，芳草萋萋鹦鹉洲。日暮乡关何处是？烟波江上使人愁。"千古佳作令人朗朗上口，加上有着仙人乘鹤西去的传说，更是成就了黄鹤楼的地位。

2. 岳阳楼

位于湖南省岳阳市古城西门城墙之上，主楼高 19.42 米，进深 14.54 米，宽 17.42 米，为三层、四柱、飞檐、盔顶、纯木结构。楼中四根楠木金柱直贯楼顶，周围绕以廊、枋、椽、檩互相榫合，结为整体。其独特的盔顶结构，体现了古代汉族劳动人民的聪明智慧和能工巧匠的精巧设计技能。岳阳楼楼中四柱高耸，楼顶檐牙啄，金碧辉煌，远远看去，恰似一只凌空欲飞的鲲鹏。中部以四根直径 50 厘米的楠木大柱直贯楼顶，承载楼体的大部分重量。再用12 根圆木柱子支撑 2 楼，外以 12 根梓木檐柱，顶起飞檐。彼此牵制，结为整体，全楼梁、柱、檩、椽全靠榫头衔接，相互咬合，稳如磐石。岳阳楼的楼顶为层叠相衬的"如意斗拱"

托举而成的盔顶式，这种拱而复翘的古代将军头盔式的顶式结构在我国古代建筑史上是独一无二的。

岳阳楼坐西朝东，构造古朴独特，气势恢宏凝重。岳阳楼台基以花岗岩围砌而成，台基宽度 17.24 米，进深 14.54 米，高度为 0.65 米。"四柱"指的是岳阳楼的基本构架，首先承重的主柱是四根巨大的楠木，被称为"通天柱"，从一楼直抵三楼。除四根通天柱外，其余的柱子都是四的倍数。其中廊柱有 12 根；檐柱是 32 根。这些木柱彼此牵制，结为整体，既增加了楼的美感，又使整个建筑更加坚固。"斗拱"是我国建筑中特有的结构，由于古代建筑中房檐挑出很长，斗拱的基本功能就是对挑出的屋檐进行承托。这种方木块叫做"斗"，托着斗的木条叫做"拱"，二者合称斗拱。岳阳楼的斗拱结构复杂，工艺精美，非人力所能为，当地人传说是鲁班亲手制造的。斗拱承托的就是岳阳楼的飞檐，岳阳楼三层建筑均有飞檐，叠加的飞檐形成了一种张扬的气势，仿佛八百里洞庭尽在掌握之中。三层的飞檐与楼顶结为一体，这顶就是岳阳楼最突出的特点——盔顶结构。据考证，岳阳楼是我国目前仅存的盔顶结构的古建筑。儒雅的岳阳楼因为将军的盔顶而平添了一番威武，刚柔相继，岳阳楼更加雄浑。

北宋范仲淹脍炙人口的《岳阳楼记》更使岳阳楼著称于世。因岳阳楼下瞰洞庭，前望君山，自古有"洞庭天下水，岳阳天下楼"之美誉，与湖北武汉黄鹤楼、江西南昌滕王阁并称为"江南三大名楼"。

3. 滕王阁

位于江西省南昌市的赣江畔，连地下室共四层，高 57.5 米，占地达 47000 平方米。是江南三大名楼之首。滕王阁主体建筑净高 57.5 米，建筑面积 13000 平方米。其下部为象征古城墙的 12 米高台座，分为两级。台座以上的主阁取"明三暗七"格式，即从外面看是三层带回廊建筑，而内部却有七层，就是三个明层，三个暗层，加屋顶中的设备层。新阁的瓦件全部采用宜兴产碧色琉璃瓦，因唐宋多用此色。正脊鸱吻为仿宋特制，高达 3.5 米。勾头、滴水均特制瓦当，勾头为"滕阁秋风"四字，而滴水为"孤鹜"图案。台座之下，有南北相通的两个瓢形人工湖，北湖之上建有九曲风雨桥。楼阁云影，倒映池中，盎然成趣。循南北两道石级登临一级高台。一级高台，系钢筋混凝土筑体，踏步为花岗石打凿而成，墙体外贴江西星子县产金星青石。一级高台的南北两翼，有碧瓦长廊。长廊北端为四角重檐"挹翠"亭，长廊南端为四角重檐"压江"亭。从正面看，南北两亭与主阁组成一个倚天耸立的"山"字；而从飞机上俯瞰，滕王阁则有如一只平展两翅，意欲凌波西飞的巨大鲲鹏。这种绝妙的立面和平面布局，正体现了设计人员的匠心。

一级高台朝东的墙面上，镶嵌石碑五块。正中为长卷式石碑一幅，此碑由八块汉白玉横拼而成，约 10 米长、1 米高，外围以玛瑙红大理石镶边，宛如一幅装裱精工的巨卷。此碑碑文为今人隶书韩愈《新修滕王阁记》。韩愈在《记》中写道："余少时，则闻江南多临观之美，而滕王阁独为第一，有瑰伟绝特之称。"长碑左侧为花岗岩《竣工纪念石》及青石《重建滕王阁纪名》碑，右侧为花岗岩《奠基纪念石》及青石《滕王阁创建纪年》碑。由一级高台拾级而上，即达二级高台（象征城墙的台座）。这两级高台共有 89 级台阶，而新阁恰于 1989 年落成开放。二级高台的墙体及地坪，均为江西峡江县所产花岗石。高台的四周，为按宋代式样打凿而成的花岗石栏杆，古朴厚重，与瑰丽的主阁形成鲜明的对比。二级高台与石作须弥座垫托的主阁浑然一体。由高台登阁有三处入口，正东登石级经抱厦入阁，南北两面则由高低廊入阁、正东抱厦前，有青铜铸造的"八怪"宝鼎，鼎座用汉白玉打制，鼎高 2.5 米左右、下部为三足古鼎，上部是一座攒尖宝顶圆亭式鼎盖。此鼎乃仿北京大钟寺"八怪"鼎而造。此鼎之设，寓有金石永固之意。

　　滕王阁的盛名要归功于"初唐四杰"之一王勃的《滕王阁序》，那句"落霞与孤鹜齐飞，秋水共长天一色"更是脍炙人口。

　　4. 鹳雀楼

　　位于山西省永济市蒲州城郊黄河岸畔，整座建筑共分九层，其中台基部分三层。主楼游览层共六层，其中，明三层暗三层，除抱厦、廊柱、回廊外，楼内还设有两部楼梯间和两部载人电梯上下相通。一、二层中间有天井，四、六层每层设一回廊，六层设一舞台。古城紧靠黄河，有一种食鱼鸟类经常成群栖息于高楼之上，此水鸟似鹤，但顶不丹，嘴尖腿长，毛灰白色，人们称其为"鹳雀"，故"云栖楼"又称"鹳雀楼"。该楼始建于北周（公元 557—580)，废毁于元初。于 2002 年 9 月复建竣工，新建鹳雀楼系仿唐形制，四檐三层，总高 73.9 米，总建筑面积 33206 平方米。

登鹳雀楼俯瞰,风景秀丽,气势雄伟,在唐宋之际为河东盛概,文人雅士常为之作诗。唐代著名诗人王之涣登楼赏景,诗曰:"白日依山尽,黄河入海流。欲穷千里目,更上一层楼。"

5. 蓬莱阁

蓬莱阁古建筑的屋顶就极为特殊。李诚的《营造法式》中有这样的记载:唐宋时期,屋脊上的戏兽为双数,明清时期为单数。但在蓬莱阁上,有的是双数,有的是单数,有的甚至是根据屋脊的长短来安排兽的个数。这是为什么呢?其实,蓬莱阁大部分古建筑是当地百姓自己建造的,不受官方制约,以庄重古朴,自然本真著称。其简洁胜于繁杂,古朴胜于浮饰,形成了独特的建筑风格。

蓬莱阁的建筑形式也是非常讲究的。穿行在蓬莱阁古建筑群中,随处可见透雕、漏窗等建筑形式。它既有北方建筑的粗犷大气,又有南方建筑的婉约秀雅,于细节之处着以重彩。在蓬莱阁天后宫后殿就有个非常别致的地方,那就是在蓬莱阁天后宫后殿东西厢房的屋檐下藏着一首诗,是清朝登州知府陈葆光写的一首诗:直上蓬莱阁,人间第一楼,云山千里目,海岛四时秋。为什么说是"藏"呢？因为这四句诗分别雕刻在东西厢房屋檐下倒数第二块砖坯上，不仔细看是很难发现的。想那古人，将这首诗雕刻在砖坯上，然后入窑烧制成砖，再运到蓬莱阁，分别砌于四处墙下，且文序不乱，其独特之匠心，由此可见一般。这也是蓬莱阁古建筑的魅力所在，可见在修建过程中，匠师们是经过细心琢磨反复推敲的。

作为中国四大名楼之一的蓬莱阁无人不晓。然而，它绝不是常人望文生义上的"八仙"饮酒作乐处，而是一座意蕴极为丰富的历史文化丰碑。穿行其中，犹如置身"文化时空隧道"，了悟多多，感慨多多。正像董必武副主席诗句所言："没有仙人有仙境，蓬莱阁上好题诗"。蓬莱阁的确是人世间的一绝，神话世界的瑰宝，这一前人留下的大手笔是人们世世代代品味不完的丽辞华章。

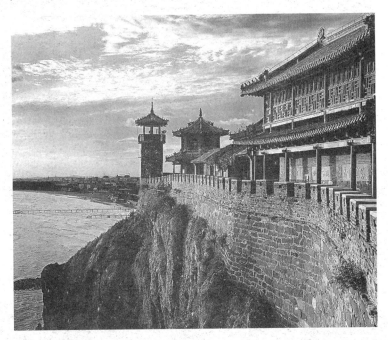

位于山东省烟台市蓬莱市丹崖山巅，由蓬莱阁、天后宫、龙王宫、吕祖殿、三清殿、弥陀寺等6个单体和附属建筑共组成规模宏大的古建筑群，面积18500平方米。

蓬莱阁是中国古代四大名楼之一，素以"人间仙境"著称于世，其"八仙过海"传说和"海市蜃楼"奇观享誉海内外。

6. 大观楼

位于云南昆明市近华浦南面，是三重檐琉璃戗角木结构建筑。因其面临滇池，远望西山，尽揽湖光山色而得名。清初，平西王吴三桂统治云南时，疏挖了小西门至近华浦草海的河道，以便把滇池沿岸的粮食运进城内，这条河当时称为运粮河，即今日的大观河。

大观楼始建于清康熙廿一年（公元1682年）。湖北乾印和尚在近华浦始创一寺，称观音寺。乾印和尚在寺里讲《妙法莲花经》听者较多，来往不绝。从此，这里成了昆明近郊的名胜之一。

康熙二十九年（公元1690年），巡抚王继文路过此地，见这里湖光山色优美，视野开阔，于是大兴土木，挖地筑堤，种花植柳，兴建了大观楼及周围建筑。大观楼原为二层，因面临滇池，登楼四顾，景致极为辽阔壮观，故名为"大观楼"，并与岳阳楼、黄鹤楼齐名。清道光八年（公元1828年），云南按察使翟锦观将大观楼由原来的2层建为3层。咸丰三年（公元

1853 年）咸丰帝询问云南景物，侍讲学士何云彤推荐了"大观楼"，咸丰帝随即钦赐"拨浪千层"匾额，至今还挂在大观楼上。历史上，大观楼曾两度遭到兵火和大水毁灭，最后，由总督李毓英于光绪九年（公元 1883 年）命住持和尚重修，保留至今。

孙髯翁惊世骇俗的 180 字长联问世，使大观楼跻身"中国名楼"。

上联：五百里滇池，奔来眼底。披襟岸帻，喜茫茫空阔无边！看：东骧神骏，西翥灵仪，北走蜿蜒，南翔缟素。高人韵士，何妨选胜登临，趁蟹屿螺洲，梳裹就风鬟雾鬓；更苹天苇地，点缀些翠羽丹霞。莫孤负：四围香稻，万顷晴沙，九夏芙蓉，三春杨柳。

下联：数千年往事，注到心头。把酒凌虚，叹滚滚英雄谁在？想：汉习楼船，唐标铁柱，宋挥玉斧，元跨革囊。伟烈丰功，费尽移山心力，尽珠帘画栋，卷不及暮雨朝云；便断碣残碑，都付与苍烟落照。只赢得：几杵疏钟，半江渔火，两行秋雁，一枕清霜。

7. 阅江楼

阅江楼的特色，一是高，山高 78 米，楼高 52 米，总高 130 多米，是最高的名楼；二是精，处处精工细作，精雕细刻，无比华美；三是内涵丰富，有许许多多历史文化积淀，留下了许许多多的历史名人的足迹和作品；四是皇家气派，因为只有南京，出过十姓二十六位帝王，这里的建筑都是按照皇帝的规格建造房屋。

位于江苏省南京市城西北的狮子山顶，濒临长江。景区内有阅江楼、玩咸亭、古炮台、孙中山阅江处、五军地道、古城墙等 30 余处历史遗迹，楼高 52 米，共 7 层（外观 4 层暗 3 层），碧瓦朱楹、朱帘凤飞、彤扉彩盈，具有鲜明的明代风格和古典的皇家气派，成为南京的标志之一。

阅江楼风景区创下五个全国之最：

（1）石狮子：这是目前中国最大的一对雄狮，高 4.8 米，重约 30 吨，用苏州金山石整块雕刻而成。

（2）汉白玉碑刻：朱元璋撰写的《阅江楼记》，由当代书法家抄写，碑的背面刻的是宋濂所写的《阅江楼记》，被选入《古文观止》。

（3）阅江楼鼎：是全国最大的仿西周司母戊鼎，重 4 吨，鼎上刻篆字："狮梦觉兮鬣张，子孙骄以炎黄，山为挺其脊梁，阅万古之长江，江赴海而浩汤，楼排云而慨慷，鼎永铸兹堂堂。"这七句话每句的第一个字连起来念，就是"狮子山阅江楼鼎。"

（4）郑和下西洋瓷画：这是中国最大的瓷画，高 12.8 米，宽 8 米。壁画背后是唐伯虎和祝枝山的作品。

（5）青铜浮雕：是全国最大的青铜浮雕，高 2 米，宽 8 米，由雕塑大师吴为山作。

8. 天心阁

天心阁原名"天星阁"，其名源于明代盛传的"星野"之说，按星宿分野，"天星阁"正对应天上"长沙星"而得名，因此这里曾是古人观测星象、祭祀天神之所，加之古阁位于古城长沙地势最高的龙伏山巅，被古人视为呈吉祥之兆的风水宝地，人们多愿在此祈福消灾、强世兴家。清乾隆年间，随着城南书院迁址天心阁城墙下，天心古阁曾作为与城南书院相对应的文化祭祀场所，阁中供奉有文昌帝君和奎星两尊神像，以保长沙文运昌盛，旧时前来拜祭的人络绎不绝，文人墨客也常登阁远眺、吟诗作赋。清代大学者黄兆梅一首"四面云山皆入眼，万家烟火总关心"已成为千古绝唱，而明代李东阳的"水陆洲洲系舟，舟动洲不动；天心阁阁栖鸽，鸽飞阁不飞"绝妙佳联至今仍被广为传颂。

位于湖南省长沙市中心地区东南角上，是长沙古城的一座城楼。楼阁三层，建筑面积 846 平方米，碧瓦飞檐，朱梁画栋，阁与古城墙及天心公园其他建筑巧妙融为一体。基址占着城区最高地势，加之坐落在 30 多米高的城垣之上，近有妙高峰为伴。天心阁系乾隆十一年（1746）由抚军杨锡被主持兴建。阁名引《尚书》"咸有一德，克享天心"之意得名。阁楼总建筑面积 864 平方米，当时为全城最高处。解放后市政府将其列为文物保护单位。今天的阁体乃 1983 年重建，仿木结构，栗瓦飞檐，朱梁画栋，主副三阁，间以长廊。整个阁体呈弧状分布。主阁由 60 根木柱支撑，上有 32 个高啄鳌头，32 只风马铜铃，10 条吻龙。阁前后石栏杆上雕有 62 头石狮，还有车、马、龙、梅、竹、芙蓉等石雕，体现了长沙楚汉名城的风貌，另外阁内还珍藏了许多名人字画。

9. 钟鼓楼

位于西安市中心，钟楼整体以砖木结构为主，从下至上依次由基座、楼体及宝顶三部分组成。楼体为木质结构，深、广各三间，自地面至宝顶通高 36 米，面积 1377.64 平方米。基座为正方形，高 8.6 米，基座四面正中各有高宽均为 6 米的券形门洞，与东南西北四条大街相通，具有明代汉族建筑风格。昔日楼上悬一口大钟，用于报警报时，故名"钟楼"，是我国现能看到的规模最大、保存最完整的钟楼。

屋檐四角飞翘，如鸟展翅，由各种中国古典动物走兽图案组成的兽吻在琉璃瓦屋面的衬托下，给人以古朴、典雅、层次分明之美感。高处的宝顶在阳光下熠熠闪光，使这座古建筑更散发出金碧辉煌的魅力。

10. 天一阁

位于浙江宁波市区，占地面积 2.6 万平方米，由明朝退隐的兵部右侍郎范钦主持建造。因他喜好读书和藏书，一生所藏各类图书典籍达 7 万余卷。在他解职归田后，便建造藏书楼来保管这些藏书。所以天一阁是中国现存最早的私家藏书楼，也是亚洲现有最古老的图书馆和世界最早的三大家族图书馆之一。

天一阁之名，取义于汉郑玄《易经注》中"天一生水"之说，因为火是藏书楼最大的祸患，而"天一生水"，可以以水克火，所以取名"天一阁"。书阁是硬山顶重楼式，面阔、进深各有六间，前后有长廊相互沟通。楼前有"天一池"，引水入池，蓄水以防火。康熙四年（公元 1665 年），范钦的重孙范文光又绕池叠砌假山、修亭建桥、种花植草，使整个的楼阁及其周围初具江南私家园林的风貌。天一阁分藏书文化区、园林休闲区、陈列展览区。以宝书楼为中心的藏书文化区有东明草堂、范氏故居、尊经阁、明州碑林、千晋斋和新建藏书库。以东园为中心的园林休闲区有明池、假山、长廊、碑林、百鹅亭、凝晖堂等景点。以近代民居建筑秦氏支祠为中心的陈列展览区，包括芙蓉洲、闻氏宗祠和新建的书画馆。书画馆在秦祠西侧，粉墙黛瓦、黑柱褐梁，有宅六栋，曰："云在楼，博雅堂，昼锦堂，画帘堂，状元厅，南轩。"与金碧辉煌的秦祠相映照。

　　天一阁其实是座江南园林，园区内的东园和南园错落有致地分布着假山、池塘、亭台等景致，走在古朴的砖木长廊内，感受清幽的环境。园内建有明州碑林，数百通石碑记载了古代官方的教育史。还有书画馆，时常会展出天一阁所藏历代书画精品和名人雅士的书画佳作。园区内另有天一阁建成之前的藏书处"东明草堂"、展示宁波民居建筑特色的"秦氏支祠"、以及范氏故居等建筑。

第五章　数学与音乐

探讨数学与音乐的关系自古有之，如古希腊的毕达哥拉斯，他认为宇宙是由声音与数字组成的，莱布尼兹认为：音乐的基础是数学。

数学是研究现实世界空间形式的数量关系的一门科学，它早已从一门计数的学问变成一门形式符号体系的学问。符号的使用使数学具有高度的抽象，而音乐则是研究现实世界音响形式及对其控制的艺术，它同样使用符号体系，是所有艺术中最抽象的艺术。数学给人的印象是单调、枯燥、冷漠，而音乐则是丰富、有趣，充溢着感情及幻想。表面看，音乐与数学是"绝缘"的，风马牛不相及，其实不然。德国著名哲学家、数学家莱布尼兹曾说过："音乐，就它的基础来说，是数学的；就它的出现来说，是直觉的。"而爱因斯坦说得更为风趣："我们这个世界可以由音乐的音符组成也可以由数学公式组成。"数学是以数字为基本符号的排列组合，它是对事物在量上的抽象，并通过种种公式，揭示出客观世界的内在规律；而音乐是以音符为基本符号加以排列组合，它是对自然音响的抽象，并通过联系着这些符号的文法对它们进行组织安排，概括我们主观世界的各种活动罢了，正是在抽象这一点上将音乐与数学连结在一起，它们都是通过有限去反映和把握无限。音乐和数学正是抽象王国中盛开的瑰丽之花。有了这两朵花，就可以把握人类文明所创造的精神财富。被称为数论之祖的希腊哲学家、数学家毕达哥拉斯认为："音乐之所以神圣而崇高，就是因为它反映出作为宇宙本质的数的关系。"世界上哪里有数，哪里就有美。数学像音乐及其他艺术一样能唤起人们的审美感觉和审美情趣。在数学家创造活动中，同样有情感、意志、信念、冀望等审美因素参与，数学家创造的概念、公理、定理、公式、法则如同所有的艺术形式如诗歌、音乐、绘画、雕塑、戏剧、电影一样，可以使人动情陶醉，并从中获得美的享受。

古希腊欧几里得在《几何原本》所建立的几何体系，堪称为"雄伟的建筑""庄严的结构""巍峨的阶梯"。它使得多少科学少年为之神往！数学中优美的公式就如但丁神曲中的诗句，黎曼几何学与肖邦的钢琴曲一样优美。当你读到某函数可演算为无穷级数形式的时候，你的胸坎顿时也会充满一种人与天地并立的浩然之气。当你面对圆周率 π ＝3.141592653……时，也许不会引起你的任何美感，但是当你知道这个数表示一切你所见到的和未见到的，小至墨水瓶盖大至一个星球之圆形的周长与直径之比值时，你会为之赞叹！无穷级数的和谐和对称性就具有一种崇高美，读它就像读一首数学诗，它仿佛是飘浮在蔚蓝天空的一片白云，无边无际。犹如宋朝朱敬儒的名句所道出的境界："晚来风定钓丝闲，上下是新月。千里水天一色，看孤鸿明灭。"

5.1　历史视角下的数学与音乐

琴、瑟、琵琶和筝是中国古代四大弦乐器，先秦典籍记载的琴是五弦，战国时期到西汉初年，古琴逐步演变，到汉魏之际已经定型为性能卓越的七弦琴，其史实有：曾侯乙墓出土的十弦、无徽琴，1993 年湖北荆门市郭店 1 号墓出土的战国中期的七弦琴以及 1973 年湖南长沙市马王堆三号墓出土的公元前 178 年西汉七弦琴。三国时魏末文学家、思想家与音乐家嵇康（223—263）在《琴赋》中"徽以钟山之玉"、"弦长故徽鸣"之句，说明琴上已经有了标志音位的"徽"。孔子说的六艺"礼、乐、射、御、书、数"，其中"乐"指音乐，"数"指数学。即孔子就已经把音乐和数学并列在一起。

中国古代的定型七弦琴，有七根弦，十三个徽。七根弦早期分别称为"宫、商、角、徵、羽、少宫、少商"或"宫、商、角、徵、羽、文、武"；至隋、唐时期，逐渐改为"一、二、三、四、五、六、七"（参看图 5-1）。一弦外侧的面板上所嵌的十三个圆点的标志，称为徽。徽多用螺钿制成，也有用金、银、玉、石等质地的材料精制而成。以右端岳山为 0，左端龙龈为 1，七徽位于中点 $\frac{1}{2}$ 处，一至六徽和八至十三徽关于七徽对称：一至六徽分别位于 $\frac{1}{8}$、$\frac{1}{6}$、$\frac{1}{5}$、$\frac{1}{4}$、$\frac{1}{3}$、$\frac{2}{5}$ 处；八至十三徽分别位于 $\frac{3}{5}$、$\frac{2}{3}$、$\frac{3}{4}$、$\frac{4}{5}$、$\frac{5}{6}$、$\frac{7}{8}$ 处。因此徽的点位实为弦的泛音振动节点，自然而成，其音律为 1 度至 22 度纯律。在按音弹奏时徽则作为按音音准的参考，徽不仅只为了便于演奏和调弦，更重要的是作为音位的坐标用于记谱。由此可见，在公元 4 世纪前，中国古琴已经正式应用了纯律音阶。我国著名古琴家查西早就指出，要学好古琴，必须对数学有一定的素养。

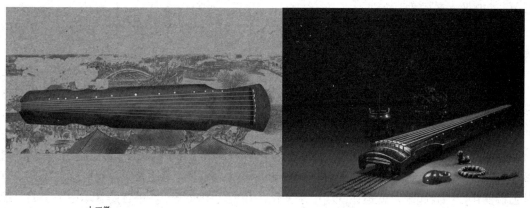

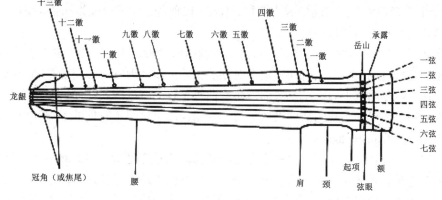

图 5-1　古琴

古笛和开孔位置的确定、编钟的铸造、古琴的设计等，既须经验的累积，也应有数学的考量。中国至少在公元前 1250 年左右的商朝晚期就已经出现了完整的七声音阶；收编、记录春秋时期齐相管仲（公元前？—前 645）及其学派思想言行的《管子》一书中，则阐明了确定音律的三分损益法；公元前 500 年左右，中国已有了严格的十进位制筹算记数，使精细计算成为可能；现存中国古代最早的数学著作《周髀算经》和《九章算数》分别成书于公元前 2 世纪和公元前 1 世纪，而京房六十律与何承天新律分别定制在公元前 1 世纪和公元 1 世纪；宋元时期中国传统数学达到了世界领先的水平，珠算研究与应用在明代达到巅峰，朱载堉（1536—1611）则在 1581 年创立了当今世界通用的十二平均律。音乐和数学在几千年的发展中，一直互相促进内在关联。

5.1.1 数字与音阶

音乐中的 1，2，3 并不是数字而是专门的记号，唱出来是 do, re, mi，它来源于中世纪意大利一首赞美诗中前七句每一句句首的第一个音节。而音乐的历史像语言的历史一样悠久，其渊源已不可考证。但令人惊异的是我们可以运用数学知识来解释音乐的许多规则其中包括音乐基本元素——乐音的构成原理，也就是说 1，2，3……这些记号确实有着数字或数学的背景。学习音乐总是从音阶开始，我们常见的音阶由 7 个基本的音组成：1，2，3，4，5，6，7 或用唱名表示即 do, re, mi, fa, so, la, xi。声音是否悦耳动听，与琴弦的长短有关。弹琴时，手指在琴弦上移动，不断改变琴弦的长度，琴就会发出高低起伏、抑扬顿挫的声音。如果是三根弦同时发音，只有当它们的长度比是 3:4:6 时，声音才最和谐、最优美，于是人们便把 3、4、6 叫做"音乐数"。

古今中外的音乐虽然千姿百态，但都是由 7 个音符（音名）组成的，数字 1~7 在音乐中是神奇数字：

数字 1：万物之本。《老子》云："道生一、一生二、二生三、三生万物。"整个宇宙就是一个多样统一的和谐整体。这也是一条美感基本法则，适用于包括音乐在内的所有艺术及科学之中。古希腊数学家尼柯玛赫早就提出"音乐是对立因素的和谐的统一，把杂多导致统一，把不协调导致协调。"简言之，便是"一"变"多"，"多"变"一"的原理。中国俗语也说："九九归一"。文艺复兴时期以来的专业音乐在内容和形式上尽管存在天壤之别，但都共同遵循这个原理。音乐上许多手法，如重复、变奏、衍生、展开、对比等等，有时强调统一，有时强调变化，综合起来，就是在统一中求变化，在变化中求统一。单音是音乐中最小的"细胞"，一个个单音按水平方向连结成为旋律、节奏，按垂直方向纵合成为和弦，和声。乐段（一段体）是表达完整乐思的最小结构单位。

数字 2：巴洛克时期的音乐是以各种大、小调的和声为特色，用两种调性表现乐曲个性；随后而来的是维也纳古典乐派时期，这个时期的音乐主要体现欧洲传统的复调音乐和主调音乐成就，在这两种曲调上确立了奏鸣曲、协奏曲等重要的音乐形式；而浪漫主义音乐更加注重的是人的精神境界和主观的情感表达。古典音乐经历了这三个时期的发展，形成音阶与和声学的二元论（dualistic theory）。

数字 3：三个音按三度音程叠置成为各种和弦。三和弦是最常用的和声建筑材料。爱因斯坦认为不管是音乐家还是科学家都有一个强烈的愿望，"总想以最适合的方式来画出一幅简化的和易于领悟的世界图像。"数字"2"与"3"在音乐中概括了最基本的节拍类型二拍子与三拍子以及曲式类型二段式三段式。

数字 4：人声天然地划分为四个声部，任何复杂的多声部音乐作品都可以规范为四部和声。我们平时所弹奏的钢琴作品的曲式结构，大多数都是"古典四方体"方整结构，即

4+4+4+4 ……，4 小节为一乐句，8 小节为一乐段。合唱当中有四重唱、乐曲形式中有四重奏……

数字 5：五度相生律（毕达哥拉斯律）及五度循环揭示了乐音组织的奥秘，而和声五度关系法则是构筑和声大厦的基石。

数字 6：六和弦、六声音阶、一个八度之内有六个全音，常用的调是主调及其五个近关系副调。

数字 7：更显神秘莫测，常用的七声音阶由七个音级组成，巴洛克时期以前采用中古教会七种调式，19 世纪民族乐派之后中古教会七声调式部分地得到复兴。太阳光谱由红、橙、黄、绿、青、蓝、紫七色组成，以牛顿为代表的科学家，曾对"七音"与"七色"之间奥妙的对应关系进行过有趣的探索。人体生理结构分为七大系统。旧约圣经中上帝创造世界用了七天，因此一个星期有七天。就连神话中的牛郎织女也选"七夕"（农历七月初七晚上）来相会。化学元素是物质世界的基础，门捷列夫发现的"元素周期表"的结构图中有七个横行，七个周期，还有七个主族，七个副族。

5.1.2　数学与音频

18 世纪初英国数学家泰勒（Taylor，1685—1731）获得弦振动频率 f 的计算公式：

$$f = \frac{1}{2l}\sqrt{\frac{T}{\rho}}$$

l 表示弦的长度、T 表示弦的张紧程度、ρ 表示弦的密度。这表明对于同一根弦（材质、粗细相同）频率与弦的长度成反比，一对八度音的频率之比等于2:1。

现在我们可以描述音与音之间的高度差了：假定一根空弦发出的音是 do，则 1/2 长度的弦发出高八度的 do，8/9 长度的弦发出 re，64/81 长度的弦发出 mi，2/3 长度的弦发出 so，16/27 长度的弦发出 la。例如高八度的 so 应由 2/3 长度的弦的一半就是 1/3 长度的弦发出。

在弦乐器上拨动一根空弦，它发出某个频率的声音，如果要求你唱出这个音你怎能知道你的声带振动频率与空弦振动频率完全相等呢？这就需要"共鸣原理"：当两种振动的频率相等时合成的效果得到最大的加强而没有丝毫的减弱。因此你应当通过体验与感悟去调整你的声带振动频率使声带振动与空弦振动发生共鸣，此时声带振动频率等于空弦振动频率。

人们很早就发现，一根空弦所发出的声音与同一根空弦但长度减半后发出的声音有非常和谐的效果，或者说接近于"共鸣"，后来这两个音被称为具有八度音的关系。我们可以用"如影随形"来形容一对八度音，除非两音频率完全相等的情形，八度音是在听觉和谐方面关系最密切的音。频率过高或过低的声音人耳不能感知或感觉不舒服，音乐中常使用的频率范围大约是 16～4000 赫兹，而人声及器乐中最富于表现力的频率范围大约是 60～1000 赫兹。

为什么高音"1"比中音"1"正好高八度而成为一对？那些音阶"1、2、3、4、5、6、7"又是从哪里来的？

第一个问题很简单：如果一个音的频率比另一个音高出一倍，它就比后者"高八度"。例如 C 调的"1"其实就是频率 262 赫兹（每秒振动 262 次）的声波，而它的双倍频率（524 赫兹）的声波就是比它高八度的"1"（高音 1），同理，它一半频率（131 赫兹）的声波就是比它低八度的"1"（低音 1）。正是因为两个音的频率关系如此密切（还有比这更简单的比率关系吗？），所以让我们听起来它们如此相似，所以把它们当成了一家子！

第二个问题则有些复杂，因为在中音"1"和高音"1"中间如何规定 2、3、4 等其他音阶，这有很多种方法，我先说其中的"纯律"方法，因为用纯律规定出的音阶关系是最自然纯正的（听起来舒服），而且纯律也是完全按照音的频率比例关系来规定音阶的。

以 C 调为例，它的 7 个音阶（音符、唱名）的频率及比例关系如下：（"C 调"是什么意思？后面另说）

1 = 262 赫兹

5 = 262 赫兹×3/2 = 393 赫兹

3 = 262 赫兹×5/4 = 327.5 赫兹

4 = 262 赫兹×4/3 = 349.3 赫兹

2 = 262 赫兹×9/8 = 294.75 赫兹（或者说用"5"的 393 赫兹×3/2）

6 = 262 赫兹×5/3 = 436.7 赫兹（或者说用"4"的 349.3 赫兹×5/4）

7 = 262 赫兹×15/8 = 491.3 赫兹（或者说用"5"的 393 赫兹×5/4）

高音 1 = 262 赫兹×2 = 524 赫兹

你可以看到，所有的音阶之间都有一定的频率比例关系。为什么我要把音符打乱了写？这是为了让你注意：离 1 越近的音，它与 1 的频率比例关系就越简单，例如：5 的频率是 1 的 $1\frac{1}{2}$，3 的频率是 1 的 $1\frac{1}{4}$，所以它们与 1 的关系也就很密切、很和谐（4 的频率是 1 的 $1\frac{1}{3}$，在数学上是无限循环小数，就是"除不尽"，这就稍微有些复杂，所以 4 跟 1 就没有那么和谐）。

如果用钢琴同时弹出 1、5 或 1、3 或 1、3、5（同时发出的音，音乐上叫做"和声"或"和弦"），我们会觉得很悦耳，就是因为他们之间有密切而简单的比例关系。

知道了 do, re, mi, fa, so, la, xi 的数字关系之后，新的问题是为什么要用具有这些频率的音来构成音阶？实际上首先更应回答的问题是为什么要用 7 个音来构成音阶？

这可是一个千古之谜，由于无法从逝去的历史进行考证，古今中外便有形形色色的推断、臆测，例如西方文化的一种说法基于"7"这个数字的神秘色彩，认为运行于天穹的 7 大行星（这是在只知道有 7 个行星的年代）发出不同的声音组成音阶。我们将从数学上揭开谜底。

我们用不同的音组合成曲调，当然要考虑这些音放在一起是不是很和谐，前面已谈到八度音是在听觉和谐效果上关系最密切的音，但是仅用八度音不能构成动听的曲调——至少它们太少了，例如在音乐频率范围内 c^1 与 c^1 的八度音只有如下的 8 个：C_2（16.35 赫兹）、C_1（32.7 赫兹）、C（65.4 赫兹）、c（130.8 赫兹）、c^1（261.6 赫兹）、c^2（523.2 赫兹）、c^3（1046.4 赫兹）、c^4（2092.8 赫兹），对于人声就只有 C、c、c^1、c^2 这 4 个音了。

为了产生新的和谐音，回顾一下前面说的一对八度音和谐的理由是近似于共鸣。数学理论告诉我们：每个音都可分解为由一次谐波与一系列整数倍频率谐波的叠加。仍然假定 c 的频率是 1，那么它分解为频率为 1，2，4，8…的谐波的叠加，高八度的 c 音的频率是 2，它分解为频率为 2，4，8，16…的谐波的叠加，这两列谐波的频率几乎相同，这是一对八度音近似于共鸣的数学解释。由此可推出一个原理：两音的频率比若是简单的整数关系则两音具有和谐的关系，因为每个音都可分解为由一次谐波与一系列整数倍谐波的叠加，两音的频率比愈是简单的整数关系意味着对应的两个谐波列含有相同频率的谐波愈多。次于 2:1 的简单整数比是 3:2。试一试，一根空弦发出的音（假定是表 1 的 C，且作为 do）与 2/3 长度的弦发出的音无论先后奏出或同时奏出其效果都很和谐。可以推想当古人发现这一现象时一定非常兴奋，事实上我们比古人更有理由兴奋，因为我们明白了其中的数学道理。接下来，奏出 3/2

长度弦发出的音也是和谐的。它的频率是 C 频率的 2/3，已经低于 C 音的频率，为了便于在八度内考察，用它的高八度音即频率是 C 的 4/3 的音代替。很显然我们已经得到了表 1 中的 G（so）与 F（fa）。

问题是我们并不能这样一直做下去，否则得到的将是无数多音而不是 7 个音！

如果从 C 开始依次用频率比 3:2 制出新的音，在某一次新的音恰好是 C 的高若干个八度音，那么再往后就不会产生新的音了。很可惜，数学可以证明这是不可能的，因为没有自然数 m、n 会使：$(3/2)^m = 2^n$ 成立。

此时，理性思维的自然发展是可不可以成立近似等式？经过计算有 $(3/2)^5 = 7.594 \approx 2^3 = 8$，因此认为与 1 之比是 2^3 即高三个八度关系算作是同一音，而 $(3/2)^6$ 与 $(3/2)^1$ 之比也是 2^3 即高三个八度关系等等也算作是同一音。在"八度相同"的意义上说，总共只有 5 个音，它们的频率是：

$$1, \left(\frac{3}{2}\right), \left(\frac{3}{2}\right)^2, \left(\frac{3}{2}\right)^3, \left(\frac{3}{2}\right)^4 \tag{1}$$

折合到八度之内就是：

$$1, \frac{9}{8}, \frac{81}{64}, \frac{3}{2}, \frac{27}{16}$$

对照表 5.1 知道这 5 个音是 C（do）、D（re）、E（mi）、G（so）、A（la），这是所谓五声音阶，它在世界各民族的音乐文化中用得不是很广，不过我们熟悉的"卖报歌"就是用五声音阶作成。

接下来根据 $(3/2)^7 = 17.09 \approx 2^4 = 16$，总共应由 7 个音组成音阶，我们在（1）的基础上用 3:2 的频率比上行一次、下行一次得到由 7 个音组成的音列，其频率是：

$$\left(\frac{2}{3}\right), 1, \left(\frac{3}{2}\right), \left(\frac{3}{2}\right)^2, \left(\frac{3}{2}\right)^3, \left(\frac{3}{2}\right)^4, \left(\frac{3}{2}\right)^5$$

折合到八度之内就是：

$$1, \frac{9}{8}, \frac{81}{64}, \frac{4}{3}, \frac{3}{2}, \frac{27}{16}, \frac{243}{128}$$

得到常见的五度律七声音阶大调式如表 5.1。考察一下音阶中相邻两音的频率之比，通过计算知道只有两种情况：do-re、re-mi、fa-so、so-la、la-xi 频率之比是 9:8，称为全音关系；mi-fa、xi-do 频率之比是 256:243，称为半音关系。

以 2:1 与 3:2 的频率比关系产生和谐音的法则称为五度律。在中国，五度律最早的文字记载见于典籍《管子》的《地员篇》，由于《管子》的成书时间跨度很大，学术界一般认为五度律产生于公元前 7 世纪至公元前 3 世纪。西方学者认为是公元前 6 世纪古希腊的毕达哥拉斯学派最早提出了五度律。根据近似等式 $(3/2)^{12} = 129.7 \approx 2^7 = 128$ 并仿照以上方法又可制出五度律十二声音阶如表 5.1 所示。

表 5.1 五度律十二声阶

音名	C	#C	D	#D	E	F	#F
频率	1	$\dfrac{3^7}{2^{11}}$	$\dfrac{3^2}{2^3}$	$\dfrac{3^9}{2^{14}}$	$\dfrac{3^4}{2^6}$	$\dfrac{3^{11}}{2^{17}}$	$\dfrac{3^6}{2^9}$
音名	G	#G	A	#A	B	C	
频率	$\dfrac{3}{2}$	$\dfrac{3^8}{2^{12}}$	$\dfrac{3^3}{2^4}$	$\dfrac{3^{10}}{2^{15}}$	$\dfrac{3^5}{2^7}$	2	

五度律十二声音阶相邻两音的频率之比有两种：$256:243$ 与 $2187:2048$，分别称为自然半音与变化半音。从表中可以看到，音名不同的两音例如 #C-D 的关系是自然半音，音名相同的两音例如 C-#C 的关系是变化半音。

5.1.3 数学与音乐的相互渗透

音乐是心灵和情感在声音方面的外化，数学是客观事物高度抽象和逻辑思维的产物。那么，"多情"的音乐与"冷酷"的数学也有关系吗？我们的回答是肯定的。甚至可以说音乐与数学是相互渗透、相互促进的。请看下面的事实：

1731 年大数学家欧拉写成专著《建立在确切的谐振基础上的音乐理论的新颖研究》，是一本力作，在数学和音乐两方面都下了不少功夫，以致使后世有些专家认为，这本书对数学家"太音乐化了"，而对音乐又"太数学化了"，还有数学家昂哈德·尤勒也曾写过《关于和谐音与整数的关系》的论文，体现了数学家对音乐的关心和研究。

1970 年我国著名琵琶演奏家刘德海决心运用"优选法"，寻找在琵琶每根弦上能发出最佳音色的点，不久，华罗庚教授用数学方法帮助他解决了这一难题，在弦长的 1/12 处，弹出的声音格外优美动听。1980 年 5 月在全国琵琶演奏会上，几十位演奏家听了"最佳点"的演奏后，都认为数学与音乐之间可能有一种深奥的内在联系。

1952 年 12 月在武汉召开的全国聂耳、冼星海作品研讨会上，武汉音乐学院院长童忠良宣读一篇引人注目的论文，题目为《论义勇军进行曲的数列结构》，该文整个建立在数学理论基础上，先后讲述了黄金分割、华罗庚的优选法、斐波那契数列，并据此分析了《义勇军进行曲》的曲式结构，从而提出一种突破传统式结构理论的观点，即其文所称的"长短型数列结构"体制。该文引起的轰动不仅在于聂耳的杰作及论文本身的新颖，更在于引起音乐工作者的思考：要改变自身的结构，需要充实一些科学知识，特别是认识到数学知识对不同领域的影响。

5.2 近代的数学和音乐

古希腊人把音乐的标志画成一张弓，上面有弦，有箭。弓箭是一种狩猎的工具，当利箭呼啸着撕碎空气，击中猎物，弓弦也会发出美妙鸣响。可见，古人是从诸如狩猎的世俗生活中激发出音乐的灵感。而其本身又是一种乐器。在中国，传说黄帝命一位名叫伶伦的乐官到西山采集竹子，作为十二律的律管。这些典故都反应出音乐来自自然。

大自然是一位数学家，斐波那契数便是它的魔术之手。众所周知，许多花朵的花瓣是斐波那契数：水仙花 3 瓣，金凤花 5 瓣，翠雀花 8 瓣，金盏花 13 瓣，紫苑花 21 瓣，雏菊花 34，55 或 89 瓣，向日葵的花盘上面有 21 个顺时针旋形与 34 个逆时针旋形；在动物中还可以发现一些软体动物的甲壳花纹、昆虫翅膀对的数目在一定程度上符合这个数列；一些无机物质的原子排列、分子的缔合形式也与这个数列接近。斐波那契数列的奥妙在于相邻两个数的比值近似于黄金分割率。如果说向日葵和菊花按黄金螺旋排布，是为了使单位面积内花瓣或种子排列数目最多，那么在人类的乐章中出现黄金分割率的踪影，则可能是作曲家下意识的艺术思维与大自然共振的结果。

一统欧洲数百年的宗教音乐，随着资本主义生产方式的发展，到 18 世纪已经衰败。近两百多年来西方出现了形形色色的音乐流派，它们都有着深刻的时代烙印和民族社会特征。

18 世纪初从法国兴起继而遍及欧洲的"启蒙运动"，批判专制主义、宗教愚昧和封建特权，倡导理性、自由、平等和民主，促进了音乐的变革与发展。1750～1820 年间的西方音乐古典主义时期，音乐从教堂、宫廷走向市民阶层，复调音乐转向主调音乐，数字低音方法被明确的乐器记谱取代，音乐挣脱了对神和君主的依恋，追求自然界的美，音乐的重心也转变为新型的器乐体裁：交响曲、协奏曲、奏鸣曲和四重奏。在这一时期涌现了一大批脍炙人口的传世佳作，如维也纳古典乐派的海顿健康明快、充满生机的四重奏《云雀》、清唱剧《创世纪》等；莫扎特（W. A. Mozart，1756—1791）优美深情的歌剧《费加罗的婚礼》《魔笛》等；"乐圣"贝多芬的第三、五、六、九交响曲：《英雄》《命运》《田园》《合唱》，钢琴奏鸣曲《悲怆》《月光》《暴风雨》等。贝多芬在其创作的各个领域融入了人文主义情怀，旋律简洁、深邃、热情、雄伟、他的作品不仅将古典主义音乐推向了巅峰，还开创了浪漫主义音乐的先河。

法国资产阶级革命失败，欧洲大陆封建复辟，人们对现实普遍感到失望，对自由、平等、民主不抱幻想，表现在音乐形成了 1790～1910 年间的浪漫主义时期。作品强烈张扬个人情感和主观体验，民族乐派纷纷形成，音乐体裁打破了古典音乐程式化的限制，曲式结构和表现手法都有革命和突破。"艺术歌曲之王"奥地利作曲家舒伯特的歌曲《魔王》《鳟鱼》；德国作曲家"抒情风景画大师"门德尔松的交响曲《仲夏夜之梦》，瓦格纳的歌剧《尼伯龙根的指环》，勃拉姆斯的声乐《摇篮曲》，"圆舞曲之父"老约翰·施特劳斯的管弦乐《拉德斯基进行曲》和"圆舞曲之王"小约翰·施特劳斯的管弦乐《蓝色多瑙河》；波兰"浪漫主义钢琴诗人"肖邦的 A 大调波兰舞曲《军队》；匈牙利钢琴家、作曲家李斯特的交响诗《塔索》、钢琴曲《匈牙利狂想曲》；俄国作曲家柴可夫斯基的芭蕾舞剧《天鹅湖》《睡美人》等佳作，历久弥新常演不衰。

当代音乐是多元并存的世界，这也是当代社会发现多元化时代特征。数学和音乐相通共襄的发展脉络。然而，值得注意的是，音乐与数学地发展脉络是相通的。

西方文艺复兴理性回归、启蒙运动思想解放、资本主义产生发展的 300 多年间，出现了音乐的巴洛克时期，古典音乐时期和浪漫主义时期，这也正是变量数学产生、高等数学迅速兴起和纯粹数学蓬勃发展的时期，音乐和数学在风格上有着一些相似的特征，数学则阐明了声学的基础，揭示了乐音的本质，并为音乐的远距离传播打开了大门。

在世界政治、经济、社会、思想与文化多元发展的大背景下，音乐出现了各种新思潮、新流派，其中一些流派，突破了传统音乐的模式，包括乐音与噪音、和谐与不和谐、大小调、十二平均律等已经深入人心、成为定势的理论；数学也形成了很多崭新的分支，特别是数学内部各分支之间以及数学和其他学科之间交叉渗透，也突破了经典理论关于确定与随机、精确与模糊、有序与无序等传统概念之间的鸿沟。与此同时，数学对音乐的基础性贡献以及对音乐理论研究的帮助依然如故。

20 世纪出现了与传统的调性（大小调）音乐截然不同的所谓无调性音乐，如 20 年代产生的以勋伯格为代表的十二音乐体系音乐，40 年代法国作曲家梅西昂等人的序列音乐等。十二音体系是预先设置十二半音的基本列（记为 BS 或 B），并以原型（P）及三种变形：逆行（R），倒影（I），逆行倒影（RI）作为基本素材进行创作。十二个半音地位平等，每一个音必须在其余 11 个音都出现之后才能重复，避免三和弦，且四度、五度音程和三全音音程尽可能只用一次。而序列音乐则进一步拓宽了十二音体系音乐形式，不仅在音高上采用序列手法，而且将节奏、力度、音色等也按照序列编排，然后这些序列以变化形式在全曲重复。这种音乐在创作时要求极精确的计算，演奏中又需要极清醒的控制，许多著名的序列音乐作曲家同时又是数学家。对于十二音体系和序列音乐等无调性音乐，美国著名音乐理论家阿伦·福特以集合论的观点做了系统的研究，1973 年出版了 *The Stucture of Atonal Music*，全面系统地提出了音级集合理论，用数学集合论的观点、方法和语言，系统的研究了各种高音、音程组合构成的音级集以及它们之间的关系，为研究大规模音乐结构提供了有力工具；美国音乐家、数学家巴比特则用组合数学观点论述了十二音和声、旋律和节奏组织的功能。1965 年波兰裔美国控制论专家扎德创立模糊数学，有些学者又运用模糊数学的观点、工具、方法和语言提出了模糊音级集合的概念，对概不属于调性音乐又非无调性音乐，而是调性模糊的音乐进行了研究。

在当时，具有较高数学素养的乌克兰裔美籍音乐家希林格提出了一种数学作曲体系，将音乐的各种要素（节奏、音阶、旋律、和声、和声的旋律化、对位、密度、力度、音色及发声法）作为数学参数，先确定其中某个要素作为主要部分，然后将其他要素结合进去构成主题，再结合语义的要求，通过纯数学方法构成曲式和作品。20 世纪 50 年代开始出现计算机音乐，将数字化的音乐元素，借助计算机，施以各种数学手段，诸如排列、组合、对称、变换、积分、按概型处理、统计分析研究，既为音乐的发展也为数学的应用开辟了新的天地。

从对音乐和数学发展历史的回顾中，我们粗略地看到了它们之间的关系，下面我们将进一步从基础乐理、音律学、声音产生与传播的规律、乐音的本质等方面作数字的解读和分析，最后从理念与思维的角度谈谈数学与音乐的关系。

5.3　音律学的发展及数学原理

5.3.1　6 世纪之前的中国音律学

1. 三分损益法

三分损益法是中国最早的有关乐律理论和计算的方法，是中国音律学家在音乐发展史上做出的重要贡献。宫、商、角、徵、羽五音组成的五声音阶，以及七声音阶、十二律等都可以用三分损益法生成。

所见最早记载三分损益法的文献是《管子·地员篇》。《管子》是中国先秦诸子时代百科全书式的巨著，有管仲学派编撰，大约成书于战国初年。该书收编、记录了春秋时期（公元前 770—前 476）齐相管仲（公元前？—前 645）生前的思想、言行，也包含了管仲学派对管仲思想的发挥和发展。

《地员篇》论述土壤分类以及各类土壤所适宜种植的农作物与树草。"夫管仲之匡天下也，其施七尺。……见是土也，命之曰五施，五七三十五尺而至于泉。呼音中角。……四施，四七二十八尺而至于泉。呼音中商。……三施，三七二十一尺而至于泉。呼音中宫。……再施，二七一十四尺而至于泉。呼音中羽。……一施，七尺而至于泉。呼音中徵。"其意为：管仲协助治理天下，定七尺为一施。最好的土壤称之为五施之土，土深三十五尺而与泉相接，呼音相当于"角"声；四施之土，土深二十八尺而与泉相接，呼音相当于"商"声；三施之土，土深二十一尺而与泉相接，呼音相当于"宫"声；再施之土，土深一十四尺而与泉相接，呼音相当于"羽"声，一施之土，土深七尺而与泉相接。呼音相当于"徵"声。

随后，将五声由低到高与家畜的鸣叫声比拟："丹听徵，如负猪豕（shǐ）觉而骇。凡听羽，如鸣马在野。凡听宫，如牛鸣窌（jiào）中。凡听商，如离群羊。凡听角，如稚登木以鸣，音疾以清。"

那如何由黄钟宫音开始，相继得到徵、商、羽、角等五音呢？"凡将起五音凡首，先主一而三之，四开以合九九，以是生黄钟小素之首，以成宫。三分而益之以一，为百有八，为徵。不无有三分而去其乘，适足，以是生商。有三分，而复于其所，以是成羽。有三分去其乘，适足，以是成角。"这段话指出，要得到五音可先将"主一而三"，即将 1×3 得 3，"四开以合九九"即 $3^4 = 9 \times 9 = 81$。由此产生黄钟宫音；"三分而益之以一"就是在原来的基础上加上其三份中的一份，即乘 $\left(1 + \dfrac{1}{3}\right)$，得 $\left(1 + \dfrac{1}{3}\right) \times 81 = 108$，为徵；

"不无有三分而去其乘"即 $\left(1 - \dfrac{1}{3}\right) \times 108 = 72$，生商；

再由 $\left(1 - \dfrac{1}{3}\right) \times 72 = 96$，得羽

由 $\left(1 - \dfrac{1}{3}\right) \times 96 = 64$，得角。

将所得五音按照音高由低到高的顺序排列，就是：徵、羽、宫、商、角。在简谱中相当于 5,6,1,2,3。

中国古代审定乐音的音高标准成为律。宫、商、角、徵、羽五音就构成五律。

将振动体的长度（或频率），乘 $\left(1 + \dfrac{1}{3}\right)$ 称为"三分益一"，乘 $\left(1 - \dfrac{1}{3}\right)$ 称为"三分损一"。

相继运用"三分益一"和"三分损一"来计算音律的方法，称为三分损益法，由此形成的律制叫做三分损益律。上述五律和我们后面介绍的七律、十二律都属于三分损益律。

"四开以合九九，以是生黄钟小素之首"，即在黄钟律长度计算中取九进制，对此，朱载堉认为这是取法于洛书，他在《律吕精义》中说"以九寸为黄钟，凡八十一分，取象洛书之九自乘之数。"他还指出"九分为寸，原为三分损益而设也。"事实上，宫为 81；三分损一的 54 即为徵；再三分益一，得 72 为商；再三分损一，得 48 为羽；再三分益一，得 64 为角。如此即可得到五声音阶。将它们按音高由低到高排列，即为宫、商、角、徵、羽。在简谱中相当于 1,2,3,5,6。在前面所得徵（108）、羽（96）分别比这里的徵（54）、羽（48）低八度。

总之，由上述可见，在公元前 645 年之前，管仲就已经知道角、商、宫、徵、羽五声的高低与水井深度有关，而且发现当两个振动体的长度之比为正整数时，所发声音是和谐的，并且给出了如何生成五声音阶的三分损益法。

2. 十二律

十二律属于中国古代的音律。按音高由低到高的顺序排列，十二个律名为：黄钟，大吕，太簇，夹钟，姑洗，仲吕，蕤宾，林钟，夷则，南吕，无射，应钟。其中在奇数位的黄钟、太簇、姑洗、蕤宾、夷则、无射六个称为律，又称阳律；在偶数位的大吕、夹钟、仲吕、林钟、南吕、应钟六个称为吕，又称阴律。因为六吕位于六律之间，故又称为六间。狭义的律，仅指六个阳律；阳律和阴律一起，统称为"律吕"。

公元前 249 年至前 237 年吕不韦任秦相国时，其门人所作《吕氏春秋·古乐篇》篇中有黄帝令伶伦所作的十二律的传说；伶伦"取竹……断两节间。其长三寸九分而吹之，以为黄钟之宫，……次制十二筒，……听凤凰之鸣，以别十二律。其雄鸣为六，雌鸣亦六，以比黄钟之宫，适合。黄钟之宫，皆可以生之。故曰：'黄钟之宫，律吕之本。'"但此传说尚未见科学的论证。

在曾侯乙编钟的铭文上，楚国已有全部十二个律名，只不过名称有所不同。最早最完备记载十二律名称的典籍是先秦文献《国语·周语下》，其中记述了东周景王 23 年（公元前 522 年）打算铸造无射大钟，向乐官伶州鸠询问音律，伶州鸠回答了上述六律和六间的律名以及它们的作用。

最早记录十二律相继产生方法的文献是《吕氏春秋·音律篇》。其法为："黄钟生林钟，林钟生太簇，太簇生南吕，南吕生姑洗，姑洗生应钟，应钟生蕤宾，蕤宾生大吕，大吕生夷则，夷则生夹钟，夹钟生无射。无射生仲吕。三分所生，益之一分以上生；三分所生，去其一分以下生。黄钟，大吕。太簇，夹钟，姑洗，仲吕，蕤宾为上；林钟，夷则，南吕，无射，应钟为下。"

上述方法中的"上""下"，因古文是由上而下竖行书写。音由低而高排列，故向上是音由高而低，向下是音由低而高。"三分所生，益之一分以上生"，是说将物（如弦）长增加 1/3 则得到上方（即较低）的一个音；"三分所生，去其一分以下生"，是说将物（如弦）长减少 1/3 则得到下方（即较高）的一个音。这正是三分损益法。开始的黄钟作为标准音；大吕、太簇等六个音，都是由"三分益一"而得林钟，夷则等五个音，都是由"三分损一"而得。

总之，从典籍与考古发掘可见，中国在春秋时期十二律名应已产生，到战国早期已经形成完整律名体系，战国晚期，十二律名已经定型并在全国使用。十二律可按音高由低到高顺序排列如表 5.2。

表 5.2 十二律

律名	黄钟	大吕	太簇	夹钟	姑洗	仲吕	蕤宾	林钟	夷则	南吕	无射	应钟
音名	F	#F	G	#G	A	#A	B	C	#C	D	#D	E

后面我们将看到运用三分损益法产生的音律存在两大不足：一是不能回归黄钟本律，二是相邻两律音程不尽相同。能否弥补这些不足？中国历代乐律学家苦苦思考不断探索，在原来的基础上进行补充与修改，取得不少成果，其中主要的有京房六十律、钱乐之三百六十律以及何承天新律。直至明代朱载堉创立了十二平均律才得到彻底、完满的解决。

5.3.2　18 世纪前的西方音律学

1. 毕达哥拉斯五度相生法

古希腊哲学家、数学家和音乐理论学家毕达哥拉斯是人类文化史上最早将数学、哲学和音乐结合起来思考的学者之一。传说有一天，他路过一家铁匠铺，听到里面传出的打铁声非常和谐、悦耳，进去研究四位铁匠使用的铁锤，发现它们的重量之比为12:9:8:6。也就是两个铁锤之间的重量构成：2:1，3:2，4:3，9:8这样一些整数比。他进一步研究了弦振动发出的声音，发现当两条弦的长度比为2:1时，发出的声音听起来为 do 和 mi，即为八度；长度比为2:3时，发出的声音听起来为 do 和 so，即为五度；当长度比为4:3时，发出的声音听起来为 do 和 fa；当长度比为9:8时，发出的声音听起来为 do 和 re，即为二度。在此基础上，他发明了五度相生法，通过纯五度音程的关系，连续依次推出一个系列音阶，即著名的毕达哥拉斯音列。该音列全音阶七个音由一个低五度音程和连续 5 个上五度音程得到，其频率比为 $\frac{2}{3}, 1, \frac{3}{2}, \left(\frac{3}{2}\right)^2, \left(\frac{3}{2}\right)^3, \left(\frac{3}{2}\right)^4, \left(\frac{3}{2}\right)^5$。其中后四个值均大于2，通过相继除以 2，使这四个值均小于 2；并将第一个音乘 2，就得到了位于一个八度音程内的同名音，这样七个音的频率比为 $\frac{4}{3}, 1, \frac{3}{2}, \frac{9}{8}, \frac{27}{16}, \frac{81}{64}, \frac{243}{128}$ 相当于 fa，do，so，re，la，mi，xi。将它们按照由低到高的音序排列如表 5.3 所示。

表 5.3　音名与对应频率比

音名	C	D	E	F	G	A	B	C
频率比	1	$\frac{9}{8}$	$\frac{64}{81}$	$\frac{4}{3}$	$\frac{3}{2}$	$\frac{27}{16}$	$\frac{243}{128}$	2

　　由表 5.3 可见，毕达哥拉斯音阶中，相邻两个音构成的音程有两种，一种（如 CD）频率比为 9:8 近似为 204 音分，比十二平均律全音音程约大 4 音分，称为"大全音"；另一种（如 EF）频率比为 256:243，近似为 90 音分，比十二平均律半音音程约小 10 音分，称为"小半音"，而 180 音分称为"小全音"。

　　2. 纯律

　　纯律与十二平均律、五度相生律为音乐的三种主要律式。纯律起源于欧洲，英文为 just intonation 或 pure intonation，意思是"正确的"或"纯粹的音准"。《哈佛音乐辞典》注释为"纯律是一种以自然五度和三度生成其他所有音程的音准体系和调音体系。"

　　有的资料给出纯律的 12 个频率值如下。

1	$\frac{16}{15}$	$\frac{9}{8}$	$\frac{6}{5}$	$\frac{5}{4}$	$\frac{4}{3}$	$\frac{7}{5}$	$\frac{3}{2}$	$\frac{8}{5}$	$\frac{5}{3}$	$\frac{7}{4}$	$\frac{15}{8}$

　　这些值是如何产生的？自然五度即纯五度，频率之比为 3:2，大三度频率之比为 5:4。纯律的各个音级是通过纯五度加大三度，或者大三度加纯五度（二者均构成大七度），以及纯五度减大三度产生的。

　　将频率乘 $\frac{3}{2}$ 为上生纯五度音程；乘 $\frac{4}{5}$ 为上生大三度音程；乘 $\frac{4}{5}$ 为下生大三度音程，同时将所得频率折合到同一个八度内，例如：上生纯五度为 $\frac{4}{3} \times \frac{3}{2} = 2$，折合到同一个八度内，即除以 2，得 1。这样就有

$$\frac{4}{3} \xrightarrow{\text{纯五度}} 1 \xrightarrow{\text{大三度}} \frac{5}{4} \xrightarrow{\text{纯五度}} \frac{15}{8} \xrightarrow{\text{下大三度}} \frac{3}{2} \xrightarrow{\text{纯五度}} \frac{9}{8}$$

$$\frac{4}{3} \xrightarrow{\text{大三度}} \frac{5}{3} \xrightarrow{\text{纯五度}} \frac{5}{4}$$

$$\frac{4}{3} \xrightarrow{\text{下大三度}} \frac{16}{15} \xrightarrow{\text{纯五度}} \frac{8}{5}$$

$$1 \xrightarrow{\text{纯五度}} \frac{3}{2} \xrightarrow{\text{下大三度}} \frac{6}{5} \xrightarrow{\text{纯五度}} \frac{9}{5} \xrightarrow{\text{下大三度}} \frac{36}{25}$$

按照上述方法，无法产生 $\frac{7}{5}$ 和 $\frac{7}{4}$，但有 $\frac{36}{25}$ 和 $\frac{9}{5}$，如果注意到：

$$\frac{36}{25}=1.44 \approx 1.4 = \frac{7}{5}, \quad \frac{9}{5}=1.8 \approx 1.75 = \frac{7}{4}$$

以 $\frac{7}{5}$ 代替 $\frac{36}{25}$，以 $\frac{7}{4}$ 代替 $\frac{9}{5}$，将上面计算得到的 12 个频率比值由小到大顺序排列，就是上面给出的结果。

纯律基本音级的频率比如表 5.4。

表 5.4　纯律基本音级的频率

音名	C	D	E	F	G	A	B
频率比	1	$\frac{9}{8}$	$\frac{5}{4}$	$\frac{4}{3}$	$\frac{3}{2}$	$\frac{5}{3}$	$\frac{15}{8}$

其中相邻两个音构成的音程有三种，一种（如 CD）频率比为 9∶8，近似为 204 音分，是"大全音"；另一种（如 DE）频率比为 10∶9，近似为 180 音分，是"小全音"，第三种（EF）频率比为 16∶15，近似为 90 音分，是"小半音"。

纯律——五度律七声音阶的 1、3、5(do、mi、so)三音的频率之比是 $1:\frac{81}{64}:\frac{3}{2}$，即 64∶81∶96，纯律将这修改为 $1:\frac{5}{4}:\frac{3}{2}$，即 64∶80∶96 或 4∶5∶6，使大三和弦 1-3-5 三音间的频率之比更显简单。然后按 $1:\frac{5}{4}:\frac{3}{2}$ 的频率比从 5（so）音上行复制两音 7、$\dot{2}$，从 1（do）音下行复制两音 6、4，即 4、6、1、3、5、7、$\dot{2}$ 的频率之比是

$$\left(\frac{2}{3}\right):\left(\frac{5}{4}\right)\left(\frac{2}{3}\right):1:\left(\frac{5}{4}\right):\frac{3}{2}:\left(\frac{5}{4}\right)\left(\frac{3}{2}\right):\left(\frac{3}{2}\right)^2$$

共得 7 个音折合到八度之内构成纯律七声音阶，如表 5.5 所示。

表 5.5　纯律七声音阶的频率

音名	C	D	E	F	G	A	B	C
频率	1	$\frac{9}{8}$	$\frac{5}{4}$	$\frac{4}{3}$	$\frac{3}{2}$	$\frac{5}{3}$	$\frac{15}{8}$	2

它与五度律七声音阶比较，有 4 个音 C、D、F、G 是相同的，有 3 个音 E、A、B 不同。

在相邻两音的频率比方面，纯律七声音阶有 3 种关系：9:8、10:9、16:15。从数字看，它比五度律七声音阶简单，然而种类却比五度律七声音阶多（五度律七声音阶只有 2 种相邻两音的频率比）。在艺术上孰好孰坏，已不是数学所能判断的了。

纯律的各个音高，是纯粹按照声音的自然规律来确定的，其中各个音的频率之比都是简单的分数，因而听起来特别纯美、和谐、悦耳，因此人们称它为纯律。但纯律转调不方便。

5.3.3　三分损益与五度相生

两个声音的频率比值为正整数时，听起来和谐、悦耳，是人耳的生理声学特性。中外古代学者，利用感官都已发现，声音的高低与发声体（如弦、管）的长度成反比，而当质地相同的两条弦的长度成正整数比时，它们发出的音听起来是和谐的，长度为 2:1 时所发出的谐音，用现在的术语来说就是相差八度的同名音（如 C 与 c）。在两个相差八度的同名音之间如何产生其他谐音呢？最自然的想法就是首先考虑区间 [1,2] 的中点 3/2 和第一个三分点 4/3；或者是考虑区间 [1/2,1] 的中点 3/4 和第一个三分点 2/3。换句话说，就是考虑将原来的弦长乘 4/3 "三分益一"，或者是乘 2/3 "三分损一"；而从频率来看，就是将原来的频率乘 3/4 或者乘 2/3。这正是 "三分损益法"。三分损益与五度相生实质相同。

1. "三分益一" 和 "三分损一" 是相通的。

因为将弦长乘 2（音的频率除以 2）所对应的是比原来的音低八度的同名音。例如，若设 c（do）的对应弦长（频率）为 1，则弦长为 2/3（频率为 3/2）的音为 g（so），而弦长为 4/3（频率为 3/4）的音是比 g 低八度的 $G(5)$。

所以，"三分益一"（乘 4/3）和 "三分损一"（乘 2/3）所得到的是同名音，只不过二者相差八度而已 $\left(\frac{4}{3}:\frac{2}{3}=2\right)$。

因此，"三分益一" 和 "三分损一" 是相通的。只是因为单纯使用 "三分益一" 或者 "三分损一" 会得出八度音程，故而 "三分损益法" 将二者结合使用，以使所得音级均位于同一个八度音程内。

2. 三分损益就是五度相生。

正因为三分益一和三分损一是相通的，所以可以通过连续三分益一或者连续三分损一，并将所得音级化归到同一个八度音程内，来生成音阶体系。而连续三分损一，相继两个音的频率后者与前者之比都是 3:2，都构成五度音程（所得到的音依次为：do, so, re, la, mi, xi, fa），因此三分损益就是五度相生。三分损益法就是五度相生法。三分损益律就是五度相生律。下面我们以通过连续三分损一来生成五声、七声和十二声音阶为例，作进一步的说明。

连续三分损一改变弦长，就可以得到公比为 3/2 的一系列频率值

$$\frac{2}{3}, 1, \frac{3}{2}, \left(\frac{3}{2}\right)^2, \left(\frac{3}{2}\right)^3, \left(\frac{3}{2}\right)^4, \left(\frac{3}{2}\right)^5 \cdots$$

如果取值前五个频率值，其中后三个均大于 2，亦即和第一个音已经超出八度音程。通过相继除以 2，使这三个值均小于 2，就得到了位于八度音程内的同名音，这样五个音的频率

为 $1, \dfrac{3}{2}, \dfrac{9}{8}, \dfrac{27}{16}, \dfrac{81}{64}$。按照由低到高的音序排列，就是 $1, \dfrac{9}{8}, \dfrac{64}{81}, \dfrac{3}{2}, \dfrac{27}{16}$。按照简谱的唱名，就是 1，2，3，5，6。如果我们再将上面的五个音中的后两个音降八度，并按照由低到高的音序排列，就得到频率为的 $\dfrac{3}{4}, \dfrac{27}{32}, 1, \dfrac{9}{8}, \dfrac{81}{64}$ 五个音。这正是《管子·地员篇》中由黄钟宫音开始，运用三分损益法相继得到五音之后，按照由低到高的音序排列的五声音阶（见表 5.6）。

表 5.6　五声音阶

音阶名	徵	羽	宫	商	角
振动体相对长度	108	96	81	72	64
频率比	$\dfrac{3}{4}$	$\dfrac{27}{32}$	1	$\dfrac{9}{8}$	$\dfrac{81}{64}$
相当于今日音名（唱名）	so(5)	la(6)	do(1)	re(2)	mi(3)

如果在数列（1）中取前七个值，前五个值仍按上述处理，后两个值 $\left(\dfrac{3}{2}\right)^5$ 和 $\left(\dfrac{3}{2}\right)^6$ 分别除以 4 和 8，即将它们分别降两个八度和三个八度，频率分别成为 $\dfrac{243}{128}$ 和 $\dfrac{729}{512}$，再将七个频率由低到高排列，就得到七声音阶的频率 $1, \dfrac{9}{8}, \dfrac{81}{64}, \dfrac{729}{512}, \dfrac{3}{2}, \dfrac{27}{16}, \dfrac{243}{128}$。

按照简谱的唱名，就是 1，2，3，4，5，6，7。

运用相同的方法可以得到十二声音阶，这正是《吕氏春秋·音律篇》中由黄钟开始，运用三分损益法，相继得到十二音后，按照由低到高的音序排列的结果（表 5.7）。

表 5.7　十二音阶

律名	黄钟	大吕	太簇	夹钟	姑洗	仲吕	蕤宾	林钟	夷则	南吕	无射	应钟
音名	C	#C	D	#D	E	F	#F	G	#G	A	#A	B
频率比	1	$\dfrac{3^7}{2^{11}}$	$\dfrac{3^2}{2^3}$	$\dfrac{3^9}{2^{14}}$	$\dfrac{3^4}{2^6}$	$\dfrac{3^{11}}{2^{17}}$	$\dfrac{3^6}{2^9}$	$\dfrac{3}{2}$	$\dfrac{3^8}{2^{12}}$	$\dfrac{3^3}{2^4}$	$\dfrac{3^{10}}{2^{15}}$	$\dfrac{3^5}{2^7}$
音阶	宫		商		角		变徵	徵		羽		变羽

"黄钟生林钟，林钟生太簇，……，无射生仲吕"，都是五度音程，即五度相生。而从表 9 可见，黄钟到林钟首尾共有八个律；林钟到太簇……无射到仲吕首尾也是八律，所以古人又称上述生成法为"隔八相生法"。

3. 十二律中"律""吕"之分的思考

我国古代十二律中有律、吕之分，狭义的律，仅指其中的六个阳律：黄钟、太簇、姑洗、蕤宾、夷则和无射，其原因何在？

如果注意到上述六个阳律，相邻两个音后者与前者的频率之比都是 9:8（而六吕中则有一对不符）；而且，运用三分损益法，在一个八度音程中，最多只可能有六个音级，由此我们可以理解为：我国古人已经注意到，在一个音阶体系中，相邻两个音之间具有相同的频率比的重要性。这也正是我国古代音乐家们此后历经数百年孜孜以求不断改进十二律的根本原因。这一愿望，需要数学科学在宋元时期达到当时世界领先水平，学者朱载堉就在世界音乐发展史上第一个完成了这一历史使命。

4. 如何看待三分损益法与五度相生法

三分损益法与五度相生法是相通的，对这种不谋而合，有人提出它们究竟孰先孰后？究竟哪个是原创的等等问题。曾有西方学者说三分损益法是毕达哥拉斯首先发明，而后从西方传入中国的。但毕达哥拉斯的生、卒时间都要比管仲晚 100 多年，因此，这种说法是站不住脚的。也有人说，据考证，毕达哥拉斯曾游学于埃及，很有可能从埃及学得中国的三分损益法，而中国的三分损益法是相继通过苏美尔人和迦勒底人传给埃及人的。还有人说，三分损益法是来到中国西境的古希腊商人带回去的。这些说法都没有确证，也不足为信。

其实，三分损益法也好，五度相生法也好，都是振动体发声自然规律的数学刻画，作为中国和古希腊这样的文明古国，当时数学和哲学取得的成就，足以使得两国的学者能够同时或者基本同时在音律学上独立地有所发现、有所创造。事实上，一旦条件成熟，一项发现、发明几乎同时由不同国度的不同学者独立地完成，这不仅是完全可能的，而且是科学发展史上常见的现象。

5.4　为世界认可的十二平均律

1. 朱载堉与十二平均律

朱载堉（1536—1611），明代天文、数学家。

在朱载堉之前的几千年里，无论中外都在探索音乐上的旋宫问题，但是基于三分损益法或五度相生法，连续进行 12 次运算后，并不能返相为宫。在一个八度内设定 12 个半音，需建立起 12 个相等音高的"梯级"，可是在朱载堉的时代，产生这样的科学概念并不容易，更何况当时没有求解等比数列的数学方法。朱载堉开创"新法密率"，用 81 档的大算盘开平方、开立方，在黄钟正律和黄钟倍律之间求出了 11 个数，并精确到小数点后 24 位，相形之下，今天的袖珍计算器也只有十位数，可见他思维的缜密与所费劳力之巨。

1581 年，他为其历法著作《律历融通》作序，该书附有《音义》一卷，阐述了十二平均律的计算方法。朱载堉称三分损益法为旧法，指出："旧法往而不返者，盖由三分损益算术不精之所致也，是故新法不用三分损益，别造密率"（《律吕精义·内篇》卷一之《不用三分损益第三》），"密率"指 $\sqrt[12]{2}$ 。他在 1584 年的《律学新说》中写到："创立新法，置一尺为实，以密率除之，凡十二遍，所求律吕真数比古四种术尤简捷而精密。数与琴音互相校正、最为吻合。"亦即从黄钟之长一尺出发，相继除以"密率"即可得到十二个音律。在《不用三分损益第三》中，他详细地记述了生律过程并且所有音律值都准确到 25 位数，其中 $\sqrt[12]{2}$ 为 1.059463094359295264561825。

朱载堉为了验证由密率生成的音律体系，创制了既是十二平均律音高标准的定律器又能创作为乐器演奏的律准（弦线式定音器，又称均准）和律管（管式定音器），并且首创或改造了十二平均律乐器：琴、瑟、箫、笛、笙、埙、钟、磬。

朱载堉在《律学新说》中详述了他创制的律准和调音定律方法，并附有小样（图 5-3）。律准张 12 弦，列 12 徽，是近代调音定律的始祖，也是世界上最早的平均律弦乐器。

图 5-2 朱载堉像

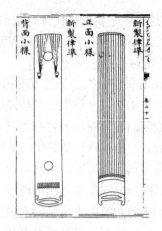

图 5-3 朱载堉创制的律准和调音定律方法小样

2. 十二平均律"发明之争"

历史资料记载中的十二平均律发明者在欧洲是荷兰人斯特芬(Stevin,约 1548—约 1620),他于 1600 年前后用两音频率比严格地确立了十二平均律;在中国是明代科学家、音乐家朱载堉,他表述的十二平均律甚至将及各次幂均计算到小数点后 24 位(约完成于 1581 年前)。十二平均律的确立是人类艺术禀赋的贯通性在音乐文化方面的又一惊人表现。

欧洲在音乐实践中运用平均律调音始于 18 世纪晚期,到 19 世纪 40 年代才广泛应用。平均律是不是欧洲人自己创立的。1962 年,英国著名自然科学史学家李约瑟指出:"关于平均律的欧洲起源,很难找到确切的证据,而在中国关于这项发明的一切事实都很清楚。""平心而论,近三个世纪里欧洲近代音乐完全可能受到中国的一篇数学杰作的影响,虽然传播的证据尚付阙如。"事实上,在朱载堉完成十二平均律的 1581 年到梅森给出 1.059463 数据的 1636 年间,朱载堉在 1606 年向朝廷进献了他的《乐律全书》,而这一期间,很多欧洲传教士来华活动,其中有意大利人利玛窦、龙华民、罗雅谷,葡萄牙人孟三德,法国人金尼阁,德国人邓玉函、汤若望等。他们大都熟悉数学、音乐和历法,其中不少人受到明朝皇帝的赏赐;1629～1634 年间徐光启主持修订《崇祯历书》龙华民、邓玉函、汤若望、罗雅谷先后参与了这项工作;金尼阁曾到河南传教三四个月,朱载堉家郑王封地是其必经之地,而且他于 1613～1617 年返回欧洲;对中国文化有着浓厚兴趣并作深入研究的利玛窦,精通天文学和数学,他和徐光启关系密切,1603 年为其受洗,1606 年与其合译《几何原本》,在利玛窦的私人日记里还提到了朱载堉的历法新理论。以上事实使人们有理由相信,传教士们很可能了解到朱载堉的音律理论,并通过各种途径将有关信息传到欧洲,李约瑟博士说得好:"与中国接触的旅行家,……只须说:'我知道中国人以极高的准确性调谐他们的琴。他们只要将第一音的弦长除以 $\sqrt[12]{2}$,就得到第二音的弦长,然后再除以 $\sqrt[12]{2}$ 就得到第三音的弦长,依此类推用十三次就得到了一个完全八度。'传播这一重要思想,无需书本,只要一句话。"

3. 十二平均律与数学

十二平均律——人们注意到五度律十二声音阶中的两种半音相差不大,如果消除这种差别对于键盘乐器的转调将是十分方便的,因为键盘乐器的每个键的音高是固定的,而不像拨弦或拉弦乐器的音高由手指位置决定。消除两种半音差别的办法是使相邻各音频率之比相等,这是一道中学生的数学题——在 1 与 2 之间插入 11 个数使它们组成等比数列,显然其公比就

是 $\sqrt[12]{2}$，并且有如下的不等式 $1.05350 = \dfrac{256}{243} < \sqrt[12]{2} = 1.05946 < \dfrac{2187}{2048} = 1.06787$。这样获得的是十二平均律，它的任何相邻两音频率之比都是 $\sqrt[12]{2}$，没有自然半音与变化半音之分。

用十二平均律构成的七声音阶如表 5.8。

表 5.8　十二平均率构成的七声音阶

音名	C	D	E	F	G	A	B	C
频率	1	$\left(\sqrt[12]{2}\right)^2$	$\left(\sqrt[12]{2}\right)^4$	$\left(\sqrt[12]{2}\right)^5$	$\left(\sqrt[12]{2}\right)^7$	$\left(\sqrt[12]{2}\right)^9$	$\left(\sqrt[12]{2}\right)^{11}$	2

同五度律七声音阶一样，C-D、D-E、F-G、G-A、A-B 是全音关系，E-F、B-C 是半音关系，但它的全音恰好等于两个半音。

十二平均律既是对五度律的借鉴又是对五度律的反叛。十二平均律的出现表明无理数进入了音乐，这是一件令人惊异的事。无理数是数学中一大怪物，当今一个非数学专业的大学生在学完大学数学之后仍然不明白无理数是什么，数学家使用无理数已有 2500 多年也直到 19 世纪末才真正认识无理数。音乐家似乎不在乎无理数的艰深，轻易地将高雅音乐贴上了无理数的标签。

十二平均律的出现还使得我们在前面推出的和谐性原理——两音的频率比愈是简单的整数关系则两音愈具有和谐的关系——不再成立。不过不必为此而沮丧，因为本质上说艺术行为不是一定要服从科学道理的。正如符合黄金分割原理的绘画是艺术，反其道而行之的绘画也是艺术。

4. 十二平均律在现代的应用

现在我们听到的大多数音乐，并不是按照"纯律"或"五度相生律"来规定音阶的，现在通用的是"十二平均律"，你在音乐教材中看到的关于"音阶"的理论都是按照"十二平均律"来解释的，这主要是因为用"纯律"或"五度相生律"没有办法变换"调性"，这样就使得乐器难以适应各种"调"的乐曲的演奏。

"调性"，就是我们通常说的唱什么"调"。理论上说，就是指把哪个音作为基准音，就像上面我们把 262 赫兹作为"1"，这就是 C 调音乐（262 赫兹本身也叫做 C 音）；而如果把 294.75 赫兹作为"1"（它是 C 调的 2），那么这就是 D 调音乐。

在不同的"调"中，各个音阶的比例关系要重新计算，所以用"纯律"定调的乐器只能适应一种"调"。你买的笛子是 C 调的，就只能吹 C 调的曲子，买 F 调的笛子就只能吹 F 调的曲子，但你买钢琴怎么办？总不能买上 D 调、E 调、F 调、G 调……一堆钢琴吧？

为了解决这个矛盾，现在的乐器主要采用的是"十二平均律"来定音，"十二平均律"，就是在"八度关系"的一对音之间（例如从 262 赫兹到 524 赫兹）平均地划分出 12 个频率，就有了 12 个音阶，每个音的频率为前一个音的倍数，由此规定了 7 个音符的关系。

这样一来，音阶之间就很难看出原来比例关系的远近，但是这样一来就可以很方便地"换调"了！实际上"十二平均律"还是源于"纯律"的自然比例，因为这些音的频率与"纯律"的相差很小，人的耳朵基本听不出来。

十二平均律中的等比关系指的是每个半音的频率，而 $\dfrac{1}{2}$、$\dfrac{8}{9}$、$\dfrac{64}{81}$ 这些说的是能够发出这些音的弦长。如果你能找到一把吉他的话，就可以对比着理解：假定某根弦的空弦为 do，则第二品（$\frac{8}{9}$ 处）音为 re，第四品（$\frac{64}{81}$ 处）音为 mi，第五品（$\frac{3}{4}$ 处）音为 fa，第七品（$\frac{2}{3}$ 处）音为 so，第九品（$\frac{16}{27}$ 处）音为 la，第十一品（$\frac{128}{243}$ 处）音为 si，第十二品（$\frac{1}{2}$ 处）音为高八度的 do。

　　平均律并不是完善地遵守和谐音程的调律方法，除了一度、八度音为完全和谐音，其他音程的和谐程度比起纯律与五度相生律来说有些许差距，但其不和谐的程度是可以接受的。就是说，十二平均律并不是严格地符合声学规律，所以早期的音乐没有采用，随着音乐理论的发展与音乐职业化的出现（主要是宗教音乐的需要），原有的和谐的五度相生律与纯律由于和声简单，缺少变化，已经不能满足越来越大规模的作品的需要，为了能够方便地移调、对位，十二平均律才被广泛运用。可以这么理解，十二平均律是一个有些无奈的折衷的选择。

　　国际标准音高 A1＝440 赫兹，但是现在有些乐团为了使听感更加华丽些，都往上调了些，比如 442。

5.5　傅里叶分析——音乐的"谐波分析"

图 5-4　傅里叶

　　傅里叶是法国数学家。1768 年 3 月 21 日生于奥塞尔，1830 年 5 月 16 日卒于巴黎。傅里叶一生从事热学研究，1812 年获得科学院颁发的关于热传导问题的奖金，1817 年任科学院院士，并于 1822 年成为科学院的终身秘书。1827 年又任法兰西学院院士。他的著作《热的解析理论》已成为数学史上一部经典性的文献。

　　生活在今天的人们应该感谢这位数学巨匠——傅里叶，如果没有他的傅里叶变换与级数理论，人类恐怕还无法理解那美妙的乐声到底怎么发出来的，更无法想象你能通过电脑欣赏《梁祝》那凄美哀怨的旋律以及贝多芬在饱受耳聋之苦时因痛苦、失望而发出的心灵呐喊！傅里叶经过多年的研究，他用一套数学理论，证明了包括管乐和器乐的所有乐声都可以用数学表达式进行描述。每一声音都包括音调、音量和音色，人们可以将这三种品质以图解的形式加以描述和区分，其中音量由曲线的振幅决定，音调由曲线的频率决定，音色由周期函数的形状决定。傅里叶解释了为什么有一些音符合奏时发出的声音悦耳动听而有些音符配在一起却不成曲调。他把隐藏在音乐里的数学关系揭示了出来，也是第一个用数学来计算音乐的人。由此，他提出了一个定理："任何周期性声音（乐音）都可表示为形如 asinbx 的简单正弦函数之和。"这就是著名的"傅里叶分析"，还被称为音乐的"谐波分析"。

　　按照傅里叶的理论，声音是若干简单正弦函数的叠加（一般是无穷多个），就单一的声音元素来说（即可以由一个正弦函数来表示，也称为"简谐波"），音量与该函数的振幅有关，音调与该函数的频率有关，音色则与函数的形状有关。如果是单一的声音元素，发出来的声音必然单调乏味，只有很多种元素融合在一起才能形成美妙动听的旋律，这就是"复合波"（各种不同频率、振幅及相位元素的叠加）。数字音乐应该正是按照该原理设计的。

　　可以说，傅里叶的理论不仅为自然科学研究提供了强有力的工具，也为音乐理论研究提供了有效的方法，难怪有人说："全部的数学，除了傅里叶分析，剩下的全都是垃圾。"话虽偏激了些，但也说明了傅里叶分析的重要性。傅里叶分析的伟大之处在于不仅可以利用它来分析音乐，还可以用它来设计音乐。

伟大的数学不仅仅是傅里叶分析，还有几何，最近佛罗里达州立大学音乐教授考兰德，耶鲁大学的兰丘教授和普林斯顿大学的德米特里教授，以"音乐天体理论为基础"，利用数学模型，设计了一种新的方式，对音乐进行分析归类，提出了所谓的"几何音乐理论"，把音乐语言转换成几何图形，并将成果发表于《科学》杂志上，他们认为用此方法可以帮助人们更好地理解音乐。

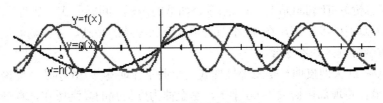

图 5-5　傅里叶分析

他们所用的基本的几何变换包括：平移、对称、反射（也称镜像，包括横向与纵向反射）、旋转等（指的五线谱，不适用于简谱）。平移变换通常表示一种平稳的情绪，对称（关于原点，x 轴或 y 轴对称）则表示强调、加重情绪，如果要表示一种情绪的转折（如从高潮转入低谷或从低谷转入高潮）则多采用绕原点 180 度的旋转。有一位中学生在参加数学论文竞赛中运用这种方法对贝多芬的《月光》第一至第三乐章进行了分析，并得出这样的结论：第一乐章 69 小节，再现的主题从 43 小节开始，43/69＝0.62；第二乐章 96 小节，主题从 61 小节开始再现，61/96＝0.63，非常接近黄金分割。

5.6　音乐中的黄金分割

某些数列广泛地应用于音乐之中，如等比数列 1，2，4，8，16，32 用于音符时值分类及音乐曲式结构中；斐波那契数列用于黄金分割及乐曲高潮设计中。斐波那契是 13 世纪意大利数学家，他于 1228 年提出一个兔子繁殖数问题："如果有一对小兔，两个月后就能生，每月生一对，生下来的小兔也是如此，如果都不死，一年以后有多少对？"打从那以后，人们越来越注意这个数学题的奇妙答案：1，1，2，3，5，8，13，21，34，55，89，…这便是奇妙的斐波那契数列。这个整数列有三个特点：（1）任何相邻两个数，其第一个数与第二个数的比值约等于 0.618，相邻两个数的位置越靠后，比值越接近，称为黄金比率。（2）任何相邻三个数，其中前两个数之和等于第三个数，如 1+2＝3，2+3＝5，3+5＝8，依此类推。（3）任何相邻三个数，其中第一个数和第三个数的乘积与第二个数的平方相差 1。

斐波那契数列在音乐中得到普遍的应用，如常见的曲式类型与斐波那契数列头几个数字相符，它们是简单的一段式、二段式、三段式和五段回旋曲式。大型奏鸣曲式也是三部性结构，如再增加前奏及尾声则又从三发展到五部结构。黄金分割比例与音乐中高潮的位置有密切关系。我们分析许多著名的音乐作品，发觉其中高潮的出现多和黄金分割点相接近，位于结构中点偏后的位置：如莫扎特《D 大调奏鸣曲》第一乐章全长 160 小节，再现部位于第 99 小节，不偏不倚恰恰落在黄金分割点上（160×0.618＝98.88）。据美国数学家乔·巴兹统计，莫扎特的所有钢琴奏鸣曲中有 94%符合黄金分割比例，这个结果令人惊叹。我们未必就能弄清，莫扎特是有意识地使自己的乐曲符合黄金分割呢，抑或只是一种纯直觉的巧合。然而美国的另一位音乐家认为。"我们应当知道，创作这些不朽作品的莫扎特，也是一位喜欢数字游戏的天才。莫扎特是懂得黄金分割，并有意识地运用它的。"

俄国伟大作曲家里姆斯基—柯萨科夫在他的《天方夜谭》交响组曲的第四乐章中，写至辛巴达的航船在汹涌滔天的狂涛恶浪里，无可挽回地猛撞在有青铜骑士像的峭壁上的一刹那，在整个乐队震耳欲聋的音浪中，乐队敲出一记强有力的锣声，锣声延长了六小节，随着它的音响逐渐消失，整个乐队力度迅速下降，象征着那艘支离破碎的航船沉入到海底深渊。在全曲最高潮也就是"黄金分割点"上，大锣致命的一击所造成的悲剧性效果慑人心魂。

贝多芬《悲怆》奏鸣曲 Op.13 第二乐章是如歌的慢板，回旋曲式，全曲共 73 小节。理论计算黄金分割点应在 45 小节，在 43 小节处形成全曲激越的高潮，并伴随着调式、调性的转换，高潮与黄金分割区基本吻合。

肖邦的《降 D 大调夜曲》是三部性曲式。全曲不计前奏共 76 小节，理论计算黄金分割点应在 46 小节，再现部恰恰位于 46 小节，是全曲力度最强的高潮所在，真是巧夺天工。

拉赫曼尼诺夫的《第二钢琴协奏曲》第一乐章是奏鸣曲式，这是一首宏伟的史诗。第一部分呈示部悠长、刚毅的主部与明朗、抒情的副部形成鲜明对比。第二部分为发展部，结构紧凑，主部、副部与引子的材料不断地交织，形成巨大的音流，音乐爆发高潮的地方恰恰在第三部分再现部的开端，是整个乐章的黄金分割点，不愧是体现黄金分割规律的典范。此外这首协奏曲的局部在许多地方也符合黄金比例。

5.7　音乐中的几何学

从古希腊毕达哥拉斯学派到现代的宇宙学家和计算机科学家，都或多或少受到"整个宇宙即是和声和数"的观念的影响，开普勒、伽利略、欧拉、傅里叶、哈代等人都潜心研究过音乐与数学的关系。数学、几何与哲学相契携行，渗进西方人的全部精神生活，透入到一切艺术领域而成为西方艺术的一大特色。圣奥古斯汀更留下"数还可以把世界转化为和我们心灵相通的音乐"的名言。现代作曲家巴托克、勋伯格、凯奇等人都对音乐与数学的结合进行大胆的实验。希腊作曲家克赛纳基斯（1933—）创立"算法音乐"，以数学方法代替音乐思维，创作过程也即演算过程，作品名称类乎数学公式，如《S+/10-1.080262》为 10 件乐器而作，是 1962 年 2 月 8 日算出来的。马卡黑尔发展了施托克豪森的"图表音乐"（读和看的音乐）的思想，以几何图形的轮转方式作出"几何音乐"。

你可曾对大型钢琴为何制作成那种形状表示过疑问？实际上许多乐器的形状和结构与各种数学概念有关。不管是弦乐器还是由空气柱发声的管乐器，它们的结构都反映出一条指数曲线的形状。如果所有乐声都可用数学式来描述，这数学式可为是简单的周期正弦函数的和，声音的三个性质音高、音量和音质又可在图形上清楚地表示出来，音高与曲线的频率有关，音量和音质分别与周期函数的振幅和形状有关，那么，为什么不能用计算的方法来作曲呢？或许数学家还可兼职一门"算曲"的工作。

中世纪宗教音乐的代表格列高利圣咏、印象派音乐代表德彪西的前奏曲、爵士萨克斯演奏大师约翰·柯川的爵士乐即兴创作，是三种类型的音乐，除了都有和弦行进技巧和优美曲调之外，常人听起来感觉是如此的截然不同。但多年以来，乐理学家们都知道，在三种截然不同的音乐中，有着某种相近的联系。

图 5-6　乐器与几何形状

只是，这种联系是什么，自西方音乐诞生以来，这个问题就困扰着乐理学家。今天，美国普林斯顿大学的作曲家蒂莫捷科终于可以给大家提供自己的答案：借鉴数学和几何学的方法，蒂莫捷科描绘出了各种音符和和弦栖息发展的"音乐地图"。

根据蒂莫捷科的理论，和弦所存在的空间是一个奇异的、多维的空间，蒂莫捷科把它叫做"轨道折叠"，在这里，音符形成的链条像数学领域常用的麦比乌斯带（Mobiusstrip，将一条环带的两个端边拉转 180 度后黏合）一样扭曲连接。蒂莫捷科的研究证明，一个最简单的只包含两个音符的和弦，它的形态就是一个麦比乌斯带；而一个包含三个音符的和弦，形态则类似棱柱；更复杂的和弦的形态就很难以我们熟知的形状来表达了。

图 5-7　麦比乌斯带

任何空间物体、图形都可以简化、抽象为点—线—面—体几何图形，显示出数理统一与和谐的美。同样任何钢琴作品也可据此进行简化和抽象。例如：横向时间系列分为乐句—乐段—乐章—套曲；纵向空间系列分为音级—音程—和弦—和声；钢琴织体层次分为单音—单声部—声部层（或伴奏层）织体类型等等。

不是说视觉图像（或者简单说，与抽象相对的那种具象）就是接近人文主义的，而抽象的东西就仅仅是数学。其实这两者是一样的。实际上，在非常遥远的希腊柏拉图时代，音乐属于一门学问，和天文学、几何学一样。这三者都是数学的启蒙种子。甚至在柏拉图之前的年代，毕达哥拉斯已经对数学的某个基础方面有所研究和建树。他通过对伸展的细绳的研究，发现了比率和音阶的关系，由此出现了八度音阶，五度音阶等等。

音乐中的"数学之美"，它不同于那种可以让人感动和心动的东西。数学是接近人的智慧的最高峰的领域，也是和最尖端的人们能够相会进行交谈的领域。

5.8　理念和思维视域中的数学与音乐

世界著名波兰作曲家和钢琴家肖邦很注意乐谱的数学规则、形式和结构，有位研究肖邦的专家称肖邦的乐谱"具有乐谱语言的数学特征"。乐谱的书写是表现数学对音乐的影响的第一个显著的领域。在乐稿上，我们看到速度、节拍（4/4 拍、3/4 拍，等等）、全音符、二分音符、四分音符、八分音符、十六分音符，等等。书写乐谱时确定每小节内的某分音符数，与求公分母的过程相似——不同长度的音符必须与某一节拍所规定的小节相适应。作曲家创作的音乐是在书写出的乐谱的严密结构中非常美丽而又毫不费力地融为一体的。如果将一件完成了的作品加以分析，可见每一小节都使用不同长度的音符构成规定的拍数。除了数学与乐谱的明显关系外，音乐还与比率、指数曲线、周期函数和计算机科学相联系。

乐音体系中各音的绝对准确高度及其相互关系称为音律。音律是在长期的音乐实践发展中形成的，并成为确定调式音高的基础。音乐需要有美的音调，美的音调必然是和谐的。

为什么大调明亮，小调柔和？中国人比较喜欢用 135 这种比较明亮欢快正气的大调音。比如国歌 135565… 日本人比较喜欢用小调，感觉有阴郁悠扬之类的感觉。例如66766767176764…

C 大调音阶是：C D E F G A B C

c 小调是：C D 降 E F G 降 A 降 B C

光从弹出音阶就可以感觉到大调明快，小调阴郁。由这些音构成的和弦，琶音也是一样的感觉。一个调性里最重要的是 triad（三和弦），就是主音，三度音，五度音这三个音，构成最基本的和弦。

大调 triad 是 135，小调是 613；主音与五度音的距离相同，但与三度音距离则是小调比大调少半度。二者区别尽在其中。在键盘上弹这两个 triad 就可以听出色调上的不同。

从物理角度讲原因很简单。每个音有其本征频率，两个频率比例关系愈简单就愈和谐。15 也好，63 也好，都是 1:3/2（在平均律里是近似值），再简单不过。13 的比例是 1:5/4，也不算远。135 在一起高度和谐，稳定性最高，听来自然信心满满。61 的比例是 5/3:2，或 1:6/5，远了一点点，听来有点踟蹰。注意，小调中 13 关系要好过于大调的 35，不过它们区别还是很细微的。

公元前 6 世纪，毕达哥拉斯学派第一次用比率将数学与音乐联系起来。他们发现两个事实：一根拉紧的弦发出的声音取决于弦的长度；要使弦发出和谐的声音，则必须使每根弦的长度成整数比。这两个事实使得他们得出了和声与整数之间的关系，而且他们还发现谐声是由长度成整数比的同样绷紧的弦发出的——这就是毕达哥拉斯音阶和调音理论。

中国古代的音乐研究和创作中也很早就有了数学的应用。《吕氏春秋·大乐》中说："音乐之所由来者远矣：生于度量，本于太一。"所谓"生于度量"，即是说音律的确定，需要数学。约春秋中期，《管子·地员篇》中记载确定音律的方法"三分损益法"就是数学方法的具体应用。明代数学家、音乐理论家朱载堉（1536—1611）在《律吕精义》创造的十二平均律，实际上是将指数函数应用于音律的确定。十二平均律有许多优点，它易于转调，简化了不同调的升、降半音之间的关系。十二平均律是当前最普遍、最流行的律制，被世界各国所广泛采用。

17 世纪的法国数学家梅森（M. Mersenne，1588—1648），总结了弦振动的四条基本规律：

①弦振动的频率与弦长成反比，即对密度、粗细、张力都不变的弦，增加它的长度会使频率降低，反之会使频率增加。②弦振动的频率与作用在弦上的张力的平方根成正比。演奏家在演出前，对乐器的弦调音时，把弦时而拉紧，时而放松，就是调整弦的张力。③弦振动的频率与弦的直径成反比。在弦长、张力固定的情况下，弦的直径越粗，频率越低。例如，小提琴的四条弦，细的奏高音，粗的奏低音。④弦振动的频率与弦的密度的平方根成反比。一切弦乐器的制造都离不开这四条基本定律。

　　数学与音乐的交响诗从此唱响，千百年来让无数人流连陶醉。比如：乐器之王——钢琴的键盘上，从一个 C 键到下一个 C 键就是音乐中的一个八度音程，其中共包括 13 个键，有 8 个白键和 5 个黑键，而 5 个黑键分成两组，一组有两个黑键，另一组有 3 个黑键，2、3、5、8、13 恰好就是数学史上著名的斐波那契数列中的前几个数。

　　很多的数学家具有音乐家的气质与素养。笛卡儿写过《音乐概要》，他在 4 个同心圆内标明七声音阶各个音级的关系，其中有两组音 re，la，mi 和 fa，do，so 位于同一条半径上，由里向外分布，都是五度音程；欧拉写过论述和音的论文；很多数学家研究过声学；巴赫向约翰·伯努利（Johann Bernoulli）介绍十二平均律，伯努利画了一条对数螺线 $\rho = e^{a\varphi}$，在上面标了 12 个半音，对巴赫说："从上一个音到下一个音，只要将这条螺旋线旋转一下，使得第一个音落在 x 轴上，其他的音会自然落在相应位置上。简直就是一个音乐计算器！"奥地利物理学家玻尔兹曼（L. Boltzmann，1844—1906）曾通过想象浪漫的交响乐来解释麦克斯韦的推理风格，因为麦克斯韦就生活在 19 世纪音乐的浪漫主义时期，他用一系列联系电磁现象的方程导出在空间中看不见的"电磁波"，折射出他的形象思维和浪漫精神。

　　一个富有启发性的事实是，历史上很多著名的数学家大学时的专业并非数学而是人文社会科学，费马是法学，莱布尼兹是哲学，欧拉是神学，拉格朗日是法学，魏尔斯特拉斯（Weierstrass，1815—1897）是法律和商学，黎曼是神学和哲学，高斯在大学一年级时对选择语言学还是数学作为自己的专业方向尚存犹豫，人文社会科学的熏陶，形象思维的培养，对他们后来的创造性工作不能说没有帮助。

　　美国音乐家、音乐教育家齐佩尔（H. Zipper，1904—1997）博士，在第二次世界大战前的一场慈善音乐会上，问担任小提琴演奏的爱因斯坦："音乐对你有什么意义？有什么重要性？"爱因斯坦回答说："如果我在早年没有接受音乐教育的话，那么，我无论在什么事业上都将一事无成。"爱斯坦说："想象力比知识更重要"，"我首先是从直觉发现光学中的运动的，而音乐又是产生这种直觉的推动力量。"我国著名科学家钱学森（1911—2009）也曾说，正是音乐"艺术里所包含的诗情画意和对于人生的深刻理解，使我丰富了对世界的认识，学会了艺术的广阔思维方法。"

　　英国数学家西尔维斯特（J. J. Sylvester，1814—1897）在一篇论述牛顿的文章中说得好："音乐不可以被描绘成感觉的数学而数学被描绘成推理的音乐吗？这样，音乐家感受数学，而数学家思考音乐——音乐是梦，数学是工作的生命——各自从另一个世界中获得它的完美，当人的智慧提升到它完满的形式时，它将在一些未来的莫扎特——狄利克雷或贝多芬——高斯中发出光芒。"

　　1722 年"和声之父"法国作曲家、理论家拉莫在其《和声学自然原理论述》的前言中写到："音乐是一种科学，需要有确切的规则，这些规则应从明显的原理中提取，并且这些原则如无数学的帮助，我们就不可能真正了解。"他还说："我必须承认，虽然在我相当长时期的实践活动中，我获得许多经验，但是只有数学能帮助我发展我的思想，照亮我甚至没有发现原来是黑暗的地方。"

数学的抽象美，音乐的艺术美，经受了岁月的考验，进行相互的渗透。如今有了数学分析和电脑的显示技术，眼睛也可以辨别音律，这些成就是多么激动人心的啊！对音乐美更深的奥秘至今还缺乏更合适的数学工具加以探究，还有待于音乐家和数学家今后的合作努力。

课外延伸阅读

琴瑟在御，莫不静好：中国十大乐器，一种乐器一支曲

音之起，由人心生也。乐者，音之所由生也。其本在人心之感于物也。这次为大家带来中国传统十大乐器。且以乐器为引，带您走进国乐的天堂，感受那份情怀与意趣。

1. 鼓

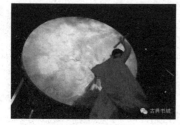

在远古时期，鼓被尊奉为通天的，主要是作为祭祀的器具。在狩猎征战活动中，鼓都被广泛地应用。鼓的文化内涵博大而精深，雄壮的鼓声紧紧伴随着人类，远古的蛮荒一步步走向文明。俗可以是民间的欢庆锣鼓，雅可以进入庙堂祭祀和宫廷宴集。中国鼓类乐器的品种非常多，其中有腰鼓、大鼓、同鼓、花盆鼓等。

推荐曲目《篆音》。

2. 笙

笙，是汉族古老的吹奏乐器，一般用十三根长短不同的竹管制成。古代八音乐器之一（即金、石、丝、竹、匏、土、革、木），距今已有三千多年的历史。

推荐曲目《微山湖船歌》。

3. 埙

埙是中国最古老的吹奏乐器之一，大约有七千年的历史。埙的起源与汉族先民的劳动生产活动有关，最初可能是先民们模仿鸟兽叫声而制作，用以诱捕猎物。后随社会进步而演化为单纯的乐器，并逐渐增加音孔，发展成可以吹奏曲调的旋律乐器。

埙，其音浊而喧喧在，悲而悠悠然，具有一种独特的音乐品质，音色幽深、哀婉、悲凄而绵绵不绝。

推荐曲目《The song of Chu》。

4. 琴

琴，今称古琴，或七弦琴。古琴的制作历史悠久，许多名琴都有可供考证的文字记载，而且具有美妙的琴名与神奇的传说。其中最著名的当属齐桓公的"号钟"，楚庄王的"绕梁"，司马相如的"绿

绮"和蔡邕的"焦尾"。这四张琴被誉为"中国古代四大名琴"。由于孔子的提倡，文人中弹琴的风气很盛，并逐渐形成古代文人必备"琴、棋、书、画"修养的传统。

推荐曲目《流水》。

5. 瑟

瑟是我国最早的弹弦乐器之一，先秦便极为盛行，汉代亦流行很广，南北朝时常用于相和歌伴奏，唐时应用颇多，后世渐少使用。瑟有二十五根弦。古瑟形制大体相同，瑟体多用整木斫成，瑟面稍隆起，体中空，体下嵌底板。瑟面首端有一长岳山，尾端有三个短岳山。尾端装有四个系弦的枘。首尾岳山外侧各有相对应的弦孔。另有木质瑟柱，施于弦下。

推荐曲目《淡月映鱼》。

6. 笛

笛子，一种吹管乐器。是迄今为止发现的最古老的汉族乐器，也是汉族乐器中最具代表性最有民族特色的吹奏乐器。根据测定距今已有 8000 余年历史。

推荐曲目《姑苏行》。

7. 箫

箫，又称洞箫，单管、竖吹，是一种非常古老的汉族吹奏乐器。箫历史悠久，音色圆润轻柔，幽静典雅，适于独奏和重奏。它一般由竹子制成，吹孔在上端。有六孔箫和八孔箫之分，以"按音孔"数量区分为六孔箫和八孔箫两种类别。六孔箫的按音孔为前五后一，八孔箫则为前七后一。八孔箫为现代改进的产物。

推荐曲目《绿野仙踪》。

8. 编钟

中国古代汉族大型打击乐器，编钟兴起于西周，盛于春秋战国直至秦汉。它用青铜铸成，由大小不同的扁圆钟按照音调高低的次序排列起来，悬挂在一个巨大的钟架上，用丁字形的木锤和长形的棒分别敲打铜钟，能发出不同的乐音，因为每个钟的音调不同，按照音谱敲打，可以演奏出美妙的乐曲。引在木架上悬挂一组音调高低不同的铜钟，由古代侍女用小木槌敲打奏乐。

推荐曲目《楚殇》。

9. 二胡

二胡又名"胡琴"，唐代称"奚琴"，宋代称"嵇琴"。到了明清时代胡琴已传遍大江南北，始成为民间戏曲伴奏和乐器合奏的主要演奏乐器。现已成为我国独具魅力的拉弦乐器，它既适宜表现深沉、悲凄的内容，也能描写气势壮观的意境。

近代以来通过许多名家的革新，二胡成为一种最重要的独奏乐器和大型合奏乐队中的弦乐声部重要乐器。

推荐曲目《二泉映月》。

10. 琵琶

琵琶，是东亚传统弹拨乐器，已有两千多年的历史。最早被称为"琵琶"的乐器大约在中国秦朝出现。"琵琶"二字中的"珏"意为"二玉相碰，发出悦耳碰击声"，表示这是一种以弹碰琴弦的方式发声的乐器。"比"指"琴弦等列"。"巴"指这种乐器总是附着在演奏者身上，和琴瑟不接触人体相异。

最初的琵琶的形制跟现代琵琶不同，最主要的差别在于古代琵琶是圆形的，不同于现代梨形的琵琶。

推荐乐曲有《十面埋伏》。

中国古代十大名曲和背后的历史典故

中华古韵，向有十大名曲一说。由汉族传统乐器演奏，声音优雅，尽现中国韵味之美，是汉族传统音乐的精髓。

这些乐曲以历史典故为旁衬，借古人之旧事以壮声势。大多数人并非行家，虽偶尔聆听古曲，觉得好听，却不知其深刻内涵。

1. 广陵散

此曲是一首曲调较为激昂的古琴曲，又名《广陵止息》，传说原是流行于广陵地区的民间乐曲，现仅存古琴曲。最早出现在东汉蔡邕的《琴操》里。聂政，战国时期韩国人，其父为韩王铸剑误期而被杀。为报父仇，刻苦学琴十年后，改变音容，返回韩国，在离宫不远处弹琴，高超的琴艺使行人止步，牛马停蹄。韩王得悉后，召进宫内演奏，聂政从琴腹抽出匕首刺死韩王。

聂政时代大约六百多年后，西晋一位才智超绝的人物，使《广陵散》成为千古绝响。此人就是"竹林七贤"中最有影响力的嵇康。因而古曲《广陵散》的背后，实际上包含了聂政和嵇康的两个典故。

2.《高山流水》

春秋战国时代的《列子·汤问》中记载，伯牙善鼓琴，钟子期善听。钟子期竟能领会这是描绘"巍巍乎志在高山"和"洋洋乎志在流水"。伯牙惊道："善哉，子之心与吾心同。"于是二人成为人生知己。后来在《吕氏春秋》中还记载着：钟子期死，伯牙摔琴绝弦，终身不复鼓琴，故有高山流水之曲。

3. 十面埋伏

公元前 202 前，楚汉会战于垓下，后人根据这场战争作了有名的琵琶大套武曲《十面埋伏》。《十面埋伏》可以说是把古代琵琶表演艺术发挥到登峰造极的地步，创造了单个乐器的独奏形式表现波澜壮阔的史诗场面，直到今天《十面埋伏》依然是琵琶演奏艺术领域最具代表性的汉族传统名作。

4. 平沙落雁

此曲描写了雁群降落前在空中盘旋顾盼的情景。据说明朝饱受内忧外患困扰，天下有识之士尤不忧心忡忡，此曲"借鸿鹄之远志，写逸士之心胸也"，以示儒家倡导的"贫则独善其身，达则兼济天下"的思想。从此来看，此曲曲中之音和曲外之意，包涵了对怀才不遇而欲取功名者的励志，和对因言获罪而退隐山林者的慰藉。

5. 夕阳箫鼓

著名的琵琶传统大套文曲，有人认为此曲的立意，来自于白居易的《琵琶行》——"浔阳江头夜送客，枫叶荻花秋瑟瑟"。事实上历史上更多人认为它的音乐意境，来自张若虚的《春江花月夜》一诗。此曲所描述的那种画韵诗境尽现于眼前，使人有如梦回唐朝，进而无限感怀大唐盛世之万千气象。

6. 汉宫秋月

乐曲表现中国古代深宫之中的嫔妃宫女们，在凄凉寂静的秋夜里回忆往事，哀叹命运。全曲以哀怨、郁闷和伤感的情绪为主。秋风习习，月亮高挂，宫墙内多少眼泪，无尽的等待和期盼，只落得满头百发。据载，《汉宫秋月》意在表现古代受压迫宫女的幽怨悲泣情绪，唤起人们对她们不幸人生遭遇的同情。

7. 梅花三弄

梅花，志高洁，历来是文人墨客咏叹的对象。"三弄"是指同一段曲调反复演奏三次。乐曲通过歌颂梅花不畏寒霜的顽强性格，来赞誉具有高尚情操之人。它的典故是东晋大将桓伊为狂士王徽之演奏的故事。

王徽之应召赴东晋的都城建康，所乘的船停泊在码头。恰巧桓伊在岸上，两人并不相识。王徽之便命人对桓伊说："闻君善吹笛，试为我一奏。"桓伊此时已是高官，却出笛吹三弄梅花之调，高妙绝伦。二人相会虽不交一语，却是难得的机缘。正是这不期相遇，才导致了千古佳作《梅花三弄》的诞生。

8. 渔樵问答

《三国演义》开篇词中"白发渔樵江渚上，惯看秋月春风，一壶浊酒喜相逢，古今多少事，都付笑谈中。"可做古曲《渔樵问答》的妙解。

渔樵耕读是农耕社会的四业，代表了我国民间的基本生活方式。这四业一定程度上反映了古代不同价值取向。如果说耕读面对的是现实，蕴涵入世向俗的道理，那么渔樵的深层意象是出世问玄，充满了超脱的意味。乐曲通过渔樵在青山绿水间自得其乐的情趣，表达对追名逐利的鄙弃，反映的是一种隐逸之士对渔樵生活的向往，希望摆脱俗尘凡事的羁绊。尘世间万般滞重，在《渔樵问答》飘逸潇洒的旋律中烟消云散。此境界令人叹服。

9. 胡笳十八拍

汉末，著名文学家、古琴家蔡邕的女儿蔡琰（文姬），在兵乱中被匈奴所获，留居南匈奴与左贤王为妃，生了两个孩子。后来曹操派人把她接回，她写了一首长诗，叙唱她悲苦的身世和思乡别子的情怀。情绪悲凉激动，感人颇深。十八拍即十八首之意。又因该诗是她有感于胡笳的哀声而作，所以名为《胡笳十八拍》或《胡笳鸣》。

10. 阳春白雪

阳春白雪的典故来自《楚辞》中的《宋玉答楚王问》一文。楚襄王问宋玉，先生有什么隐藏的德行么？为何士民众庶不怎么称誉你啊？宋玉说，有歌者客于楚国郢中，起初吟唱"下里巴人"，国中和者有数千人。当歌者唱"阳春白雪"时，国中和者不过数十人。宋玉的结论是：下里巴人是一种民间歌曲，"阳春白雪"是当时楚国一种高级歌曲，能唱和的人自然很少。那些平凡的人，怎能了解我们的作为呢？

第六章 数学与航海、天文、历法

6.1 来自航海的启发

麦哲伦出生于葡萄牙的一个骑士之家。从青少年时代起，他就被葡萄牙迪亚士、达·伽马和意大利的哥伦布等著名航海家的探险故事所吸引，幻想着有朝一日也能来到富庶的东方，实现人生的壮丽与辉煌。然而，有志于航海探险的麦哲伦在自己的国家中得不到国王的信任，反而遭到无端的诬告陷害。失望和悲愤之际，他转而寻求葡萄牙的敌国—西班牙国王的帮助。令人不可思议的是，他居然幸运地得到了西班牙国王的支持。

1519 年 8 月 1 日，即将踏上远航探险的征程，麦哲伦心潮澎湃，感慨万千。一支由 5 艘大船、265 名水手组成的西班牙船队立刻拉起风帆，破浪远航了。按照计划，麦哲伦沿着哥伦布当年的航线前进。一路上，他率领船员们战胜了无数艰难险阻，镇压了船队内部西班牙人发动的叛乱，终于使全体船员成为自己的忠实追随者！1520 年 10 月 18 日，麦哲伦的船队继续行驶在南美洲海岸的南部。这一天，麦哲伦对船员们宣布说："我们沿着这条海岸向南航行了这么久，但至今仍然没有找到通向'南海'的海峡。现在，我们将继续往南前进，如果在西经 75° 处找不到海峡入口，那么我们将转向东航行。"于是，这支船队又沿海岸向南方前进了 3 天。21 日麦哲伦在南纬 52° 附近发现了一个通向西方的狭窄入口。麦哲伦激动地看着这个将给他带来希望的入口，坚定地命令船队向这个看上去险恶异常的通道前进。船员们紧张地看着两旁耸立着的 1000 多米高的陡峭高峰，小心翼翼地迎着通道中的狂风怒涛前进。海峡越来越窄，没有人知道再往前走面临的是死亡还是希望，但是坚定的信念和冒险的精神推动着麦哲伦义无反顾地勇往直前。他大胆而豪迈地鼓舞士气："眼前的海峡正是我们所要寻找的从大西洋通向东方的通道。穿过这个海峡，我们就成功了！"在麦哲伦的鼓舞下，船队一步一步地绕过了南美洲的南端。

1520 年 11 月 28 日，船队在经历了千辛万苦之后，突然看见了一片广阔的大海——终于闯出了海峡，找到了从大西洋通向太平洋的航道！麦哲伦和船员们激动得热泪盈眶！哥伦布没有实现的梦想，他们实现了！这个海峡后来就被称作"麦哲伦海峡"。此后，船队在这片大海中航行了 3 个多月，海面一直风平浪静。因此，他们就为这片海洋取名为"太平洋"。

这个时候船队水尽粮绝，他们只得靠饮污水、吃木屑，甚至吃在船上的老鼠为生，许多水手因此得了坏血病在途中死去。1521 年 3 月，麦哲伦抵达菲律宾群岛，在岛上与当地居民发生了冲突。麦哲伦在这场冲突中被杀死，剩下的船员继续航行，经过印度洋，绕过好望角，沿着非洲大陆西海岸北上。1522 年 9 月，这支历时 3 年的远航队伍只有 18 个人回到了西班牙。图 6-1 就是他们船队的路线图。

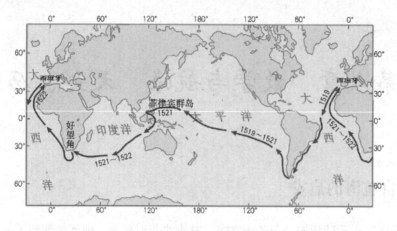

图 6-1　麦哲伦船队路线图

　　麦哲伦环球航行是世界航海史上的伟大成就，这次航行成功不仅开辟了新航线，而且在科学史上也有着及其重要的意义：他们用实际行动证明，人类居住的地球的确是一个球体，从而最终结束了有关地球形状的无休止争论。

　　麦哲伦的航行还证明了世界各大洋都是相通的，世界第一次开始缩小，原先各自孤立而不相联系的大陆和国家被联系在一起。而且地球上海洋的面积明显超过陆地面积，从而推翻了陆地大于海洋的误解。为此，人们称麦哲伦是第一个拥抱地球的人。

　　但这次拥抱地球的代价太大。据记载，当时一起出航的船有 5 艘、水手有 265 人，历时 3 年最后只有 18 人生还。他们用自己的亲身实践证明了地球是一个球体，地球表面类似于一个球面！现在如果想了解宇宙的形状，我们很难在没有充足的情况下用"麦哲伦方法"去进行检验。

　　不过，到了 17 世纪，数学家高斯在他担任测量局长期间，曾经利用测量面积的方法验证了地球是圆的。他在地表上取三点，并切割成许多小三角形，再量取每个小三角形的面积加起来，这样所得的结果并不近似于直接用平面上的三角形面积公式计算的结果，而是近似于用球面三角形面积公式计算的结果。这个实验给我们一个启示：即使我们不航行宇宙，也可以依靠理论推导来了解宇宙的形状。

　　麦哲伦环球航行的举动将地理大发现带上了最高点，从那以后航海技术不断发展，逐渐过渡到"定量航海"时期。此后航海逐渐发展成为一类学科。这类学科要解决的问题主要有：（1）拟定一条安全、经济的航线和制定一个切实可行的航行计划；（2）航迹推算，它是驾驶员在任何情况下，求取任何时刻的船舶位置的最基本的方法，也是路标定位、天文定位和电子定位的基础；（3）测定船位（简称定位），船舶航行中，要求航海人员尽一切可能随时确定本船的位置所在。这样，才可能结合海图，了解船舶周围的航行条件，及时采取适当、有效的航行方法和必要的航行措施，确保船舶安全、经济地航行。航迹推算和定位是船舶在海上确定船位的两类主要方法。这些知识主要包括坐标、方向和距离等，而这些知识都是建立在地球表面的。因此要研究坐标、方向和距离等航海基本问题，必须首先对地球的形状和大小作一定的了解。这就涉及与平面几何不同的另一种几何——球面几何！

　　球面几何学研究的正是我们身处的空间的几何性质。它和天文观测、土地测量、航海航空等有着密切的联系，在这些领域有着广泛的应用。虽然我们不能跳出这个空间去观察我们生存的世界，但是可以通过理论的计算和推导对我们身处的这个空间的形状和性质有一定程度的了解。

6.2 第一个算出地球周长的人

埃拉托色尼斯（公元前 275—前 193）（图 6-2）生于希腊在非洲北部的殖民地昔勒尼（今利比亚）。他在昔勒尼和雅典接受了良好的教育，成为一位博学的哲学家、诗人、天文学家和地理学家。他的兴趣是多方面的，不过他的成就则主要表现在地理学和天文学方面。

埃拉托色尼斯被西方地理学家推崇为"地理学之父"，除了他在测地学和地理学方面的杰出贡献外，另一个重要原因是他第一个创用了西文"地理学"这个词汇，并用它作为《地理学概论》的书名。这是该词汇的第一次出现和使用，后来广泛应用开来，成为西方各国通用学术词汇。

埃拉托色尼斯在地理学方面的杰出贡献，集中反映在他的两部代表著作中，即《地球大小的修正》和《地理学概论》二书。前者论述了地球的形状，并以地球圆周计算为主。他创立了精确测算地球圆周的科学方法，其精确程度令人为之惊叹；后者是有人居住世界部分的地图及其描述。

关于地球圆周的计算是《地球大小的修正》一书的精华部分。在埃拉托色尼斯之前，也曾有不少人试图进行测量估算，如攸多克索等。但是，他们大多缺乏理论基础，计算结果很不精确。埃拉托色尼斯天才地将天文学与测地学结合起来，第一个提出在夏至日那天，分别在两地同时观察太阳的位置，并根据地物阴影的长度之差异，加以研究分析，从而总结出计算地球圆周的科学方法。这种方法比自攸多克索以来习惯用的单纯依靠天文学观测来推算的方法要完善和精确得多，因为单纯天文学方法受仪器精度和天文折射率的影响，往往会产生较大的误差。埃拉托色尼斯利用地球的曲率测量了地球的大小：6 月 21 日中午太阳位于塞伊尼城的头顶，同一时间，阳光却在亚历山大城形成 7.5° 的影子。由于知道两城之间的距离和在亚历山大城影子的长度，所以埃拉托色尼斯可以计算出地球的大小（图 6-3）。

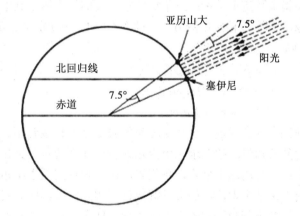

图 6-2 埃拉托色尼斯　　　图 6-3 埃拉托色尼斯计算地球大小的方法示意

在埃及塞伊尼城即现在的阿斯旺的太阳正好在头顶上的时候，在塞伊尼城北边的亚历山大城，太阳并不在天顶。埃拉托色尼斯断定，一定是因为地面弯曲而偏离太阳，才会发生这种情况。埃拉托色尼斯用希腊单位求出了这个答案。如果换算成我们今天的单位，他的数据是：地球的直径约为 12800 公里（8000 英里）周长约为 40000 公里（25000 英里），这些数字碰巧与正确的数值差不多，可惜的是，这些关于地球大小的准确数值没有被人们广泛地接受。大约在公元前 100 年，另一位希腊天文学家波西多留斯重复了这一工作，他所得到的地球周长是 28800 公里（18000 英里）。这个较小的数字从古代到中古时代却广为人们所接受，哥伦布接受了较小的数字，认为只要向西航行 4800 公里（3000 英里）就可以到达亚洲。如果他知道地球的真实大小，也许就不敢如此冒险了。在 1521~1523 年，麦哲伦的船队（确切地说，是船队中幸存下来的一条船）环绕地球一周后，才最终证实埃拉托色尼斯的数值是正确的。埃拉托色尼斯巧妙地将天文学与测地学结合起来，精确地测量出地球周长的精确数值。这一测量结果出现在 2000 多年前，的确是了不起的，是载入地理学史册的重大成果。

6.3 由嫦娥奔月说起

图 6-4 嫦娥奔月

中国古代就有嫦娥奔月的神话故事，嫦娥吃了仙药，突然飘飘悠悠飞了起来，她飞出了窗子，飞过了洒满银灰的郊野，越飞越高，碧蓝的夜空挂着一轮圆月，嫦娥一直朝着月亮飞去，泪眼朦胧，不时回转头来，遥望大地！明月高悬，我们仰望夜空，会有无限遐想，遐想之余人们不禁会问，遥不可及的月亮离地球究竟有多远呢？早在 1671 年，两个法国天文学家就测出了地球与月球之间的距离大约 385400 公里。他们是怎样测出两者之间的距离呢？如何测量两个海岛之间的距离？如何不过河测量河的宽度？这些问题都与三角学有关，它们同属于怎样测量两个不能直接到达的地方之间的距离问题。

在平面上，要测量两地距离，可以归结为解三角形：即由三角形已知的边角，求未知的边角，它们属于平面三角问题。其中余弦定理是解三角形的一个重要工具，可以通过计算解决数学问题及生产、生活实际问题，具有广泛的应用价值。

所谓余弦定理是指：三角形任意一边的平方等于其他两边的平方和减去这两边与它们夹角余弦的积的 2 倍。如图 6-5，设 $\triangle ABC$ 的三边分别是 a,b,c，它们的对角分别是 $\angle A$，$\angle B$，$\angle C$，则

$$a^2 = b^2 + c^2 - 2bc\cos\angle A$$
$$b^2 = a^2 + c^2 - 2ac\cos\angle B$$
$$c^2 = a^2 + b^2 - 2ab\cos\angle C$$

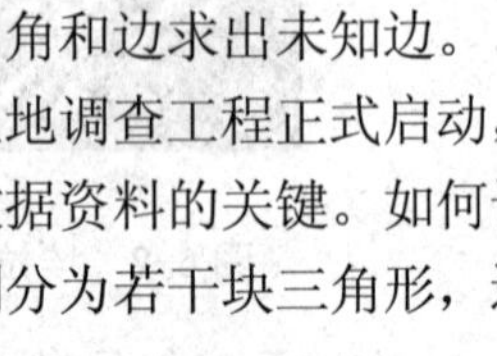

从图中你会发现，余弦定理是勾股定理的直接延拓。它能够解决已知三角形三边，求三个内角或者已知两边及其夹角求第三边的问题，利用这个公式，我们可以由三角形的边求出角，也可以由角和边求出未知边。

图 6-5 三角形余弦定理

有了余弦定理，我们可以解决许多实际问题，比如我国新一轮土地调查工程正式启动，准确计算各个行政区域的面积是一项必要的任务，它是取得土地的数据资料的关键。如何计算某个区域的面积呢？虽然没有统一的计算模型，但我们可以将它划分为若干块三角形，通过计算各个三角形面积再相加即可！

由于我们生活在球面上，这些分块的三角形在小范围内可以看成平面三角形，如果这个三角形很大，它就不再是平面图形而是球面三角形了，那时又该怎么办呢？例如我们要计算以北京、上海、重庆为顶点的球面三角形的面积，这就是一个实际问题。

这个问题是求三地构成的三角形面积，根据球面三角形的面积公式，应该先求每两地所在的大圆弧长，参看图 6-6，B，S，C 分别表示北京、上海、重庆的位置，N 是北极。为了求出 △BSC 的三条边，即三条大圆弧长，要直线测量显然不可取，但你注意到任意两地与北极都可构成另一个球面三角形吗？比如，要求出 CS 的长，则连接 NC，NS，刚好构成一个球面三角形 CNS，其中 NC，NS 都是地球经线，有 C，S 两地的经纬度，很容易算出弧长 NC，NS 和夹角 CNS 的弧度数，这就是说，球面三角形 CNS 中，已知两边及夹角，能否由此求出第三边 CS 呢？如果球面上有余弦定理，那么这个问题就迎刃而解了！三边求出后，就可以再求出三个角，代入球面三角形的面积公式即可求出三地构成的三角形面积了。

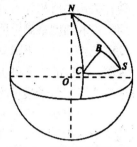

图 6-6 球面三角形示意

那么，到底球面上是否也有余弦定理呢？

在很长一段历史时间内，很多数学家特别是古希腊数学家致力于天文测量研究，因为"量天的学问"的确比丈量土地、计量财产更引人入胜。经过不懈努力，他们终于总结出这样一个定理——球面三角形边的余弦定理。

对于任给半径为 R 的球面三角形 ABC，其三边 a,b,c 和三个对角 ∠A，∠B，∠C 之间恒满足下述函数关系：

$$\cos\frac{a}{R} = \cos\frac{b}{R}\cos\frac{c}{R} + \sin\frac{b}{R}\sin\frac{c}{R}\cos\angle A$$

$$\cos\frac{b}{R} = \cos\frac{a}{R}\cos\frac{c}{R} + \sin\frac{a}{R}\sin\frac{c}{R}\cos\angle B$$

$$\cos\frac{c}{R} = \cos\frac{a}{R}\cos\frac{b}{R} + \sin\frac{a}{R}\sin\frac{b}{R}\cos\angle C$$

这个定理称为球面三角形关于边的余弦定理。

6.4 球面三角那些事

6.4.1 球面三角的历史

球面三角是研究球面三角形的边、角关系的一门学科。从 16 世纪起，由于航海学、天文学、测量学等方面的发展，球面三角逐渐成立了独立学科。

三角学一词的英文是 trigonometry，来自拉丁文 tuigonometuia。最先使用该词的是文艺复兴时期的德国数学家皮蒂斯楚斯，他在 1595 年出版的《三角学：解三角形的简明处理》一书中创造了这个词。它是由"三角形"（tuiangulum）和"测量"（metuicus）两词拼合而成的。

早在公元前 300 年，古代埃及人就已经有了一定的三角学知识，主要用于测量，例如建造金字塔、整理尼罗河泛滥后的耕地、通商航海和观测天象等。

三角学作为一门学科的出现，在很大程度上要归功于古希腊人，其中作出主要贡献的有：希帕卡斯、托勒密和梅内劳斯。

希帕卡斯，古希腊杰出的数学兼天文学家，出生于小亚细亚，活跃于公元前 140 年前后，作为一个以严谨而著称的天文观测者，他的主要成就是：确定平均太阳月，精确度精确到与现在采用的值相差不到一秒；精确计算黄道的倾角，发现和估计春分的岁差。据说他还提倡用经度和纬度来确定地面上的位置。也许是他首先把圆的 360 度划分法引入希腊。希帕卡斯的确已经掌握了天球三角学的基本知识。希帕卡斯对三角学的更直接更重要的贡献是：为了观测，制作了一个和现在三角函数表相仿的"弦表"，它类似于今天的正弦表和余弦表，这使他成为了三角学最早的奠基者。

梅内劳斯（Menelaus of Alexandria，公元 100 年左右）则写了一本专门论述球面三角学的著作《球面学》，内容包括球面三角形的基本概念和许多平面三角形定理在球面上的推广，以及球面三角形的许多独特性质。还提出了三角学的基础问题和基本概念，特别是提出了球面三角学的梅内劳斯定理，这个定理可以叙述为：

如果一个大圆和球面三角形 ABC 的三边（及其延长线）分别交于 D，E，F，如图 6-7，则有：

$$\sin AD \sin BE \sin CF = \sin BD \sin CE \sin AF$$

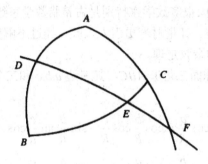

图 6-7　示意图

50 年后，另一位古希腊学者托勒密（Ptolemy）著《天文学大成》，初步发展了三角学。而在公元 499 年，印度数学家阿耶波多也表述出古代印度的三角学思想；其后的瓦拉哈米希拉最早引入正弦概念，并给出最早的正弦表；公元 10 世纪的一些阿拉伯学者进一步探讨了三角学。当然，所有这些工作都是天文学研究的组成部分。

早期的三角学不是一门独立的学科，而是依附于天文学，因为在历史上最先发展起来的是球面三角学而不是我们学过的平面三角，知道这一点，你一定会觉得很奇怪，但事实就是如此！公元 8 世纪以后，这些三角学知识传入阿拉伯并得到发展。10 世纪，阿拉伯天文学家阿布尔·瓦发引入了正切和余切的概念。他把所有的三角函数线都定义在同一个圆上，正切、余切作为圆的切线段被引入。他还在一本天文学著作中引入了正割与余割的概念。直到 13 世纪，中亚数学家纳西尔丁在总结前人成就的基础上，著成《完全四边形》一书，才把三角学从天文学中分离出来。

而在欧洲，最早将三角学从天文学独立出来的数学家是德国人雷格蒙塔努斯（1436—1476）。雷格蒙塔努斯的主要著作是 1464 年完成的《论各种三角形》。这是欧洲第一部独立于天文学的三角学著作。标志着古代三角学正式成为一门独立的学科。这本书共 5 卷，前 2 卷论述平面三角学，后 3 卷讨论球面三角学，是欧洲传播三角学的源泉。雷格蒙塔努斯还较早地制成了一些三角函数表。雷格蒙塔努斯的工作为三角学在平面和球面几何中的应用建立了牢固的基础。他去世以后，其著作手稿在学者中广为传阅，并最终出版，对 16 世纪的数学家产生了相当大的影响，也对哥白尼等一批天文学家产生了直接或间接的影响。

16 世纪，三角函数表的制作首推奥地利数学家雷蒂库斯（1514—1574）。1536 年，他毕业于威腾堡（Wittenberg）大学，留校讲授算数和几何。1539 年赴波兰跟随著名天文学家哥白尼学习天文学，1542 年受聘为莱比锡大学数学教授。雷蒂库斯首次编制出全部 6 种三角函数（即正弦、余弦、正切、余切、正割和余割）的数表，包括第一张详尽的正切表和第一张印刷的正割表。

三角学中一个重要的内容是三角公式，它是三角形的边与角、边与边或角与角之间的关系式，这些公式说明了各种不同名称的三角函数与三角形边角之间的内在联系。三角函数的定义已体现了一定的关系，一些简单的关系式在古希腊人以及后来的阿拉伯人中已有研究。文艺复兴后期，法国数学家韦达（F. Vieta）成为三角公式的集大成者。他的《应用于三角形的数学定律》（1579）是较早系统论述平面和球面三角学的专著之一。其中第一部分列出 6 种三角函数表，有些以分和度为间隔，给出精确到 5 位和 10 位小数的三角函数值，还附有与三角函数值有关的乘法表、商表等。第二部分给出造三角函数表的方法，解释了三角形中各种三角线量值关系的运算公式。除汇总前人的成果外，还补充了自己发现的新公式。如正切定理、和差化积公式等等。他将这些公式列在一个总表中，使得给出三角形中某些已知量后，可以从表中得出未知量的值，即由一些已知的边或角求出未知的边或角。该书以直角三角形为基础，对斜三角形，则仿效古人的方法化为直角三角形来解决，对球面直角三角形，给出计算的完整公式及其记忆法则，如余弦定理。1591 年韦达还得到多倍角公式，1593 年又用三角方法推导出余弦定理。

17 世纪初，对数的发明大大简化了三角函数的计算，制作三角函数表已不再是很难的事，人们的注意力便转向了三角学的理论研究。不过三角函数表的应用却一直占据着重要的地位，在科学研究与生产生活中有着不可替代的作用。

尽管三角学起源于远古，但在 18 世纪以前，三角学的研究对象主要是三角形。三角学的现代知识出现在 18 世纪，是以瑞士数学家欧拉与 1748 年引进三角函数为标志的。17 世纪，数学从运动的研究中引出了一个基本概念——函数，在那以后的二百年里，这个概念在几乎所有的工作中都占中心位置。欧拉首先研究了三角函数，也即把函数引入了三角学，这就把三角学从原先静态地研究三角形问题的解法中解脱出来，成为以三角函数为主要研究对象的学科，它是反映现实世界中某些运动和变化的一门具有现代数学特征的学科。

在《无穷小分析引论》一书中，欧拉首次提出了三角函数的概念，它是利用线段的比来定义三角函数的（与现行教材中的定义基本相同），这样就使三角函数摆脱了几何的束缚。三角学的解析化也为这门学科的充分发展创造了条件。欧拉用直角坐标来定义三角函数，彻底解决了三角函数在四个象限中的符号问题，同时引进直角坐标系，在代数与几何之间架起了一座桥梁，通过数形结合，为数学的学习与研究提供了重要的思想方法。欧拉还研究了三角函数的周期性，引进了三角函数的一些符号，提出了弧度制，把直线与圆弧的度量统一起来，并把三角公式推广到一般情况。他还用小写拉丁字母 a，b，c 表示三角形的三条边，大写拉丁字母 A，B，C 表示三角形的三个角，从而简化了一些三角公式。

1722 年，英国数学家棣莫弗发现了后来以他的名字命名的三角学公式 $(\cos\theta+\mathrm{i}\sin\theta)^n=\cos n\theta+\mathrm{i}\sin n\theta$，并证明了 n 是任意正有理数时公式成立；1748 年，欧拉证明了 n 是任意实数时该公式也成立，他还给出著名的欧拉公式 $e^{\theta\mathrm{i}}=\cos\theta+\mathrm{i}\sin\theta$；把原来人们认为互不相关的三角函数与指数函数联系在一起，为三角学增添了新的活力。在欧拉公式中，令 $\theta=\pi$，可得 $e^{\pi\mathrm{i}}+1=0$，这一个公式被誉为"最美的数学公式"，它将数学中的"五朵金花"——中性数 0，基数 1，虚数单位 i，圆周率 π，自然对数的底数 e——组合在一起形成了一个如此简洁而和谐的等式，真是令人拍案叫绝。

由于三角函数是一类典型的周期函数，这就为利用三角学知识解决具有周期性特征的实际问题开辟了广阔的领域。18 世纪，三角级数理论取得了长足的发展，虽然它不是严格意义下的三角学，但这一理论极大地开阔了三角学的应用范围，使它成为研究一切与函数有关的理论不可或缺的工具。

总之，三角学源于测量实践，其后经过了漫长时间的孕育和众多中外数学家的不懈努力，才逐渐发展为现代的三角学，它以三角函数及其应用为主要研究对象。三角函数是数形结合的桥梁，在解决代数与几何问题中都具有重要的作用，它是研究数学问题的基本工具之一。更为重要的是，它是刻画周期现象的重要数学模型。对于等速圆周运动、温度的变化、生命节律、声波、潮汐等周期现象，我们都可以通过建立三角函数模型来加以研究。而球面三角还可以用来解决三维问题和处理空间关系，在天文学、航海、测量学、制图学、结晶学、仪器制造等方面有着广泛的应用。

6.4.2　球面上的相似

1998 年 10 月，美国某知名地理信息系统制造商用户大会在北京召开。中国航海图书出版社的一幅海图，让该公司总裁杰克·丹里尔大为惊讶。他们公司生产的地理信息系统具有强大的陆地自动成图功能，但用地理信息系统来生产海图，连他自己也是第一次听说。

什么是海图呢？海图是专供船舶海上航行用的，航海必需要有精确测绘海洋水域和海岸地物的专门地图。海图大致由图名、比例尺、出版日期组成，中间还有罗经花用于辨别方位，海图内有较多数字表示海水深度，还有一些专用标志，表示一些障碍物、海上钻井平台等。它是地图的一种。无论地图还是海图，它们都是对地球的一种模拟与抽象。它们和地球表面之间就是一种相似关系。

图形相似是平面几何中一个很重要的性质，两个三角形相似是其中之一，而且相似三角形不一定全等，只有比例系数为 1 的时候才变成全等，全等是相似的特殊情况。

两个球面三角形全等是指：球面三角形的三条边，三个角分别相等，也即是这两个球面三角形能够完全重合。由于半径不同，球面的大小也不同，所以研究球面三角形的全等问题，只能在同一球面上或半径相等的球面上才有意义。

6.4.3　球面坐标系与导航问题

远洋航行的船只随时需要确定自己在茫茫大海中的位置。在远古时代，没有指南针之前，船只航海主要是依靠晚上天空星图来判断自己的位置，这称为天文导航。在海岸区域航行时，也会使用已探明的地图来确定自己的位置。因为当时还没有大地的整体形状是球面这样一个概念，所以也就无所谓经纬度了。

现在我们都知道船只在海上的位置是由其所在位置的纬度和经度来表示的，经度和纬度又如何确定呢？自古以来，许多科学家根据日月星辰情况制作了许多观象仪，可以用来确定任何一点所在的纬度。而要想定出船只所在的经度，最好的办法是用所在地的时间和家乡港口的时间作比较。为什么这样可以确定经度呢？我们知道，地球一天二十四小时由西往东转动一周是 360°，也就是一小时转动 15°，一分钟转动 0.25°。这样，要是知道了船只所在地的时间比家乡港口早了一小时四分钟，那船只就在家乡港口东边 16°的经线上。但是，又如何确定家乡和所在地的时间呢？

从哥伦布发现新大陆到麦哲伦绕地球以后的很长时期里，因为没有准确的时钟，所有的航海家都面临确定经度这个生死攸关的大事。一旦经度和航向有了偏差，就可能引起人员的大量死亡和船只的沉没。

现代高新航用仪器发展日新月异，船舶在海上确定经纬度主要使用全球定位系统，如：GPS、北斗导航系统、伽利略导航系统等。而这些定位系统的基础是选用合适的坐标系。

再看一个例子，在民航飞行中常常会遇到这样一个问题：同一个点的坐标，使用我国民航总局制定的航图查出来的坐标值，与使用杰普逊公司的航图查出来的往往不是完全相同，有着或多或少的差别。例如，在一个机场，当输入停机位置的全球定位系统的坐标时，飞机明明停在跑道的南侧停机坪上，但是在中国飞行图上却显示飞机到了跑道的北侧。这是什么原因造成的呢？

为了说明上述问题，我们首先来了解球面坐标系。在飞行中所涉及的有球面坐标系（即通常的经纬度坐标系，也称地理坐标系）和平面坐标系。球面坐标系可以确定地球表面上任何一点的位置。如果我们将地球看做一个椭球体，经纬网线就是加在这个椭球表面的地理坐标参照系格网。由于度并不是衡量长度的单位，球面坐标系中，不能用它来测量长度和面积，所以我们需要通过一定的数学方法将这样的球面坐标系投影到二维平面上，进而形成平面坐标系，也就是航图——地图中采用的坐标系。这样我们才能对距离、面积进行测量。为了把形状不是几何椭球体的地球进行模型化，可以用严格的数学公式表示出地球数学模型——参考椭球体。随着人们对地球的不断认识和探索，对于地球形状的数学模型也在不断改进，不同时期采用的地球数学模型造成不同时期的坐标基础不同。另外一点，对于任何一种对地球表面的平面坐标表示方法（即地图投影）都会在形状、面积、距离或者方向上产生不同的变形，每一种投影都有其各自的适用条件和限制。即使是同一个地球模型，不同的投影方法得到的平面坐标也不尽相同。

6.5　海战中如何掌握对方的信息

在未来战争中，战争不再局限于某个地方，而是属于全方位、立体化的战争；部队的作战指挥、作战方式也发生了重大变化；战场上快速有效地进行协同作战的能力要求显得越来越重要，这就使得各作战单元之间必须准确及时地掌握彼此的信息（如具体位置、方位、高度角等重要参数）。而这些参数的计算往往会涉及球面三角形正弦定理。

我们先来回忆平面三角形正弦定理。

北京故宫四个角各矗立着一个角楼（图6-8），如何测量角楼的高度？如何从篱笆外侧测量篱笆内树木的高度？这些问题属于怎样测量一个底部不能到达的建筑物的高度问题，利用平面正弦定理就可以解决。在平面上，解斜三角形的另一个重要定理是正弦定理：在一个三角形中，各边与所对角的正弦的比相等，即 $\dfrac{a}{\sin A} = \dfrac{b}{\sin B} = \dfrac{c}{\sin C}$。利用正弦定理，可以解决两类有关三角形的问题，第一类是已知两角和任一边，求其他两边和一角；第二类是已知两边和其中一边的对角，求另一边的对角。

图 6-8 故宫角楼

球面上是否也有正弦定理呢？当已知一个球面三角形的两边及其一边所对的角时，怎样求出另一边的对角呢？能否求出其他的边和角呢？下面这个公式能够回答这个问题。

对于单位球面上的球面三角形 ABC，有

$$\frac{\sin a}{\sin A} = \frac{\sin b}{\sin B} = \frac{\sin c}{\sin C} = \frac{\sin a \sin b \sin c}{2\Delta}$$

其中，$\Delta = \sqrt{\sin p \sin(p-a) \sin(p-b) \sin(p-c)}$，这里 $p = \dfrac{1}{2}(a+b+c) \in (0,\pi)$。

这个公式称为球面三角形边的正弦定理。

利用球面三角形边的正弦定理，我们又可以解决一部分球面三角形的问题。例如知道球面三角形的两边和一边的对角，要求其他边角，或者知道球面三角形的两个内角及其一个角的对边，就可以求出这个球面三角形的其他三个元素。

下面我们简单介绍球面三角在海战、电子战中关于潜艇航向的计算以及舰艇与空中目标之间高度角的计算等问题。

6.5.1 航向的计算

假设舰艇和目的地分别位于地球上的两点 A，B，它们的纬度和经度分别是 $A(\varphi_A, \lambda_A)$，$B(\varphi_B, \lambda_B)$，N 是北极，如图 6-9，a,b,c 分别是 NB、NA 和 AB 的长，$NB = \dfrac{\pi}{2} - \varphi_A$，$NA = \dfrac{\pi}{2} - \varphi_B$，并且这三个点可构成球面三角形 NAB，利用球面三角对该球面三角形进行计算，可求出舰艇与目的地之间的航向。根据球面三角形的正弦定理得：$\dfrac{\sin c}{\sin a} = \dfrac{\sin N}{\sin A}$，其中角度 A 即为潜艇的航向，因此 $\sin A = \dfrac{\sin N \sin a}{\sin c}$，由反三角函数即可得到目的地的航向。

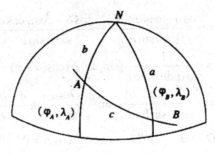

图 6-9　球面示意

6.5.2　舰艇与空中目标之间高度角的计算

根据要求，设舰艇点 A 坐标为 $A(\varphi_A, \lambda_A)$，空中目标 W 坐标为 (φ_W, λ_W)。所以，空中目标在球面上的投影点坐标为 $B(\varphi_B, \lambda_B)$，空中目标的高度为 h，则可画出求解的球面三角形，如图 6-10 所示，舰艇与空中目标投影方位角为 A，即：$\sin A = \dfrac{\sin N \sin a}{\sin c}$。

舰艇与空中目标投影的仰角即为弧长 AB 所对应的圆心角 $\angle AOB$，其值为：

$$\cos c = \cos a \cos b + \sin a \sin b \cos N。$$

由球心、舰艇和空中目标可构成一个平面三角形如图 6-11 所示。

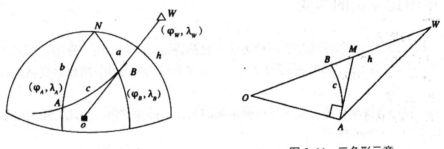

图 6-10　球面示意　　　　　　　　　　图 6-11　三角形示意

在图 6-11 中，$\angle MAW$ 为舰艇与空中目标的高度角。首先用平面三角公式求出 $\triangle WAO$ 的边长 AW，在 $\triangle WAO$ 中，OA 为地球半径 R，OW 为空中目标的高度加地球半径 $R+h$，$\angle AOW = \angle AOB$ 即：

$$AW^2 = OA^2 + OW^2 - 2OA \times OW \times \cos \angle AOW$$

根据上面求出的边长 AW 和已知条件，可求得高度角 $\angle MAW$，其表达式为：

$$\frac{AW}{\sin \angle AOW} = \frac{OW}{\sin \angle(90° + \angle MAW)} = \frac{OW}{\cos \angle MAW}$$

即：$\cos \angle MAW = \dfrac{OW}{AW} \times \sin \angle AOW$，由反三角函数即可得到高度角 $\angle MAW$ 的大小。

再看一个例子，平面三角形 ABC 中，等边所对的角相等，大边对的角较大，反之亦然。球面三角形是否也有同样的性质？我们通过定量的方式来探讨一下。

由球面三角形余弦定理，有

$$\cos A - \cos B = \frac{\cos a - \cos b \cos c}{\sin b \sin c} - \frac{\cos b - \cos a \cos c}{\sin a \sin c}$$

$$= \frac{1}{\sin a \sin b \sin c}[\sin(a-b)\cos(a+b) + \sin(b-a)\cos c]$$

$$= -\frac{2\sin(a-b)}{\sin a \sin b \sin c}\sin\frac{a+b+c}{2}\sin\frac{a+b-c}{2}$$

而 $\angle A$，$\angle B \in (0,\pi)$ 所以当 $a = b$ 时，$\cos A - \cos B = 0$，即，$\angle A = \angle B$，反之也成立。当 $a > b$ 时，$\cos A < \cos B$ 即 $A > B$，反之也成立。

由此可知，在球面上，同一个球面三角形中，等边对等角，大边对大角，反过来也成立。和平面三角一样，正、余弦定理是球面三角形的重要定理，也是球面三角的基础，有了这两组公式，球面三角的很多问题都可以得到很好的解决。而且球面三角正、余弦定理的应用比平面三角更广泛。

运用球面三角形的基本公式，可以得出天文三角形的天体高度和天体方位的计算公式。因此，在航海学中，利用球面三角形公式不仅可以解决天文航海定位中天体高度和方位的计算问题，还可以在船舶观测罗经差时利用公式求太阳或者北极星方位。除此之外，在实际生活中，球面三角形和球面几何的知识还有着广泛的应用。例如，大地（天体）测量、航空、卫星定位等都要用到相关知识，球面三角和球面几何知识也是研究其他学科的基础。随着球面几何知识的进一步深入研究和完善，它的理论会更广更深入地应用于其他学科中。

6.6　中国纪年法的演变

在春秋战国时期，各国施行的六种历法（包括黄帝历、颛顼历、夏历、殷历、周历、鲁历），它们都取平均年长为 365 又四分之一日，故又合称为四分历。所以古夏历是古六历中的一种。

以后，每当改朝换代时，为了显示新皇朝的权威，都要改历。因此，还同时采用的是皇帝年号纪年和天干地支纪年。

到了汉朝时期，在公元前 104 年汉武帝元封七年颁行了《太初历》，后人称之为《汉历》。它是如同夏朝一样，以立春正月（即夏正）为"岁首"，以后除了极短时期以外，一直到清朝，在大约两千年时期间，都是用夏正，因而一般也叫《夏历》。

中国从辛亥革命的次年（1912 年）起采用公历年、月、日，但同时采用中华民国纪年和阴阳历，并称之为"夏历"或者"旧历"。

中华人民共和国是在 1949 年 9 月 27 日全国政协第一届全体会议上，决定采用公历纪年为新中国的纪年法（就是民间俗称的"阳历"）。同时采用阴阳历。

直到 20 世纪上半叶，我国仍然把现在所说的"农历"称为夏历或者旧历，而把公历称为西历或者新历。一直到 60 年代末，才突然改夏历为"农历"。据网上资料说，《人民日报》的报头日历从 1948 年 6 月 15 日创刊以后长期采用"夏历"，后来从 1968 年元旦开始改用"农历"，从 1980 年元旦开始又去掉"农历"两字，只标出干支纪年及夏历的月和日。现在作为规范用语的，仍然是"农历"。

太阳历的一年是回归年，是地球围绕着太阳旋转一周的时间，大约为 365.2422 日，就是 365 日 5 小时 48 分 46 秒。

　　把太阴历的每月初一的新月称为"朔"，十五的满月称为"望"。两个新月之间所隔时间称为"太阴月"（我国古人称月球为太阴），又称"朔望月"，平均大约为29.5306日，就是29日12小时44分3.84秒。太阴历的一年是12个朔望月，组成一个阴历年。顺便说明一下：月球围绕着地球旋转一周的时间称为"恒星月"，大约为27.3217日，而在天文学上的朔望月是太阳和月球视运动的会合周期，这两者是不同的。恒星月的参照物是在无穷远处的恒星，而朔望月的参照物是太阳。朔望月比恒星月长的原因，是因为在月球运行期间，地球本身也在绕太阳的轨道上前进了一段距离（见图6-12）。在后文中，凡是说到"月球围绕地球旋转一周"都指的是视运动的会合周期，就是一个朔望月，而不是恒星月。

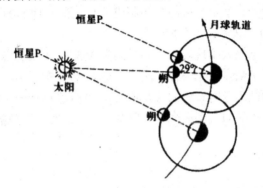

图 6-12　朔望月与恒星月

　　在我国，自古以来采用的一直是阴阳历，确切地说是一种四位一体的阴阳历。它包括以下四个方面的内容：把"朔望月"作为一个月（就是通常所说的阴历月，或者农历月），反映了月球、太阳与地球之间的运行关系；采用"在十九年中插入七个闰年"的方法，消除阴历年与回归年的差值积累，而回归年反映了太阳与地球之间的运行关系；在一个回归年中设置了二十四个节气，反映了一年中气候的变化，指导农业生产和生活；更插入了便于表述的天干地支纪年法，六十年周而复始一次。

　　我国的历法有多少种？据统计，有名称可考的中国古代历法，共有115种。其中著名的有汉朝时期（公元前206至公元220年）的太初历、南北朝时期（公元420至589年）的大明历、公元7世纪传入我国的回历和清朝顺治二年（1645年）颁行的时宪历。现逐个介绍如下。

6.6.1　太初历

　　公元前104年（西汉汉武帝元封七年，也就是太初一年），汉武帝刘彻下令，废除秦朝的《颛顼历》，采用由司马迁等人制定的新历法《太初历》，它被后人称为《汉历》。《太初历》是中国古代第一部比较完整的，且有完整文字记载的汉族历法，也是当时世界上最先进的历法。

　　《太初历》测定一个回归年为365.25016日，一个朔望月为29.53086日；将原来以十月为岁首改为以正月为岁首；开始完整地采用有利于农时的二十四个节气；规定没有中气的月份为闰月。显然，《太初历》是阴阳合历。

　　《太初历》问世以后，一共用了189年（从公元前104年至公元85年），这是我国历法史上一个划时代的进步。

　　《太初历》的原著早已失传，在西汉末年，刘歆（？—公元23年，是中国数学史上研究圆周率的第一人）基本采用了《太初历》的数据，根据《太初历》制定出《三统历》，一直流传至今。

6.6.2　大明历

在我国南北朝时期（公元 420—589 年），南朝出了一位杰出科学家祖冲之（公元 429—500 年）。他不仅是一位数学家同时还通晓天文历法、机械制造、音乐等。

大家普遍知道的，祖冲之流传于后世的是以下两个杰出成果：

第一，公元 460 年，他计算出圆周率在 3.1415926 与 3.1415927 之间，成为世界上第一个把圆周率计算准确到小数点后七位的人。他的这个世界记录保持了一千二百多年！

大家知道，我国在宋朝（公元 960—1279 年）才开始有算盘作为计算工具。在此以前的计算工具是由一些小竹棍、小木条或小骨条制成的"算筹"，他们的一切计算都是趴在地上摆弄很多算筹才算出来的，这多么令人惊叹！

第二，他测出了地球绕太阳旋转一周的时间是 365.24281481 日，与现在知道的 365.2422 日相比，已经准确到了小数点后第三位，误差只有 46 秒，实属不易！另外，他发现了当时使用的历法中的错误，制定出当时最好的《大明历》。可惜遭到权势人物和孝武皇帝的反对，直到祖冲之死后十年，由于他的儿子祖暅再三坚持，并经过实际天象的检验，《大明历》才被正式颁行。

6.6.3　时宪历

1630 年（崇祯三年），由礼部尚书徐光启上书朝廷，推荐汤若望供职于钦天监，译著历书，制作天文仪器。

中国古代，制定和颁布历法是皇权的象征，列为朝廷的要政。说到时宪历，有一段离奇、曲折和悲戚的故事。主人公是一位到中国来传播天主教和西方科学文化的德国神父约翰·亚当·沙尔·冯·白尔（Johann Adam Schall Von Bell，1592—1666）。他把德文姓名"亚当"改为"汤"，"约翰"改为"若望"，取名汤若望，他的字是"道未"，取自于《孟子》的"望道而未见之"（期望得到道却似乎从来没有见过道）。

中国古代，制定和颁布历法是皇权的象征，列为朝廷的要政。帝制时代，历书是由皇帝颁布的，并规定只许官方刊印，不准私人刻印，所以历书又叫"皇历"。历代王朝都在政府机构中设有专门司天的天文机构，称为太史局、司天局、司天监、钦天监等，配备一定数量的具有专门知识的学者进行天文研究和历书编算。历法在中国的功能除了为农业生产和社会生活授时服务以外，更要为王朝沟通天意、趋吉避凶。日、月食和各种异常天象的出现常常被看作是上天出示的警告。这就是"天垂象，示吉凶，圣人则之"。

自明初开始到万历年间，大约二百年的时期中，天文历法的研究陷于停顿的状态。明初统治者对天文历法采用了极其严厉的政策："习历者遣戍，造历者殊死"。有关官员多趋保守，认为"祖制不可变"，这严重地摧残和遏制了民间对天文历法的研究。

到了明代，历法已经年久失修经常出现错误和偏差，所以修正历法已迫在眉睫。到了明末的崇祯二年（1629 年），成立了"历局"，它是个临时的研究改历的机构，其任务就是编纂一部《崇祯历书》。"历局"的成立，意味着西方经典天文学从此系统地传入中国，是中西天文学交流沟通的开始。

"历局"在徐光启（礼部尚书兼文渊阁大学士）主持下，李天经、汤若望等人，经过十多年的辛勤工作，终于在 1634 年 12 月完成了卷帙浩繁的《崇祯历书》，共计 46 种 137 卷。《崇祯历书》的编撰完成，标志着中国天文学从此纳入世界天文学发展的共同轨道，在中国历法发展史上是又一次划时代的进步，是迄今为止，中国历法大改革中的最后一次。

崇祯皇帝对汤若望等人的工作十分赞赏，1638 年底，曾亲赐御匾一方，上面亲书"钦褒天学"四个大字。

1644 年（清朝顺治元年），清军进去北京，明朝灭亡。汤若望以其天文历法方面的学识和技能受到清廷的保护，受命继续修正历法。

1645 年，汤若望下了很大功夫，对卷帙庞杂的《崇祯历书》进行删繁去芜，整理修改，增补内容，把原来的 137 卷压缩成 70 卷，另外增补了 30 卷，合成 30 种 100 卷，取名《西洋新法历书》。他将《西洋新法历书》上呈朝廷，说服了睿亲王多尔衮定名《时宪历》。《时宪》两字截自《书·说命中》的"惟天聪明，惟圣时宪"句。时宪的意思是以天为法建立法制，以后就把当时国家的法令称为"时宪"。

后来到了乾隆年间，为了避开乾隆名字（弘历）的忌讳，把《时宪历》改称《时宪书》。汤若望得授钦天监监正，这是中国历史上的一个洋监正，开创了清朝任用耶稣会传教士掌管钦天监的先例，并由此延续了将近二百年之久。

从此以后，《时宪历》成为我国每年编制历书和各种天文推算的基础。现在我们所用的"农历"，就是根据《时宪历》，先后经过康熙二十三年（1684 年）和乾隆七年（1742 年），分别采用西方第谷和牛顿的数据作为"岁实"修订而成的。在 20 世纪，民间还有老人将历书叫成"时宪书"。

汤若望根据他的西方科学理论，研究编制适合中国实情的历法，因此他先后受到崇祯、顺治、康熙皇帝的最高礼遇，甚至命短的大顺皇帝李自成也对他非常尊重。

顺治皇帝非常钦佩汤若望的道德与学问，与他保持很好的关系，并且尊他为"玛法"（满语，尊敬的老爷爷）。他经常来往于皇宫与汤若望居住的南堂（北京最古老的天主教），与汤若望叙谈，无需太监门的传唤，也免除了觐见时的叩跪之礼。汤若望曾经治好了孝庄皇太后的侄女、顺治帝未婚皇后的病，为此皇太后对汤若望非常感激，认他为"义父"。到后来，一些事关国家前途的重大问题，也会征求汤若望的意见。例如，24 岁的顺治皇帝得天花病重不起，但还没有确定皇太子。他临终前请汤若望给他建议。汤若望知道天花的危害很大，于是他建议立一个曾经出过天花的三皇子当皇上，这个人就是后来的康熙——玄烨。

康熙皇帝封汤若望为"光禄大夫"，官至一级正品，他是唯一的能够自由进出皇宫的外国人。

可是现实往往是无情的。如此功高盖世、飞黄腾达的汤若望，晚年竟然遭遇灭顶之灾，险遭凌迟处死！

1661 年，顺治病逝，八岁的康熙登基，此时，汤若望已经是年近七十的迟暮老人了，却成为宫廷斗争的牺牲品。辅政大臣鳌拜等反对西洋学说，怂恿一名不学无术的文官杨光先弹劾汤若望，说汤若望等传教士有三个大罪：潜谋造反，邪说惑众，历法荒谬。于是，1664 年冬，鳌拜废除《时宪历》。恢复《大统历》，逮捕了已经中风瘫痪的汤若望和比利时传教士南怀仁等 30 余人，判决汤若望等人绞刑，汤若望与潘尽孝等人俱判斩立决。在汤若望等人经初审被判处绞刑之后，曾进行了一次用中国、回回和西洋三种观测法，同时预测日食时间的实际检验活动。结果南怀人等人据西洋历法预测的日食时间与事实相符，最为精确。但是，在杨光先等人的进一步诬告下，对汤若望等人的处罚非但没有减轻，反而加重了：由绞刑变成了最残酷的凌迟。按照判决，次年汤若望应凌迟处死。但不久天上出现了被古人认为不祥之兆的彗星，京城又突然发生了六级大地震，皇宫遭到破坏，皇后和皇帝居住的宫殿着火，这显然吓坏了清宫统治者。按照惯例，朝廷颁布全国大赦，于是汤若望得以免死，很快又得到孝庄太皇太后的特旨释放，潘尽孝也免去一死，而其他的从事历法的汉人，还是被斩首。至此，徐光启在崇祯年间，精心培养的一大批西方数学天文学家，被彻底杀灭扫荡干净。

1666 年 8 月 15 日，汤若望病死于寓所南堂，享年 75 岁。他在中国历时 47 年，除了完成《时宪历》的改编，还向清廷进呈了珍贵的天文仪器和西方历书，撰写、译编了关于天文历法方面的巨著 30 余种，还有关于开采、冶金技术等巨著以及大炮 20 门。当然，还有大量的宗教著作。他对中国的贡献称得上是"鞠躬尽瘁，死而后已"。

1669 年康熙给汤若望平反。康熙在对汤若望的祭文中说："鞠躬尽瘁，臣子之芳踪。恤死报勤，国家之盛典。尔汤若望来自西域，晓习天文，特畀象历之司，爰锡通玄教师之号"。（为了避开康熙帝（玄烨）的忌讳，把"通玄教师"改为"通微教师"），并且宣布全国祭奠汤若望，把他葬去皇家陵园，在北京著名的利玛窦（1552—1610，意大利传教士）墓地左右两侧，分别有南怀仁、汤若望的墓。

这就是历史上著名的历法案。这场以"历法之争"为名、实则为宫廷之争和两种不同文化较量的历案，所表现出的盲目排外，使中国付出了沉重的代价。

祖冲之和汤若望的事例充分说明，在历法改革历史上，修正历法往往并不是一帆风顺的，是正确与错误、先进与保守之间斗争的产物，有时还笼罩着政治斗争的阴影，在历史上为历法改革而献身者不乏其例。

6.6.4　穆斯林历（回历）

公元 639 年，伊斯兰教第二任哈里发欧麦尔，为纪念穆罕默德于公元 622 年率穆斯林由麦加迁徙到麦地那这一重要历史事件，决定把该年定为伊斯兰教历纪元元年，并将伊斯兰见历命名为"希吉来"（阿拉伯语"迁徙"之意）。通常用 A.H.（拉丁文 Anno Hegitae 的缩写）表示。以阿拉伯太阳年岁首（即儒略历公元 622 年 7 月 16 日）为希吉来历元年元旦。

这个伊斯兰教历法，为世界穆斯林所通用，在我国也叫回回历或回历。主要用在新疆、甘肃、宁夏、清海以及全国穆斯林集聚的地方。

它是一种纯粹的太阴历，完全是根据月球围绕地球旋转的周期决定的。它采用的也是朔望月，一年分为 12 个月。单数月份为大月，每月 30 日；双数月份为小月，每月 29 日，但是第 12 月，在"平年"中仍是 29 日，在"闰年"中是 30 日。这样，平年有 354 日，闰年有 355 日。

这里需要说明的是，这是一种特殊的闰法。在公历年中置"闰"（在二月的末尾加一天），是为了使公历年的平均年长接近回归年；在阴阳历年中置"闰"（根据节气，在 19 年中插入 7 个闰月），使得 19 年里的平均年长非常接近回归年。那么，在回历中，规定哪些年是闰年呢？它规定：以 30 年为一周期，每一周期的第 2、5、7、10、13、16、18、21、24、26、29 年，共 11 年为闰年，另外 19 年为平年。这样，在 30 年中，共有 10631 日，计 360 个月，每月的平均长度是 29.5305556 日，与朔望月十分接近。这就保证了每月初一总是朔日。

这样在 30 年中，共有 10631 日，平均每年为 354 日 8 小时 48 分，与公历年平均天数为 365 日 5 小时 49 分相比，少了 10 日 21 小时 1 分，大约每 2.7 个公历年，希吉来历就少了 1 个月，每 32.6 个公历年，希吉来历就少了 1 年。

这样一来，穆斯林的封斋和朝觐日期，在伊斯兰教历中是固定的，但是在公历中，每过 32.6 年，就每个月都轮到了。在人的一生中，春夏秋冬四个季节甚至每一个月，都有可能体会封斋和朝觐的不同感受，这就是伊斯兰教历的独特之处。

上面已经提到，由于采用如此复杂的闰法，保证了"每月初一总是朔日"，所以，伊斯兰教历从开始使用到 21 世纪初，在这 1400 年期间，朔日的时刻与实际时刻的偏差仅仅落后了半天，可见它是相当精确的。

回历最大的特点是不置闰月，因为增加闰月违反了穆罕默德的教义。

回历保持其纯太阴历状态，一直延续到现在。为什么它没有成为世界通用的历法呢？原因就是它没有与回归年同步，12 个朔望月仅有 354 或 355 日，一年比公历的一年大约短 11 日，所以回历的年，经过 16～17 年后将寒暑颠倒、冬夏易位，与农业生产和人们的日常生活很不协调，所以未被人们普遍采用。

6.7 星期的由来与七色表

用星期来叙述和记载日期的方法是全世界通用的，连幼儿园的小朋友都知道一个星期有 7 天。但是，如果要问：它是哪一个国家首先规定的？是从什么时候开始实施的？为什么会被世界各国通用？为什么选择 7 天？众说纷纭，很难给出确切的回答。

从应用角度来说，规定"一个星期是 7 天"是一件非常不妥当的事情，因为 7 是一个素数（质数），不可能确切表示"半个星期、三分之一星期、四分之一星期"各是多少天！如果用"一个星期是 12 天"，那么就方便多了。

6.7.1 星期的由来

我们发现，古今中外，人们常把 7 看作神数。为什么呢？原因就是人们早就发现很多自然现象与数字 7 有关。但因为没有办法把它弄清楚，所以只好把它神化了。

例如，人类最早了解的与人类生存密切相关的天体有 7 个：太阳和月亮以及火、水、木、金、土五大行星，于是古人就据此创造了以 7 天为一周的纪日制。据考证，四千年前，苏美尔人非常崇拜天上的七个神，并用这 7 个天神的名字来命名一个星期中的 7 天：

Sunday（太阳神，星期日）——纪念太阳神。

Monday（月亮神，星期一）——纪念月亮神，她为太阳神之妻。

Tuesday（火星神，星期二）——纪念名为 Tyr 的战神。

Wednesday（水星神，星期三）——纪念名为 Woden 的死亡之身，他是雷电之神 Thor 的父亲。

Thursday（木星身，星期四）——纪念名为 Thor 的雷电之神。

Friday（金星神，星期五）——纪念名为 Frigga 的婚姻女神她是 Woden 之妻，是 Thor 的母亲。

Saturday（土星神，星期六）——纪念名为 Saturn 的农业之神。

所以，"星期"可以理解成"星神的日期"。

又如，人类早就发现在黑夜星空中用来指示方向的"北斗星"也是由七颗星（天枢、天璇、天玑、天权、玉横、开阳、摇光）组成的。

于是，人们特别崇拜神圣数字 7。最明显的例子是《圣经》。《圣经》上说，神灵运行在水面上。他在第一天造了光，分出白昼与黑夜；第二天造了空气（天）；第三天造了地和水以及蔬菜与果实；第四天造了太阳和月亮；第五天造了鱼和鸟；第六天造了兽、畜、虫和人；到了第七天，万物已造齐，称为圣日，他安息了！这就是说，在一片黑暗的混沌世界仲，上帝花了六天时间，创造了宇宙万物，第七天为休息日。

后来，人们发现彩虹的颜色由红、橙、黄、绿、青、蓝、紫七色组成；音乐中由七个音符：1、2、3、4、5、6、7；人的头部有七孔：双眼、双耳、双鼻孔和嘴巴；人体内主要内脏有七个：心、肺、肝、肾、脾、胃、肠；等等。

值得一提的是我国战国时代（公元前 475 至公元前 221 年）的齐国人甘德，他创造性地编制出中国最早的二十八宿星象图（是天球上黄道附近星体栖宿之地），它们分布在东、南、西、北四个方位，每个方向有七个星宿。这样，七个星宿为一个周期，东西南北四个周期就是二十八宿。

提请注意：在我国古代并不是用星期来记载和表示日期的，用的是干支纪日法。在明朝末年，当基督教传入我国的时候，星期纪日制才随之传入，所以，"星期纪日法"是"舶来品"。

最后说明一件事。因为基督教的耶稣被门徒犹大出卖后钉死在十字架上，三天后又复活，复活日正好在星期日，所以规定教徒们星期日必须到教堂去做礼拜，于是那一天也叫"礼拜日"或者"礼拜天"。由此可见，"礼拜"实际上是一个宗教名词。

6.7.2 七色表及其用法

经常有这种情形：需要知道某一天（例如，某某人的生日，明年的国庆节等）是星期几，但是手头又没有万年历可查，或者，查起来不太习惯，怎么办？最简单的方法是用《七色表》，只需要几秒钟就可以从中找到答案。

《七色表》由五个栏目组成："星期栏目""月份栏目""日期栏目""公元年份栏目"和由红、橙、黄、绿、青、蓝、紫七种颜色组成的"七色栏目"。

查找方法如下：先在"月份栏目"内找到所查月份所在的横行，在"日期栏目"内找到所查日期所在的竖列，在"七色栏目"中查到它们的交会处，并记住这个颜色。再在"公元年份栏目"内找到所查年份，在此行中往左查到所记住的颜色，再往上在"星期栏目"内即可找到所需的星期数。

例如，如果要查 1937 年 4 月 7 日是星期几，先在"月份栏目"内查到 4 月，在"日期栏目"内查到 7 日，在它们交会处查到"黄"色。再在"公元年份栏目"内查到 1937 年，往左找到"黄"色，再往上即可找到是星期三。

在"公元年份栏目"中，从上到下、从左到右，年份数的排列很有规律：每四个年数排完后，跳过一个（在闰年前跳一格），继续往下排，所以这个表格可以从前、后两个方向延伸。

这张《七色边》用起来非常简单，但是似乎"玄妙而不可琢磨"，如果您想知道它是怎样设计构造出来的，那么可以继续往下看。

6.7.3 年代号公式

大家知道，如果已经知道某年的元旦（1 月 1 日）是星期几，那么这一年中任意一天的星期数是不难推算出来的，只要正确求出这一天与元旦之间相隔多少天就可以了！

把公元 x 年元旦的"星期数"称为该年的"年代号"，记为 N_x，它的取值集合是 {1、2、3、4、5、6、0}，其中"0"表示星期日，"1"表示星期一，等等。在本节中，我们都是采用"7 进制计数法"：凡是被 7 整除的数一律认为是"0"，被 7 除后余数是 1 的数一律认为是"1"，被 7 除后余数是 2 的数一律认为是"2"，以此类推。

我们要找到一个能求出任意一年的年代号公式。

我们先假设公元 1 年的元旦是星期一，也就是它的年代号 N1＝1。如果根据这个假设推导出来的公式，所求出的每个年的年代号都是正确的，那么，这个假设当然是正确的了！容易验证，用如下方法推导出来的公式，求出的年代号是正确的，所以这个假设是正确。

因为每个公历平年有 52 周加 1 天，每个闰年有 52 周加 2 天，根据公元 1、2、3、5、6、7 年是平年，而公元 4 年是闰年，可依次求出

$$N1＝1，N2＝2，N3＝3，N4＝4，N5＝6，N6＝0，N7＝1$$

这就是说，如果 X 是平年，那么 Nx+1＝Nx+2。

如果年年都是平年，那么年代号就非常容易确定，就是 Nx＝x。（当然总 7 进制计数法）。可是，事实上，我们采用的是"四年一闰，百年少一闰，四百年加一闰"的闰法，就是年数被 4 整除的年份是闰年，其他的都是平年；可是被 100 整除的年份也是平年；被 400 整出的年份又是闰年了。据此不难求出从公元 1 年到 x 年的前一年为止，总共"闰"了

$$R_x = \left[\frac{x-1}{4}\right] - \left[\frac{x-1}{100}\right] + \left[\frac{x-1}{400}\right]$$

次。其中，每个方括号 [　] 的数值都表示其中那个数的整数部分。例如：凡是方括号中的数小于 4，但不小于 3，那么这个方括号就是 3。

因为每"闰"一次，就要多加一个"1"，所以立刻得到年代号的计算公式：

$$Nx＝X+Rx（还是采用"7 进制计数法"）$$

据此公式容易求出以下各年的年代号（表 6.1）：

表 6.1　求年代号

年份	2007	2008	2009	2010	2011	2012	2013	2014	2015	2016	2017	2018	2019	2020	2021
年代号	1	2	4	5	6	0	2	3	4	5	0	1	2	3	5

所以 2014 年元旦是星期三，2015 年的元旦是星期四，2016 年的元旦是星期五……容易查证，这些星期数都是正确的。

如果需要知道 x 年 y 月 z 日是星期几，那么，先求出年代号 Nx。再求出从 1 月 1 日算起，到 y 月 z 日前一天的总天数 H（不包括 y 月 z 日这一天），它就是在前 y-1 月中，大月的月数乘上 31（或者乘上 3，因为可以去掉 7 的倍数 28），加上小月的月数乘上 30（或者乘上 2），再加上二月的 28 或者 29 天（或者加上 0 或 1），再加上 z-1。最后把 S＝Nx+H 除以 7，所得的余数就是所要求的星期数。

以 1937 年 4 月 7 日为例说明之。

先求出年代号是"5"。计算过程如下：

$$N1937＝1937+[1936/4]-[1936/100]+[1936/400]＝1937+484-19+4＝2406＝343×7+5$$

在 4 月 7 日前，共有两个大月，一个平月，没有小月，再加上 6 天，算得从 1 月 1 日算起，到 4 月 6 日的"总天数"（7 进制）

$$3×2+6＝12$$

所以最后得到数 5+12＝17，它除以 7，得到余数"3"，所以 1937 年 4 月 7 日是星期三。这是正确的。

所以，根据整个推导过程知道，所得到的年代号公式是正确的。

6.7.4　月代号法

如果您认为总天数 H 的计算太复杂了，那么可以用以下的"月代号法"。

因为如果知道某个月的 1 日是星期几，那么一下子就可求出这个月的任意一天是星期几，所以只要知道这一年中 12 个月的 1 日的星期天数就可以。这 12 个数字就构成了这一年的"月代号数列"，这种数列是可以根据公历的大小月和闰法确定的，而且有明显的规律性，如表 12 所示。一般地说，下一年的月代号是上一年的月代号加 1。但是遇到闰年就不一样了。表中有 24 个黑粗体数字，表示比上一年对应的同月数字多 2，这是由于闰年二月多了一天造成的。

在 20 世纪末，金福临先生给了作者一张复印的小表格，从表中可以查看出若干年份的星期数来。作者追根溯源，应用公历闰年的数学原理，通过演算，从中找出规律（从表 6.2 中竖的方向查看，不难看出规律性的一些端倪），造出了这个方便使用的大表格，且由于采用七种颜色表示七个月代号，特将它取名为《七色表》。

表 6.2　部分月代号序列

2010	5	1	1	4	6	2	4	0	3	5	1	3	平年
2011	6	2	2	5	0	3	5	1	4	6	2	4	平年
2012	0	3	**4**	**0**	**2**	5	**0**	3	6	**1**	4	6	闰年
2013	**2**	**5**	5	1	3	6	1	4	0	2	5	0	平年
2014	3	6	6	2	4	0	2	5	1	3	6	1	平年
2015	4	0	0	3	5	1	3	6	2	4	0	2	平年
2016	5	1	**2**	**5**	**0**	3	**5**	**1**	4	6	**2**	**4**	闰年
2017	**0**	3	3	6	1	4	6	2	5	0	3	5	平年
2018	1	4	4	0	2	5	0	3	6	1	4	6	平年
2019	2	5	5	1	3	6	1	4	0	2	5	0	平年

6.8　数学与天文现象

6.8.1　火星大冲

我们知道地球和火星差不多是在同一轨道平面上围绕太阳按各自的椭圆形轨道旋转，火星轨道在地球轨道之外。当火星、地球和太阳接近在一条直线上时（地球在中间），就说发生冲的现象，见图 6-13，特别的，在地球轨道与火星轨道的最近处发生的冲称为大冲。此时，是人们背着太阳观察火星的最佳时机。

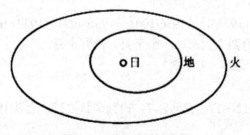

图 6-13　火星大冲示意图

已知火星绕太阳一周需 687 天，地球绕太阳一周需 365.25 天。需要求出

$$a＝687/365.25≈1.880903491$$

的连分数表示式。先求出竖式计算过程：

```
   6 8 7 0 0              1 │  3 6 5 2 5
 -) 3 6 5 2 5                │-)3 2 1 7 5
   3 2 1 7 5   1            7│    4 3 5 0
 -) 3 0 4 5 0                │ -)  3 4 5 0
     1 7 2 5   2            1│      9 0 0
 -)    9 0 0                 │ -)    8 2 5
       8 2 5   1          11 │        7 5
 -)    8 2 5
       ———
```

据此可得到连分数表示式：

$$a = \frac{687}{365.25} = 1 + \frac{1}{1+}\ \frac{1}{7+}\ \frac{1}{2+}\ \frac{1}{1+}\ \frac{1}{1+}\ \frac{1}{11}$$

依次截取渐近分数

$$a_0 = 1$$

$$a_1 = 1 + \frac{1}{1} = \frac{2}{1} = 2$$

$$a_2 = 1 + \frac{1}{1+}\ \frac{1}{7} = \frac{15}{8} = 1.875$$

$$a_3 = 1 + \frac{1}{1+}\ \frac{1}{7+}\ \frac{1}{2} = \frac{32}{17} \approx 1.882352941$$

$$a_4 = 1 + \frac{1}{1+}\ \frac{1}{7+}\ \frac{1}{2+}\ \frac{1}{1} = \frac{47}{25} = 1.88$$

$$a_5 = 1 + \frac{1}{1+}\ \frac{1}{7+}\ \frac{1}{2+}\ \frac{1}{1+}\ \frac{1}{1} = \frac{79}{42} \approx 1.88095$$

渐近分数 a_2 的数值说明地球转十五周与火星转八周的时间差不多，所以，两次冲的间隔时间大约为十五年。渐近分数 a_5 的数值说明地球转七十九周与火星转四十周后几乎回到了原处。所以，由于 1956 年 9 月曾发生了一次大冲，那么，79 年以后，即到 2035 年，几乎在原来的相对位置上又将发生一次大冲。

6.8.2 "一年两头春"与"年内无立春"

我国是严格而准确地参照地农业节气来安排阴历的闰月和大月小月的，且不断地予以调整，全年分成二十四个节气（表 6.3）。

表 6.3 二十四节气

月份	正	二	三	四	五	六
节气	立春	惊蛰	清明	立夏	芒种	小暑
中气	雨水	春分	谷雨	小满	夏至	大暑

月份	七	八	九	十	十一	十二
节气	立秋	白霜	寒露	立冬	大雪	小寒
中气	处暑	春分	霜降	小雪	冬至	大寒

　　说到二十四个节气，必须纠正一个误解，那就是说认为二十四个节气属于阴历，其实不然，确切地说，我们是一方面根据月亮与地球之间的运行规律制定出中国的特有的阴历；另一方面根据月亮与地球之间的运行规律制定出中国特有的二十四个节气，所以它是一种太阳历。在一年中分成二十四个节气，是中国独创的！早在《易经》中就有"卦气说"，它把"易卦"与"节气"相结合，用来占卦和解释自然现象。把全年分成二十四个节气，每个节气十五、六天；每个节气等分为三候：初候、中候与末候。严格地说，"二十四个节气"才是中国的"农历"，因为它是农业安排的唯一依据。

　　值得注意的是：中国的二十四个节气与世界通用的公历非常吻合，那就是每个节气在公历中的日期区间最多是三天，下面是二十四节气的交节时间表（公历，表6.4）。

表6.4　二十四节气交节时间表

春季	立春（2月3～5日）	雨水（2月18～20日）
	惊蛰（3月5～7日）	春分（3月20～22日）
	清明（4月4～6日）	谷雨（4月19～21日）
夏季	立夏（5月5～7日）	小满（5月20～22日）
	芒种（6月5～7日）	夏至（6月21～22日）
	小暑（7月6～8日）	大暑（7月22～24日）
秋季	立秋（8月7～9日）	处暑（8月22～24日）
	白露（9月7～9日）	秋分（9月22～24日）
	寒露（10月8～9日）	霜降（10月23～24日）
冬季	立冬（11月7～8日）	小雪（11月22～23日）
	大雪（12月6～8日）	冬至（12月21～23日）
	小寒（1月5～7日）	大寒（1月20～21日）

　　因此，我国农历的节气安排既与阳历相关，又与农业相配，是非常科学的历法。

6.8.3　中国的二十四个节气与黄道十二宫的关系

　　我们常说的"天球"，就是以观测者的眼睛为中心，以任意长度为半径的假想球，所有天体在天球内面上的投影的移动称为"视运动"。联结天球中心与南北两极的直径视为假想的"天轴"，它与地球的自转轴平行。垂直于天轴的平面与天球所交的那个大圆称为天球"赤道"，太阳（投影）在天球内面移动（与地球自转的方向相反）的视轨道称为"黄道"，黄道在赤道上的倾角为23°27'。黄道与赤道相交于两点。每年3月21日左右，太阳由南半天球移向北半天球，经过黄赤交点，称为"春分点"。在黄道上，从春分点开始自左向右（逆时针方向），每隔30度设一"天宫"，共有十二宫：

　　　　　　　白羊宫　　金牛宫　　双子宫
　　　　　　　巨蟹宫　　狮子宫　　室女宫

天秤宫　　天蝎宫　　人马宫
摩羯宫　　宝瓶宫　　双鱼宫

其中，进入白羊宫、巨蟹宫、天秤宫或摩羯宫的时间依次为：

春分（3月21日左右），夏至（6月22日左右），

秋分（9月23日左右），冬至（12月22日左右）。

由此可见，二十四个节气中的十二个"中气"是根据黄道十二宫设置的。

所以，我国采用的农历实际上是阴阳合历。所谓"阳"，它的历年（二十四个节气）基本适应"回归年"（每年365.25）。

二十四个节气在阴历中的日期是在不断变动的。为了阴历年与阳历年协调，规定以每个农历年的"立春"前后的一个"朔日"（新月）为正月初一，这样，农历平年12个月只有354天左右（29.5×12＝354），比回归年少11天左右，因此，在农历中，每隔二、三年就必须插入一个闰月。选哪一个月为闰月比较好呢？农历历法规定，在每一个月中，必须包含一个相应的"中气"。一般来说，月初是"节气"，月末为"中气"（例如，中气"雨水"代表正月，"春分"代表二月，等等）。因为两个相邻的节气和两个相邻的中气之间的平均长度为30.4368天，这比朔望月的平均长度29.5306天要长一些，所以，每个月的节气与中气都比上个月的相应的节气与中气推迟一、二天。当推迟到某个月中只有一个"节气"而没有"中气"时，就必须规定这个月为上一个月的闰月，那么它所在的这一年就是闰年。由此可见何时设置闰月，并不是确定的，与误差的积累有关。

下面我们以2004、2005、2006、2007年为例，具体分析闰月是如何设置的，而且解释一下大家很关心的"一年两头春"和"年内无立春"以及"年末立春"的现象是如何产生的。

例如，2004年（甲申年）中的闰二月是这样安排出来的：

农历月	正	二	二	三	四	五	六
节　气	立春	惊蛰	清明	谷雨	小满	夏至	大暑
日　数	十四	十五	十五	初一	初三	初四	初六
节　气	雨水	春分		立夏	芒种	小暑	立秋
日　数	廿九	三十		十七	十八	二十	廿二

农历月	七	八	九	十	十一	十二
节　气	处暑	秋分	霜降	小雪	冬至	大寒
日　数	初八	初十	初十	十一	初十	十一
中　气	白露	寒露	立冬	大雪	小寒	立春
日　数	廿三	廿五	廿五	廿六	廿五	廿六

说明：由于正月十四才是立春，使得代表二月的中气"春分"迟至二月三十日。如果不把二月定为闰月，那么三月十五将是清明，代表三月的中气谷雨移在四月初一，使得三月无中气，而且以后的节气与实际的农业节气都不符了。所以必须设置闰二月。可是即使增加了一个"闰二月"，那么代表三月的中气"谷雨"，还是前移到"三月初一"，使得以后的"中气"都前移到月初了，包括代表十二月的中气"大寒"。这样才造成到十二月廿六日又是"立春"了！这就是"一年两头春"现象。

为什么2005年（乙酉年）的农历年中没有"立春"这个节气？我们来观察以下节气表：

农历月	正	二	三	四	五	六
节 气	雨水	春分	谷雨	小满	夏至	小暑
日 数	初十	十一	十二	十四	十五	初二
节 气	惊蛰	清明	立夏	芒种		大暑
日 数	廿五	廿七	廿七	廿九		十八
农历月	七	八	九	十	十一	十二
节 气	立秋	白露	寒露	立冬	大雪	小寒
日 数	初三	初四	初六	初六	初七	初六
中 气	处暑	秋分	霜降	小雪	冬至	大寒
日 数	十九	二十	廿一	廿一	廿二	十一

说明："立春"已前移到上一年的年末了，就没有年初"立春"。由于代表六月的"大暑"迟至十八，而"大寒"推迟到十二月二十一日，当然不可能有年末"立春"了！

再如，2006 年（丙戌年）中的闰七月是这样安排出来的：

农历月	正	二	三	四	五	六	六
节 气	立春	惊蛰	清明	立夏	芒种	小暑	
日 数	初七	初七	初八	初八	十一	十二	
节 气	雨水	春分	谷雨	小满	夏至	大暑	
日 数	十九	廿一	廿三	廿一	廿六	廿八	
农历月	七	七	八	九	十	十一	十二
节 气	立秋	白露	秋分	霜降	小雪	冬至	大寒
日 数	十四	十六	初二	初二	初二	初三	初二
中 气	处暑		寒露	立冬	大雪	小寒	立春
日 数	三十		十七	十七	十七	十八	十七

说明：由于代表七月的中气"处暑"迟至"七月三十日"，必须设置一个闰七月。即使增加了一个闰七月，那么代表八月的中气"秋分"还是前移到"八月初二"，使得以后的"中气"都前移到月初了。这样才造成十二月十七日又是"立春"了！这也是"一年两头春"现象。

再如，2007 年（丁亥年）中的年末立春是这样安排出来的：

农历月	正	二	二	三	四	五	六
节 气	雨水	春分		谷雨	小满	夏至	大暑
日 数	初二	初三		初四	初五	初八	初十
节 气	惊蛰	清明		立夏	芒种	小暑	立秋
日 数	十七	十八		二十	廿一	廿三	廿六
农历月	七	八	九	十	十一	十二
节 气	处暑	白露	霜降	小雪	冬至	大寒
日 数	十一	十三	十四	十四	十三	十四
中 气	白露	寒露	立冬	大雪	小寒	立春
日 数	廿七	廿九	廿九	廿八	廿八	廿八

按照迷信的说法，如果有一个阴历年中没有"立春"这个节气，就认为是"不祥之年"（寡妇年），甚至认为在这一年中结婚的新婚夫妇不会生孩子。据媒体报导，由于在 2005 年的农历年中没有"立春"，所以在 2005 年 2 月 8 日之前，到婚姻登记处申办结婚登记的对对新人排成长队，热闹非凡。从 2 月 9 日（新年正月初一）起，在诺大的一个登记大厅内，只见闲得无聊的工作人员，却不见一对新人！这是迷信造成的社会现象。2006 年也是"一年两头春"，又是结婚高峰年。还有人误传，说在 2007 年的农历年中没有立春，其实这是不符合事实的，因为十二月廿八就是立春，只不过是在年末罢了！

由于上述分析可见，这种迷信说法是毫无科学根据的。"一年两头春"和"年内无立春"现象都是正常的历法演变，是由我国农历与阳历两套历法并行的制度造成的，与吉凶毫无关系。每十九年中就有七个年头是"无春年"，七个年头是"双春年"。这完全是由于在有些阴历年中必须插入闰月"惹的祸"。当然，归根到底是由于阳历年与阴历年不同步引起的。

下面我们以 2000 年到 2010 年这十一年为例，用简图示意说明一下"一年两头春"和"年内无立春"这两种现象是怎样分布的。

在以图 6-14 中，我们用●表示阴历的正月初一，即阴历年的第一天；用○表示阳历的 1月 1 日，即阳历年的第一天；用☆表示"立春"这个节气所在的位置，即每个阳历年的 2 月4 日。

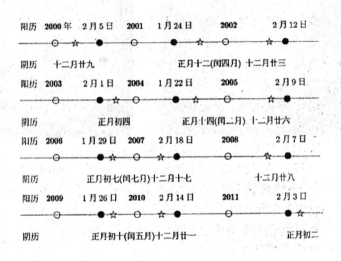

图 6-14　简图

图 6-14 说明：

（1）在相邻两个●之间，如果没有☆，就说明在这个阴历年中没有"立春"。例如：

2000 年 2 月 5 日到 2001 年 1 月 24 日之间；

2002 年 2 月 12 日到 2003 年 2 月 1 日之间；

2005 年 2 月 9 日到 2006 年 1 月 29 日之间；

2008 年 2 月 7 日到 2009 年 1 月 26 日之间；

2010 年 2 月 14 日到 2011 年 2 月 3 日之间。

这五个阴历年中都没有"立春"。怎么可能无人结婚呢？

（2）在以下四个阴历年中有两个"立春"，即"一年两头春"：

2001 年 1 月 24 日到 2002 年 2 月 12 日之间；

2004 年 1 月 22 日到 2005 年 2 月 9 日之间；

2006 年 1 月 29 日到 2007 年 2 月 18 日之间；

2009 年 1 月 26 日到 2010 年 2 月 14 日之间。

（3）在从 2003 年 2 月 1 日到 2004 年 1 月 22 日的这个阴历年中，正月初四就是立春。它在年初。

（4）在从 2007 年 2 月 18 日到 2008 年 2 月 7 日的这个阴历年中，它的立春在年末十二月廿八。

课外延伸阅读

1. 永远不变的月亮

令人迷惑不解的是，为什么地球上的人，不管在哪个地区，不管在什么时间，所能看到的月球的整个图案都是一样的，而且总是永不改变的？为什么在地球上总是看不到月球背面的"庐山真面目"（见图 1）？

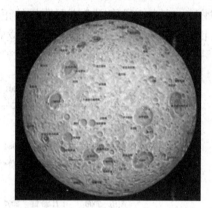

图 1　月球表面

实际情况是，月球除了每月旋转一周的自转以外，还在围绕地球每月旋转一周（视运动）；而地球除了每天旋转一周的自转以外，还在围绕太阳每年旋转一周；同时，整个太阳系也是在宇宙中不停地运动着。由此可见，地球和月球实际运行的情况是非常复杂的。在如此复杂的变动状态中，为什么月面图案始终不变？这就是孔子在《易经》中所说的"百姓日用而不知"现象吧！

为了了解其中的奥妙，我们先设想一个模拟实验。在一个马戏杂技表演的圆形场地的中央，竖立一根大标杆。在圆形场地边缘上站立一个人，他眼睛盯住标杆。然后，他沿着圆形场地的边缘，围绕标杆逆时针作圆周旋转（公转），但是，他的眼睛始终盯住标杆。显然，要做到这一点，他在公转的同时，必须要自转，而且，他必须保持公转的角速度始终与自转的角速度相同。例如，当他公转到四分之一圆周时，也正好自转了四分之一圈。当他完成公转一周回到原地时，也正好自转了一圈。这种旋转模式称为"同步自转"。

从这个模型中可以理解，一个人只有"同步自转"。才能保证眼睛始终盯住标杆。

现在回到"月球地球模型"，地球就是标杆，月球就是那个"旋转者"。地球上人所能看到的月球的图案总是相同且不变的原因，就是因为月球在围绕地球在作"同步自转"，好像有一个无形的巨棍连着地球和月球。看！原因就是这样简单！

接下来就产生一个问题：为什么月球会严格作同步自转呢？难道是上天刻意安排得如此

精确吗？其实，这是由地球对于月球的潮汐力和月球的构造变化决定的。"同步自转"几乎是所有行星、卫星的普遍规律。

根据万有引力定律，地球与月球之间存在着互相作用的引力。地球上的潮汐现象（海水周期性涨落现象），主要是由月球的吸引力造成的。同时，地球对于月球也有类似的吸引力，而且由于地球的质量远远大于月球，这个吸引力也远远大得多。这个力也使得月球产生潮汐现象，所以也称为潮汐力。不过，月球表面没有水，它的潮汐称为"固体潮"，表现为月球表面的升起和下降。原来的月球并不是绝对刚体，它在地球潮汐力的作用下会发生形变。初期月球的自转速率远远大于现在的自转速率，地球作用于月球的潮汐力使得月球结构产生了周期性的形变，这导致月球内部的物质产生周期性摩擦（潮汐摩擦），因而逐渐消耗月球的自转动能，使得月球自转速率逐渐减慢。在地球潮汐力的长期作用下，最终达到了现在的平衡状态（潮汐锁定），就是月球的自转周期与公转周期相同的同步自转状态。这时，地球作用于月球的潮汐力就保持为常量，不再变化了。

最后，顺便说一下关于月球的两件事情：

（1）月球的自转速率是固定的，但其公转速率并不是完全固定的，这种效应被称为天平动。月球在东西方向摇摆，因此我们有时可以看到59%的月面。当然，月面的另外41%的"庐山真面目"则是永远无法看到的。同理，如果有人位于月球上这41%的区域，那么也永远无法看到地球。

（2）月球上的陨石坑是由小行星或彗星撞击形成的。仅仅在月球面向地球的月面上，就存在着大约30多万个直径超过1公里的陨石坑。以名人的名字为月球地形命名的惯例开始于1645年。例如，有哥白尼坑和阿基米德坑。用中国人的名字命名的有以下6个：石申环形山、张衡环形山、祖冲之环形山、郭守敬环形山、万户环形山和高平子环形山。

在长期观测天象的基础上，战国时期齐国人甘德和魏国人石申两人各自写出一部天文学著作。后人把这两本著作合并起来，称为《甘石星经》，它是世界上最早的天文学著作。

第一个想到利用火箭飞天的人是万户，他被称为世界航天第一人。14世纪末期，明朝的士大夫万户把47个自制的火箭绑在蛇形飞车上，自己坐在上面，双手举着两个大风筝。他设想利用火箭的推力飞上天空，然后利用风筝平稳着陆。不幸火箭爆炸，万户也为此献出了生命。在1969年7月16日，国际天文联合会命名了万户环形山。

高平子（1888—1970年），江苏省金山县（今属上海市金山区）人，是中国天文学事业的奠基者。曾任教于上海震旦大学，1948年到台湾，先后担任台北研究院数学研究所研究员、台湾理工大学教授等职务。1983年国际天文联合会命名了高平子环形山。

2. 玛雅文明与世界末日

在2012年之前较长的一段时期内，有一个挥之不去的话题："世界末日到了！"当然，大家都不相信这是真的，因为并没有人因此把钱财都吃光用光，人类照样在搞建设、促繁荣、创文明。

其实，大家感兴趣的问题是：这个"世界末日"之说从何而来？具体到底是怎么说的？难道真的完全是无稽之谈吗？为什么还要斥巨资去拍电影《2012》？它有没有现实意义？

首先，要介绍一下玛雅人和玛雅文明。

在四千多年前，玛雅人定点群居在现在的中美洲墨西哥、危地马拉和洪都拉斯一带，并从采集、渔猎进入到了农耕时期。农业和定点群居孕育了玛雅文明。玛雅文明留给后人的主要遗产是许多大型石碑，特别是自从出现了象形文字以后，石碑上就有了记述历史的文字。

此外，还有如金字塔等大型石料建筑物。玛雅人的建筑、雕刻和绘画是世界著名的艺术宝库。特别令人惊奇的是，他们创造了当时非常先进的玛雅历法。

玛雅的金字塔可说是仅次于埃及金字塔的最出名的金字塔建筑了。它们看起来不太一样：埃及金字塔是金黄色的，是一个四角锥形，经过几千年风吹雨打已经有点腐蚀了；玛雅的金字塔比较矮一点，也是由巨石堆成，石头是灰白色的，整个金字塔也是灰白色的，但是它不完全是锥形的。例如，位于墨西哥奇琴伊察的金字塔，它的顶端有一个祭神的神殿，四周各有四座阶梯，每座阶梯有 91 阶，四座阶梯加上最上面一阶总共有 365 阶，刚刚好是一年的天数（见图 2）。

图 2 玛雅金字塔

其次，介绍一下玛雅历法与玛雅预言。

玛雅王朝在 10 世纪后开始衰落，16 世纪被西班牙殖民者毁灭。有两个传教士，看到了当地人信仰巫术与迷信，就放了一把火把他们所藏的古老典籍几乎全部给烧毁了。入侵的西班牙人烧毁了绝大多数玛雅文明的文字记载，仅留下三本玛雅古书，其中记载着从地球的创造起源开始的人类发展史，记述了许多神奇事迹。在留传下来的一本手抄卷《德雷斯顿抄本》的最后一页，有关于世界末日场景的描述，该场景设想一场洪水将毁灭整个世界，就如电影《2012》中所描述的那样：喜马拉雅山即将被洪水淹没，最后大家乘上方舟逃生。

根据玛雅预言所说，我们所生存的地球，已经过了四个太阳纪，2012 年是在第五个太阳纪。在每一个太阳纪结束时，地球上都会上演一出惊心动魄的毁灭性灾难。

第一个太阳纪是超能力文明。那时，人身高 1 米左右，只有男人才有第三只眼。女人怀孕前会与天上要投生的神联系，谈好了，女人才会要孩子。结果地球人类被一场洪水（有一说法是诺亚洪水）所灭。

第二个太阳纪是饮食文明，对饮食特别爱好。此时超能力已渐渐消失了，男人的第三只眼也开始消失。结果地球人类毁于地球南北磁极转换，被"风蛇"吹得四散零落。

第三个太阳纪是生物能文明。他们发现植物在发芽时产生的能量非常巨大，能穿透坚硬的泥土，于是发明了利用植物能的机器。结果地球人类是由于天降火与雨而毁灭的。

第四个太阳纪是光的文明。他们拥有光的能力，因此发生了一场核战争。结果地球人类也是在"火雨"的肆虐下引发大地震而毁灭的。

玛雅人对于日期的计算比其他许多文明古国都要精细。在由玛雅人发明的《长历法》中，

1872000 天（即约 5125.37 年）算是一个轮回。它把第五个太阳纪开始时间追溯到玛雅文化的起源时间，即公元前 3114 年 8 月 11 日。经过 1872000 天，到 2012 年 12 月 21 日时，即完成了一个轮回，这就意味着第五个太阳纪结束。

一个轮回结束，长历法就应重新开始从头计算，又开始一个新的轮回。由此可见，所谓"世界末日"仅仅是一个重新计日的观念，与我们经常所说的"世纪末、年末、月末和周末"是同样的意思。因此，玛雅预言中关于 2012 年 12 月 21 日是世界末日的说法是一种被误解的说法。

其实，很多民族都有末日预言，但是为什么玛雅人所说的末日预言，会受到人们如此的重视，原因是玛雅历法的计算非常准确。从玛雅人的历法得知，他们早已知道地球围绕太阳公转时间是 365 日 6 小时 24 分 20 秒（现在测出的是 365 日 5 小时 48 分 46 秒），误差非常之小。对于其他星体的运行时间，他们也计算得非常准确。另外，他们所绘制的航海图十分精确。不知道玛雅人是不是拥有我们现代的科学技术，但是他们对天文及数学的精通令人叹为观止。此外，还有很多令人猜不透的谜。例如，他们把月球背面的图像刻在月亮神庙的门上当作装饰，可是我们在地球上是看不到月球的背面的呀!难道他们已经光顾过月球背面了吗？

最后，探讨一下这个"世界末日"预言的现实意义。

在玛雅预言中有一句警世箴言："地球并非人类所有，人类却是属于地球所有。"这个预言精辟地指明了人类与地球的关系。同时玛雅人还预言了人类将会随着历史的演进，渐渐地遗忘这个关系。

果然，在当今世界发展高科技时，人类恣意妄为地滥用地球资源，破坏生态平衡，以为自己是地球的拥有者，能主宰这儿的一切。人类自己种的苦果自己吃，自己酿的苦酒自己喝，制造灾难的恰好是人类自己，有无数的事实验证这一结论。玛雅预言中所描述的每个太阳纪结束时的灾难正在一一重演，这难道不值得我们深思吗？

第七章 数学与诗歌文学

7.1 数学和诗具备相同的美

著名数学家陈省身先生曾不止一次地提出"数学是美的"。数学的美体现在方方面面，也许美在她是探求世间现象规律的出发点，也许美在她用几个字母符号就能表示若干信息的简单明了，也许美在她大胆假设和严格论证的伟大结合，也许美在她对一个问题论证时殊途同归的奇妙感受，也许美在数学家耗尽终生论证定理的锲而不舍，也许美在她在几乎所有学科中的广泛应用。而美的数学在自古崇尚诗书传世的中国竟也浸染着扑鼻的书香。中国悠久历史所积淀出来的文学底蕴，为中国的数学染上了一层夺目的别样颜色，这就是数学的文采。

7.1.1 自然美

刘勰《文心雕龙》以为文章之可贵，在于自然。文章是反映生活的一面镜子，脱离生活的文学是空洞的，没有任何用处。数学也是这样。

数学存在的意义在于理性地揭示自然界的一些现象规律，帮助人们认识自然，改造自然。可以这样说，数学是取诸生活而用诸生活的。数学最早的起源，大概来自古代人们的结绳记事，一个一个的绳扣，把数学的根和生活从一开始就牢牢地系在了一起。后来出现的记数法，是牲畜养殖或商品买卖的需要，古代的几何学产生，是为了丈量土地。中国古代的众多数学著作，如《九章算术》中，几乎全是对于某个具体问题的探究和推广。

图 7-1 刘勰

图 7-2 结绳记事

7.1.2 简洁美

世事再纷繁，加减乘除算尽，宇宙虽广大，点线面体包完。

这首诗，用字不多，却到位地概括出了数学的简洁明了，微言大义。数学和诗歌一样有着独特的简洁美。诗歌的简洁，众所周知——着寥寥几字，却为读者创造出了广阔的想象空间，这大概正是诗歌的魅力所在。

美国著名心理学家 L. 布隆菲尔德说"数学是语言所能达到的最高境界。"如果说诗歌的简洁是写意的，是欲言还休的，是中国水墨画中的留白，那么数学语言的微言大义，则是写实的，是简洁精确、抽象规范的，是严谨的科学态度的体现。数学的简洁，不仅使人们更快、更准确地把握理论的精髓，促进自身学科的发展，也使数学学科具有了很强的通用性。

目前，数学作为自然科学的语言和工具，已经成了所有科——包括社会科学在内的语言和工具。

7.1.3　对称美

中国的文学讲究对称，这点可以从历时百年的楹联文化中窥见一斑。而更胜一筹的对称，就是回文了。苏轼有一首著名的七律《游金山寺》便是这方面的上乘之作。

　　　　《游金山寺》
　　　　潮随暗浪雪山倾，
　　　　远浦渔舟钓月明。
　　　　桥对寺门松径小，
　　　　槛当泉眼石波清。
　　　　迢迢绿树江天晓，
　　　　霭霭红霞晚日晴。
　　　　遥望四边云接水，
　　　　碧峰千点数鸥轻。

不难看出，把它倒转过来，仍然是一首完整的七律诗。

　　　　轻鸥数点千峰碧，
　　　　水接云边四望遥。
　　　　晴日晚霞红霭霭，
　　　　晓天江树绿迢迢。
　　　　清波石眼泉当槛，
　　　　小径松门寺对桥。
　　　　明月钓舟渔浦远，
　　　　倾山雪浪暗随潮。

这首回文诗无论是顺读或倒读，都是情景交融、清新可读的好诗。凭着精巧的构思给人以奇妙的感受，每每读之，读者都会暗自叫绝。

而数学中，也不乏这样的回文现象。如：

$$12×12＝144 \quad 21×21＝441$$
$$13×13＝169 \quad 31×31＝961$$
$$102×102＝10404$$
$$201×201＝40401$$
$$103×103＝10609$$
$$301×301＝90601$$
$$9+5+4＝8+7+3$$
$$9^2+5^2+4^2＝8^2+7^2+3^2$$

而数学中更为一般的对称，则体现在函数图象的对称性和几何图形上。前者给我们探求函数的性质提供了方便，后者则运用在建筑、美术领域后给人以无穷的美感。

　　总之，数学并不像有些人认为的那般枯燥乏味。它不是长篇的定理公式的累积，而是一种美的学科。

7.2　数学与诗歌

图 7-3　罗伯特·雷科德

　　在中国书香四溢的文学背景下，数学也闪烁着不一样的光辉。数学和诗歌两者有着千丝万缕的联系；在古代，数学问题及其解答、运算法则常常以诗歌的形式来表达；数学家本人也可能是诗人；数学家用数学方法来分析诗歌；诗人用自己的作品歌颂数学家的业绩；诗歌中融入了数学的概念或意象，等等。

　　历史上有不少诗歌运用了数学的概念或意象。中世纪欧洲两个最伟大的诗人——但丁和乔叟的作品中含有丰富的数学和科学知识。

　　16 世纪，欧洲数学家教科书的作者常常用诗歌来宣扬数学的价值。英国数学家罗伯特·雷科德在其几何课本《知识之途》中这样宣扬几何的价值：

既然商人们利用货船成为富豪
那么从他们开始说起可谓正巧
海上扬着风帆载着货物的商船
最初用几何发明，今天仍用几何建造
它们的罗盘和标度板、它们的滑轮和锚
无不饱含智慧几何学家的发明技巧
枕木和其他部件的安装
无不充分展示几何艺术的高超
木匠、雕刻工、细木工和石工
还有那油漆工、绘画师、刺绣工、铁匠各领风骚
如果他们想机智的完成自己的职责
就得利用几何学来充实自己的头脑
马车和犁，都是用这美好的几何学来制造
几何使得它们的尺寸不失分毫
裁缝和鞋匠的作品，不论何种款式和大小
失去了比例又怎能得到人们的看好
织布工也以几何为基础
看它们的机器构架，想象多奇妙
旋转的轮子、碾磨的白石
水或风驱动着磨粉机运转奔跑
几何的作品在贸易中是如此不可缺少
如果它们消失，很少有人能重新设计完好
一切需借助度量衡来完成的事情
没有了几何的证明，就再也确定不了
用以划分时间的钟表

是我们所见到的最智慧的发明创造

由于他们稀松平常因而不受重视

艺人受到轻视，工作没有酬报

但若它们变得稀罕，只是作为一种炫耀

那么人们将会知道

绝没有哪一门艺术能像几何学那样

如此智慧美妙、对人类如此必要

而托马斯·希尔在其《通俗算术》中也利用诗歌来宣扬数学的价值

任你是哪个民族、哪个时代、哪个成人或哪个小孩

这儿只有智慧是赢家

幼儿学语咿呀，而数教会人们说话

从最多到最少，数的影响何其巨大

那些不会数数的人，与兽类无差

缺少这适合与人类学习的独一无二的艺术

还有谁会比这样的人更愚傻

许多动物在许多事情上远远超过人类

但只有人类能够心中有数毫厘不差

人兽之间不过是一"数"之隔

来学习数学吧，这儿是门艺术

如果你想做一名威武的军人

如果你想谋一官半职享受荣华富贵

如果你想在你居住的庭院或乡间

选择物理、哲学或法律作为你的生涯

没有数学这门艺术

你的名声将永无闻达

我掌握了天文和几何学

宇宙学、地理学和许多别的学科不在话下

还有那悦耳动听的音乐

没有这门艺术，你就成了井底之蛙

你对它一窍不通，更不必说去研究

没有了数，连那平常的计算都乱如麻

如果你投身商贾

本书包含你需要的任何算法

只因拥有了这一门艺术

你的思想和才能得到尽情挥洒

哪怕你仅仅是个牧羊人

没有数的帮助，完成职责亦将艰难有加

数带给人类的益处实在是数不胜数

我用一支拙笔难以刻画

一言以蔽之：没有数学

人将不再是人而只是木头或石沙

17世纪，英国著名诗人约翰·多恩和安德鲁·马佛尔通过欧式几何中的圆、平行线之类的数学概念来类比爱情。多恩在《告别辞：不要悲伤》中将一对恋人的灵魂比作圆规的两脚：

即使是两个，也得似这样

和坚固的两脚圆规相同，

你的灵魂是定脚，它坚强

不动，另一脚动，他才动。

尽管它居坐在两者中心

另一个在远处漫游时分，

它侧身，倾听它的动静，

另一个回家，他也直起身

你对我就是如此，我像那

另一个脚，斜行于边沿

你的坚定使我的圆无偏差

使我的终点汇合于起点。

这里，圆规两脚之间的呼应象征着爱情的忠贞与和谐，终点汇合于起点则象征着爱情的完美与永恒。马佛尔在其诗歌《爱的定义》中利用平行线来"定义"爱情——

像直线一样，爱也是倾斜的，

他们自己能够相交在每个角度，

但他们的爱却是平行的，

尽管无限，却永不相遇。

在欧氏几何中，平行线永不相交，诗人以此来类比两个相爱的人无缘走到一起。

19世纪初，英国著名诗人雪莱的诗歌《解放了的普罗米修斯》中第四幕的一节：

我在黑夜的金字塔下转动，

这金字塔怀着欢欣高耸入天空，

在我沉醉的睡梦里把胜利的欢歌呢哝；

如同一个年轻人躺在美丽的阴影中，

做着缱绻（qiǎn quǎn）的好梦，轻声叹息，

光明和温暖坐在身边细心的侍奉。

图7-4　约翰·多恩　　　　图7-5　安德鲁·马佛尔　　　　图7-6　雪莱

同时期英国著名数学家怀特海德认为，"只有内心世界展现着一幅特定的几何图形的人才能写出这样的诗歌，而讲解这张图形，常常正是我在数学课堂中要做的事情。"

诗歌有时也反映某个时代数学教育的状况，如法国著名作家和诗人维克多·雨果于1864年用诗歌向我们描述了他少年时代学习数学的经历：

> 我是数的一个活生生的牺牲品
>
> 这黑色的刽子手让我害怕
>
> 我被强制喂以代数
>
> 他们把我绑上布瓦–贝特朗的拉肢刑架
>
> 在恐怖的 X 和 Y 的绞刑架上
>
> 它们折磨我，从翅膀到嘴巴
>
> ……

直角坐标系成了绞刑架，解析几何令人望而生畏。但雨果同时认为，"在精确性和诗意之间并无任何不可调和的地方。数字即存在于艺术当中，也存在于科学里面。"

相对而言，英国著名诗人柯勒律治则是数学的爱好者，他将数学视为真理的精髓，为这门学科"只拥有这么少，这么无精打采的崇尚者"而感到奇怪。柯勒律治以诗歌来表达《几何原本》第一卷第一个命题：

> 这是第一个命题，
>
> 这是第一个问题。
>
> 有一条已知的线段，
>
> 水平位置不偏又不倚；
>
> 我要做一个三角形，
>
> 三边的长度不差毫厘。
>
> 设已知的线段为 AB，
>
> 水平位置不偏又不倚；
>
> 伟大的数学家，
>
> 设置了这个问题；
>
> 在其上做出三角形，
>
> 三边的长度不差毫厘：
>
> 理性，助我们一臂之力，
>
> 智慧，助我们一臂之力！

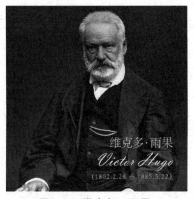

图 7-7　维克多·雨果　　　　　图 7-8　柯勒律治

　　英国著名作家、诗人亚瑟·奎勒—柯奇爵士则模仿苏格兰谣曲，借助故事戏谑性的叙述了《几何原本》第一卷第一个命题的作图与证明。原谣曲讲的是派屈克·司本斯爵士受苏格兰国王詹姆斯之命航行出使挪威、返航途中不幸遭遇风暴而葬身大海的故事。摹仿的数学谣曲中，派屈克·司本斯爵士摇身变为数学家：

> 王上坐在顿芬林城堡里，
> 喝着血一样红的酒；
> "谁能给我做一个等边三角形，
> 在一条已知的直线上头？"
> 王上的右边坐着老骑士，
> 他立刻站起来去禀告；
> "在格兰达旁边的文官中，
> 数派屈克爵士最聪明。
> 他曾师从托德·亨特，
> 托德·亨特可不捕狐狸，
> 如果给他一条直线段，
> 他会勇敢的完成这难题。"
> 于是王上就写了封长信，
> 御笔一挥又把大名题，
> 送交派屈克·司本斯爵士——
> 他那时正在求 π 的值。
> 他全神贯注地把商算，
> 才刚刚得到整数三，
> 信使便闯入他跟前，
> 他屈着膝把国王的信拆看。
> 派屈克爵士读了第一个字，
> "另有……"他口中念，
> 派屈克爵士读了第二个字，
> "原来是'另有重赏'的诺言。"
> 派屈克爵士读了最后一个字，
> 泪水迷糊了他的眼睛。
> "我最羡慕的英镑，
> 可惜不是苏格兰现金。"
> 他急急走到东墙边，
> 又急急走到北墙，
> 他拿了一副圆规在手，
> 站立在福斯河岸上。
> 福思河上波涛汹涌，
> 一浪更比一浪惊骇，
> 从没见过这暴风雨，
> 但又怎及他心潮澎湃。

驾舟穿过了福思河

司本斯来到顿芬林城；

尽管肚子一路闹不停，

他还是给王上深深鞠了一躬。

"直线，直线，一条上佳的直线，

哦，陛下，请快快提供！

我要丝做的那种，

不粗不细正适中。"

"不粗又不细？"王上摇摇头，

"如果在我们苏格兰，能找到你所定义的直线，

我就把这冠绶（guān shòu）一口吞咽。"

"尽管找不到这样的直线，

但我可以用直尺做出来。"

司本斯用他那小小的笔，

轻轻松松的作出线段 AB。

他庄重的跨步走向墙壁，

"你摸摸纽扣，"派屈克爵士说，

"其余的事由我来管。"

他张开圆规的一角，

把它放到中心 A，

他张开另一脚，从 A 到 B——

"你这苏格兰家伙，让开！"

他再移动圆规的脚，

把它放在中心 B 点，

如法炮制的画了个圆圈。

一个小圆是 BCD，

另一个小圆是 ACE。

"我作的可不错，"派屈克说，

"他们相交在一起。"

"瞧一瞧，他们相交在哪——

点 C 呈现在你的眼前。

看我从 C 作线段

把点 A 和 B 各相连。

你得到了个小小三角形

和你所见过的一般玲珑；

他可不是个等腰形，

更不会三边各不同。"

"请证明！请证明！"王上叫道；

"如何，又为什么如此！"

派屈克爵士抖着胡子哈哈笑——

"这得从假设说起——
当我还在母亲的肚子里,
母亲就告诉这个真理:
与同一个量相等的量,
它们彼此相等无疑。
在我画的第一个圆里,
有两条线段 BA 和 BC,
千真万确它们都是半径,
长度相等不差毫厘。
同理再看第二个圆,
逆时针方向画出来,
中间含着两条半径,
AB 和 AC 是对双胞胎。
现在两两共三对,
每一对彼此都同长,
他们肯定全相等
叠在一条上。"
"现在我深信不疑," 詹姆斯国王开口说,
"平面几何多神奇!
倘若波次在苏格兰写作,
《几何原本》不知有多清晰!"

图 7-9　亚瑟·奎勒-柯奇

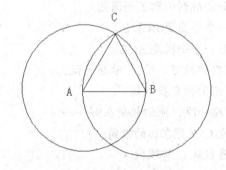

图 7-10　作等边三角形

7.3　数学家的诗

　　人们心目中,大凡数学家日日夜夜痴迷数学,时时都在和数学打交道。其实,不少数学家的爱好是相当广泛的,他们不仅爱诗、背诗、读诗、吟诗,而且也会写诗。下面引用著名数学家的诗,表明他们不但是第一流的数学家,同时也是具有深厚的文学功底,在他们身上数学与文学融为一体。

　　曾任美国数学学会副主席、获世界最高数学奖之一的沃尔夫奖的数学大师陈省身教授，1980 年在中科院的座谈会上即兴赋诗：

物理几何是一家，一同携手到天涯，

黑洞单极穷奥秘，纤维联络织锦囊。

进化方程孤立异，曲率对偶瞬息空，

筹算竟得千秋用，尽在拈花一笑中。

　　把数学和物理中最新概念纳入优美的意境中，讴歌数学的奇迹，毫无斧凿痕迹。

　　数学家熊庆来是华罗庚的恩师，也是杨乐、张广厚的导师，当杨乐宣读完自己的第一篇论文时，熊教授即席赋诗赞美：

带来时雨是东风，成长专长春笋同。

科学莫道还落后，百花将现万枝红。

　　华罗庚教授是一位能诗能文的大家，他的名句"聪明在于勤奋，天才在于积累"和"勤能补拙是良训，一分辛苦一分才"，早已成为家喻户晓的座右铭，他曾为青年一代题了一首劝勉诗：

发奋早为好，苟晚休嫌迟。

最忌不努力，一生都无知。

图 7-11　陈省身　　　　　图 7-12　熊庆来　　　　　图 7-13　华罗庚

　　全国政协副主席、著名数学家和数学教育家苏步青教授，曾发表数学论文 150 篇，他把业余时间的诗作结集为《原上草集》，其序诗曰：

筹算生涯五十年，纵横文字百余篇。

如今老去才华尽，犹盼春来草上笺。

　　张景中院士主编的新课程高中数学教材中（该教材是湖南教育出版社新课程标准实验教材），在每一章都有一首诗歌。例如第一章《集合、映射与函数》时，说到：

日落月出花果香，物换星移看沧桑。

因果变化多联系，安得良策破迷茫。

集合奠基说严谨，映射函数叙苍黄。

看图列表论升降，科海扬帆有锦囊。

　　日出月落，花果飘香，物换星移，沧桑变化，都是现实世界中变化的事物，而这些变化都包含了因果关系。函数就是描述现实世界因果关系的一种数学模型，是破除迷茫的良策之一。

指数函数、对数函数与幂函数

晨雾茫茫碍交通，蘑菇核云蔽长空。

化石岁月巧推算，文海索句快如风。

指数对数相辉映，立方平方看对称；

解释大千无限事，三族函数建奇功。

光线在晨雾中按指数函数快速衰减，所以"晨雾茫茫碍交通"。铀核裂变时放出的中子数和能量都按指数函数快速增长，引起核爆炸。由化石的放射性碳含量与化石年龄之间的对数函数关系可以推算出化石的年龄。将海量数据经过合理编排，可以使搜索资料所需的工作量是数据量的对数函数，当数据大量增长时工作量增长很少，因此能做到"文海索句快如风"。指数、对数函数与现实生活中的这些现象密切相关，是我们身边活生生的数学。

立体几何

锥顶柱身立海天，高低大小也浑然。

平行垂直皆风景，有角有棱足壮观。

解三角形

近测高塔远看山，量天度海只等闲。

古有九章勾股法，今看三角正余弦。

……

测塔看山，量天度海，好大的气派！可以想象一个顶天立地的巨人，拿着无比巨大的尺子和量角器在那里量天度海。我们不必长成那样的巨人。我们只要利用解三角形的知识就能做到量天度海。数学知识可以使我们成为巨人。

数列

玉兔子孙世代传，棋盘麦塔上摩天。

坛坛罐罐求堆垛，步步为营算连环。

……

这里都是讲的历史上有关数列的著名例子。"玉兔子孙"讲斐波那契的兔子数列。"棋盘麦塔"讲古印度国际象棋发明者向国王要奖赏的故事：他所要奖赏的麦子总数是 2 的 0 到 63 次幂所组成的等比数列的和，这样多的麦子堆成的"麦塔"可以从地球一直堆到太阳上去，说"棋盘麦塔上摩天"一点都不夸张！堆垛和连环都是中国古代数列的著名例子。这些历史故事都很有趣，当然数列也就很有趣。

不等式

天不均匀地不平，风云变幻大江东。

入水光线改方向，露珠圆圆看晶莹。

……

天地之间，到处是不相等的例子。天不均匀，地不平坦，这才是常态。风云变幻，大江东流，万物都在变化，变化前后就不相等。这里不但举出不等式的具体实例，而且指出不相等才是普遍的、绝对的，而相等反而是特殊的、相对的、近似的。后两句举的是极大极小值的著名例子，"入水光线改方向"说的是光的折射，光在入水后改变方向，发生折射，所花的时间反而最短。"露珠圆圆"，球形的露珠在保持体积不变的情况下表面积最小。极小值小于其他值，这也是不等式问题。

图7-14　苏步青　　　　　　　　　　　　图7-15　张景中

7.4　数字入诗歌

数字入诗，使人情趣盎然。而将数学问题融入诗歌之中，由于其寓意较为隐晦，让人深思、遐想、更具有迷人色彩。

我国古代有一些数学问题，是以诗歌形式叙述的，是诗人和数学家和谐的统一，形成诗歌海洋别具一格的浪花，也是数学天空中闪烁的繁星。

最常见的入诗的数字是一。"一"虽说是个数字概念，其实，把"一"字恰当地运用到诗文中，会产生美的艺术效果。

例如五代时南唐后主李煜在位时，曾为宫廷画家卫贤所作《春江钓叟图》题词二首："浪花有意千重雪，桃李无言一队春；一壶酒，一竿身，世上如侬有几人。"，"一棹春风一叶舟，一纶茧缕一轻钩；花满渚，酒满瓯，万顷波中得自由。"把一个个洒脱的渔翁形象刻画得栩栩如生。

又如元曲一首小令《雁儿落带过得胜令》："一年老一年，一日没一日，一秋又一秋，一辈催一辈，一聚一离别，一苦一伤悲。一榻一身卧，一生一梦里，寻一个相识，他一会，咱一地，都一般相知，吹一回，唱一回。"诗中22个"一"字不断重复，反映了人生虚幻的凄苦。其写法奇特，而以俚语取胜。

有些诗歌会把一到十个数字镶嵌到诗中。宋代理学家邵雍（康节）云："一去二三里，烟村四五家，亭台六七座，八九十枝花。"此诗妙在顺序嵌进十个基数，寥寥数语，描绘出一幅恬静淡雅的田园景色，勾起人们不尽的情思和神往。明代作家吴承恩有一首咏夜景的诗，意境十分开阔："十里长亭无客走，九重天上现星辰。八河船只绵收港，七千州县尽关门。六宫五府回官宅，四海三江罢钓纶。两腐楼台钟鼓响，一轮明月满乾坤。"此诗妙在诗中数字从大到小，把夜色写得静美无比。两首诗歌对比诵读，很是奇妙无比。

关于数字入诗还有许多凄美的故事。据说，卓文君与司马相如婚后不久，司马相如即赴长安做了官，五年不归。文君十分想念。有一天，她突然收到丈夫寄来的一封信，自然喜不自禁。不料拆开一看，只写着"一二三四五六七七八九十百千万"十四个数字。聪明过人的卓文君立即明白了丈夫的意思：数字"七"出现了两次，由于"七"与"妻"同音，显然司马相如有停妻另娶的意思。于是，她满含悲愤，写了一首数字诗："一别之后，二地相悬，说的是三四月，却谁知五六年！七弦琴无心弹，八行书无可传，九连环从中断，十里长亭望眼欲穿。百般想，千般念，万般无奈把郎怨。万语千言道不尽，百无聊赖十凭栏，重九登高看孤雁，八月中秋月圆人不圆。七月半，烧香秉烛问苍天，六月伏天人人摇扇我心寒，五月榴花如火偏遇阵阵冷雨浇，四月枇杷未黄我欲对镜心欲乱，三月桃花随流水，二月风筝线儿断。噫！郎呀郎，巴不得下一世你为女来我为男。"你看，这首数字诗写得多好，数字由一到万再由万到一，可谓是百转情肠。难怪司马相如读后越想越惭愧，终于用驷马高车，把卓文君接到了长安。

图 7-16　何佩玉

清代诗人何佩玉擅作数字诗，她曾写过一首诗，连用了十个"一"，但不给人重复的感觉：

一花一柳一点矶（矶指水边突出的岩石或石滩），

一抹斜阳一鸟飞。

一山一水一中寺，

一林黄叶一僧归。

勾画了一幅"深秋僧人晚归图"。

清代陈沆（hàng）的一首诗，更勾画了一幅意境幽远的渔翁垂钓图：

一帆一桨一渔舟，一个渔翁一钓钩。

一俯一仰一顿笑，一江明月一江秋。

用一至十这 10 个数字的诗有：

一去二三里，烟村四五家。

楼台六七座，八九十枝花。

巧妙地运用了一至十这十个数字，为我们描绘了一幅自然的乡村风景画。

当代诗人张永明先生是福建武平人，自幼聪明，七岁能诗，称为"武平才子"，曾写过含有一至十和百、千、万 13 个数字的诗：

百尺楼前丈八溪，四声羌笛六桥西。

传书望断三春雁，倚枕愁闻五夜鸡。

七夕一逢牛女会，十年空说案眉齐。

万千心事肠回九，二月黄鹂向客啼。

以数字作对的佳句

骆宾王：

百年三万日，一别几千秋。

万行流别泪，九折切惊魂。

数的抽象概念，在此大放异彩。

杜甫：

两个黄鹂鸣翠柳，一行白鹭上青天。

窗含西岭千秋雪，门泊东吴万里船。

在这里数字深化了时空的意境。

李白：

飞流直下三千尺，疑是银河落九天。

表现了高度的艺术夸张。

柳宗元：

千山鸟飞绝，万径人踪灭。

表现出数字具有尖锐的对比和衬托作用。

图 7-17　李白《望庐山瀑布》

图 7-18　柳宗元《江雪》

岳飞：

> 三十功名尘与土，八千里路云和月。

陆游：

> 三万里河东入海，五千仞岳上摩天。

二者同时具有壮怀激烈。

图 7-19　岳飞

图 7-20　陆游《秋夜将晓出篱门迎凉有感》

白居易：

> 一丛深色花，十户中人赋。

揭露了当时统治阶级的穷奢极欲。

李商隐:

> 一条雪浪吼巫峡,千里火云烧益州。

描绘了川中壮丽的景色。

图 7-21 白居易《买花》

图 7-22 李商隐

毛泽东:

> 坐地日行八万里,巡天遥看一千河。

表现了作者宏伟的气势。

毛泽东:

> 斑竹一枝千滴泪,红霞万朵百重衣。

数的对仗工整自然。

图 7-23 毛泽东《沁园春·雪》

7.5 数字对联

相传,郑板桥在山东任知县时,看见一个破旧的大门上贴了一副春联,上联:二三四五。下联:六七八九。郑板桥立即派人送去衣服、食品。众吏惊问何故,板桥笑答:上联缺一即缺衣,下联缺十即少食。

上面这样全部用数字写成的对联很少见,而嵌入数字的对联很多。但嵌入十个基数的对联并不多见。下面介绍两条谐联:

> 童子看榜,一二三四五六七八九十;
> 先生讲命,甲乙丙丁戊己庚辛壬癸。

图 7-24 郑板桥

　　读后令人捧腹。原来先生讲命，恰如孩童信口念数，是不值得认真的。再如下面这条联，上下联都包含了十个基数，十分难得，值得仔细玩赏。

　　相传，苏东坡与学友赴京赶考，因涨大水，船只行进困难，耽搁时日，眼看应考就要迟到，学友叹曰："一叶孤舟，坐二三个骚客，启用四浆五帆，经由六滩七湾，历尽八颠九簸，可叹十分来迟。"苏东坡亦用数字入联劝勉道："十年寒窗，进九八家书院，抛却七情六欲，苦读五经四书，考了三番二次，今天一定要中！"上联从一数到十，下联又倒着从十数到一，不仅数字使用巧妙得当，而且将莘莘学子寒窗苦读、赴京赶考的艰难表述得淋漓尽致。

图 7-25 苏东坡

　　宋代女诗人朱淑贞有一首《断肠谜》："下楼来，金钱卜落；问苍天，人在何方；恨王孙，一直去了；詈（lì）冤家，言去难留；悔当初，吾错失口；有上交，无下交；皂白何须问；分开不用刀；从今莫把仇人靠；千里相思一撇消。"其实，这首诗中每一句都是一个字谜，合起来就是一、二、三、四、五、六、七、八、九、十。

　　利用数字入诗，可以写出许多讽刺意味极浓的讽刺诗。例如清代有位诗人写过一首《咏麻雀》的打油诗："一个二个三四个，五六七八九十个，食尽皇家千种粟，凤凰何少尔何多？"还是清朝道光年间，官员腐败，皆嗜鸦片，衙门尽设烟馆，一片乌烟瘴气，有人写诗嘲之："一进二三堂，床铺四五张；烟灯六七盏，八九十支枪。"讽刺朝廷的那些昏庸无能的赃官，可谓是入骨三分。前几年在某杂志上见过一首讽刺如今的某些官员的数字诗："喝酒一杯两杯不醉，跳舞三圈四圈不累，搓麻五点六点不困，小姐七个八个不多，受贿九万十万不退"。不知道这些当官的看见了会有什么想法。

有一首民间流传古诗说的是泥塑神像："一声不响，二目无光；三餐不食，四体不勤；五谷不分，六神无主；七窍不通，八面威风；久坐不动，十分无用。"这里给泥塑神像列出了十大"罪状"，算得上是一篇檄文。据说：当年推倒宣扬封建迷信神像的时候，就念这首诗，念到"十分无用"一句以后，紧跟着就是齐声怒吼："推倒它！"大家一齐用力，就把神像推倒了。

与之相反，清代被康熙皇帝称为"操守为天下第一"的清官张伯行，写了一篇《禁止馈送檄文》，文曰："一丝一粒，我之名节；一厘一毫，民之脂膏。宽一分，民受赐不止一分；取一文，我为人不值一文。"一连串的 8 个"一"字，阐明他的廉政自律观。

这些数字诗歌，一个个语言优美，形式新颖，妙趣横生，有种别样的美。阅读这些数学诗，它不仅可以打开人们思维的天地，又可以得到美的享受和学到某些数学知识，激发学生学习数学的兴趣。

有许多诗歌，从字面上看不出它与数学的联系，但利用数学知识重新反思诗歌内容，会有全新的认识。

譬如歌剧《刘三姐》中，刘三姐与三位秀才（陶，李，罗）对唱，罗秀才："小小麻雀莫逞能，三百条狗四下分。一少三多要单数，看你怎样分得清。"刘三姐："九十九条打猎去，九十九条看羊来。九十九条守门口，还剩三条奇奴才。"计算一下可以发现 $300 = 99 + 99 + 99 + 3$。这正是数学中的整数分拆问题。如果不计次序的分拆，就有四种分拆方法：$300 = 99 + 99 + 99 + 3 = 99 + 99 + 3 + 99 = 99 + 3 + 99 + 99 = 3 + 99 + 99 + 99$。显然，上面的分拆数目若计及次序的分拆便是 4 种；若不计及次序的分拆便是 1 种。这时候可以有一个更一般的问题："将 300 分成有次序的 4 个奇数之和，有多少种不同的方式？"不难想象，如果当年与刘三姐对唱的罗秀才，将歌词的最后一句改为："多少分法请说清"，那么即使刘三姐非常聪明，一时间，也恐怕难于应付了。

图 7-26 刘三姐

7.6 数学与文学

文学与数学看似风马牛不相及的两条道上跑的车，实则文学与数学有着奇妙的统一性，先看几位著名文学家关于文学与数学的远见卓识。

雨果说："数学到了最后的阶段就遇到想象，在圆锥曲线、对数、概率、微积分中，想象成了计算的系数，于是数学也成了诗。"

福楼拜说："越往前走，艺术越要科学化，同时，科学也要艺术化，两者从山麓分手，又在山顶汇合。"

哈佛大学的亚瑟·杰费说："人们把数学对于我们社会的贡献比喻为空气和食物对生命的作用，我们大家都生活在数学的时代——我们的文化已'数学化'。"

我国著名科学家钱学森提出，现代科学六大部门（自然科学，社会科学，数学科学，系统科学，思维科学，人体科学）应当和文学艺术六大部门（小说杂文，诗词歌赋，建筑园林，书画造型，音乐，综合）紧密携手，才能有大的发展。

文学与数学的同一性来源于人类两种基本思维方式——艺术思维与科学思维的同一性。文学是以感觉经验的形式传达人类理性思维的成果，而数学则是以理性思维的形式描述人类的感觉经验。文学是"以美启真"，数学则是"以真启美"，虽然方向不同，实质则为同一，而文学与数学的统一归根到底是在符号上的统一，数学揭示的是隐秘的物质世界运动规律的符号体系，而文学则是揭示隐秘的精神世界的符号体系。一为重建世界的和谐，一为提高人类的素质。

人类文明经历了两次分化——艺术与科学的分化及艺术、科学本身的分化。如今又在进行两次综合——艺术本身的综合及文学（艺术）与数学（科学）的综合。

7.6.1　文学研究中的"数学题"

小说中也有"指纹"？不久前，日本有两位研究者尝试用数理统计来研究文本。他们凭借软件抓取文章的句型风格、词汇使用等，得出文中独有的数字密码，从而判别文本的作者，如同刑警根据指纹抓犯人一样，一抓一个准。其实在半个世纪前，英国文学史上的悬案——《朱利叶斯信函》作者之谜，以及美国独立战争期间发表的《联邦主义者文献》作者之谜，都是用这个方法解答的。

不过，将数学方法应用到文学研究，这些只是"初级阶段"。教育部社会科学委员会委员、华东师范大学中文系陈大康教授对此有着更深入的思考，他认为，任何学科都是人类认识客观世界的学问，当研究越来越需要全面与综合时，学科间的互相借鉴与交叉更加不可或缺。当然，各学科具体的研究手段对问题的解决都有其特定性，跨学科的生搬硬套只会是徒劳无功，这种借鉴与交叉应该体现在研究思想与方法论层面上。

陈大康教授在介绍自己在文学研究中得益于数学思想的一些例子。人们研究作品分析人物、情节时，通常是根据文本所提供的已经存在的东西，可是依据数学集合论的思想，首先得观察它的元素是否齐全，除了"有"，更要追问"无"。就拿《红楼梦》来说，王夫人和李纨是关系极近的婆媳，可是书中居然没有一句她俩的直接对话。无论王夫人还是李纨，在作品中都可看到她们与其他女性的对话，缺少的这部分显然不是作者的疏忽，而是古代史家"不书"手法的运用，以此表达两人关系中暗藏的"裂隙"。追究这个问题，对作品中相关描写作抽丝剥茧式的分析，对《红楼梦》中的人物关系，以及作者的意图便可有更多更新的认识。

如今的文学研究领域，已有不少学者循着这一方向继续前行，与数学思想的交融成为学科发展的推动力之一。

图 7-27　《红楼梦》中人物

7.6.2　数学也靠"赋比兴"

与此同时，在数学研究的"深处"，想象力、多样性等等这些与文学紧密相联的共鸣，同样令人目眩神迷。

"我花了五年工夫，终于找到了具有超对称的引力场结构，并将它创造成数学上的重要工具。当时的心境，可以用以下两句来描述：落花人独立，微雨燕双飞。"囊括菲尔兹奖、沃尔夫奖、克拉福德奖等三个世界顶级大奖的数学家丘成桐，曾以"数学与中国文学的比较"为题，阐述自己的感悟。

在他看来，数学之为学，有其独特之处，它本身是寻求自然界真相的一门科学，但数学家也如文学家般天马行空，对大自然感受的深刻肤浅，决定研究的方向。可以说，这种感受既有客观性，也有主观性，后者则取决于个人的气质，气质与文化修养有关，无论是选择悬而未决的难题，或者创造新的方向，文化修养、人文知识都起着关键性的作用，因为那些事关心灵对大自然的感受。

图 7-28　丘成桐

丘成桐认为，有深度的文学作品必须要有"义"、有"讽"、有"比兴"。数学亦如是。人们在寻求真知时，往往只能凭已有的经验，因循研究的大方向，凭对大自然的感觉而向前迈进，这种感觉是相当主观的。文学家为了达到最佳意境的描述，不见得忠实地描写现实世界，例如贾岛只追究 "僧推月下门"或是"僧敲月下门"的意境，而不在乎所说的是不同的事实。数学家为了创造美好的理论，也不必完全遵从已知的自然规律，只要逻辑推导没有问题，就可以尽情地发挥想象力。

在丘成桐的数学研究中，同样有类似实践。四十多年前，他提出猜测，认为三维球面里的光滑极小曲面，其第一特征值等于二。

"当时这些曲面例子不多，只是凭直觉。我一方面想象三维球的极小曲面应当是如何的匀称，一方面想象第一谱函数能够同空间的线性函数比较该有多妙，通过原点的平面将曲面最多切成两块，于是猜想这两个函数应当相等，同时第一特征值等于二。"他至今记得，"当时我与卡拉比教授讨论这个问题，他也相信这个猜测是对的。旁边我的一位研究生问为什么会做这样的猜测，不待我回答，卡拉比教授便微笑说这就是洞察力了。"

7.6.3　文学作品中的数学

早在公元前 5 世纪，古希腊喜剧作家阿里斯托芬在其剧本《鸟》中提到，天文学家默冬用直尺和圆规作出了某个图形，"使圆变成了正方形"。尽管实际上默冬并非在化圆为方，而只是将圆四等分，但阿里斯托芬至少告诉我们一条信息；化圆为方问题在他所生活的时代已经广为人知了。

古希腊另一位几何难题倍立方问题的起源则是古代某个悲剧诗人在其作品中给出的一个故事；米诺斯为海神格劳科斯修建了一座坟墓，但他对坟墓边长 100 英尺感到不满意。于是米诺斯错误地说，必须将边长增加一倍，以便把坟墓造得两倍大。

图 7-29　查尔斯·狄更斯

19 世纪，英国著名作家查尔斯·狄更斯在其《艰难时世》中用比例来刻画议员葛擂硬的"事实"哲学。葛擂硬口袋里"经常装着尺子、天平和乘法表，随时准备称一称，量一量人性的任何部分"，一切都"只是一个数学问题，一个简单的算术问题"。他在焦煤镇办了一所学校，实施"事实"教育。西丝·朱浦，一位马戏团丑角的女人，在这所学校接受教育。以下是第 9 章中西丝和葛擂硬的大女儿之间的对话：

"你不知道。"西丝几乎哭着说，"我是多么愚蠢的女孩。在学校里我总是出错。麦却孔掐孩先生和他的太太让我站起来回答问题我一定又一次出错。我对他们毫无用处。他们似乎对我已经习以为常。"

"我想麦却孔掐孩先生和他的太太是不会出错的，对吗，西丝？"

"哦，从不出错!"他急切的回答。"他们什么都知道。"

"跟我讲讲你的错误吧"

"我简直羞于启口。"西丝不太情愿的说。"今天，麦却孔掐孩先生向我们解释什么是'自然的繁荣'。"

"我想一定是；国家的繁荣吧，"露意莎说道。

"是是，是国家的繁荣。——但不都一样吗？"他胆怯地说。

"你最好说'国家'，像他说的一样。"露意莎以她干巴巴矜持态度说道。

"那就说国家的繁荣。他说，现在，比方这个教堂就是一个国家。在这个国家里，有五千万金镑。这是不是一个富裕的国家呢？二十号女孩，这是不是一个富裕的国家呢，你是不是生活在一个繁荣的国家里呢？"

"那你怎么说"露意莎问道。

"露意莎小姐，我说我不知道。我当时还在想，我是不可能知道这个国家是不是富裕、我是不是生活在一个繁荣的国家里的，除非我知道谁拥有这些钱，是不是一定属于我。但这与那个问题无关，答案根本就不在这个数目里。"西丝一边擦着眼泪一边说道。

"这你就大错特错了"露意莎说。

"是的，露意莎小姐，我现在明白我是错了。然后麦却孔掐孩先生说他要再考考我。他接着说，这个教室好比是个大城市，有 100 万居民。一年之中，只有 25 人饿死在街头，你对这个比例有何评价？我的评价是——因为我也想不出更好的了——我觉得这对那些饿死的人不太公平，不管其他人有 100 万也好。有 100 万的 100 万也好。结果我又错了。"

"当然错了。"

"然后麦却孔掐孩先生说,他要再考考我。他说,这里是口吃——"

"是统计。"露意莎说。

"是的,露意莎小姐——他们常常让我想起口吃。这是我的另一个错误——关于海难。麦却孔掐孩先生说,在一个给定的时间里,10万人航海出行,他们当中只有500人淹死或烧死。百分比是多少?我回答说,小姐。"说到这里西丝悔恨万分,呜咽着承认他犯了大错;"我说,什么都没了。"

"什么都没了,西丝?"

"对于死者的亲属和朋友来说,什么都没了,小姐。"西丝说,"最糟糕是,尽管我可怜的父亲寄我以厚望,尽管我因此也急于学习,但恐怕我并不喜欢。"

这里,狄更斯借西丝的"错误",对葛播硬的"事实"哲学进行了辛辣的讽刺和批判。

查尔斯·道奇森是维多利亚时代牛津大学基督堂学院的一位数学讲师。笔名刘易斯·卡洛尔。基督堂学院院长利德尔的女儿爱丽丝 10 岁时请求卡洛尔为她写一部爱丽丝的冒险故事,这便是《爱丽丝漫游奇境记》和《爱丽丝镜中奇遇记》的缘起。维多利亚女王深深为爱丽丝的故事所着迷,他对下人说:以后凡是卡洛尔写的书,都要送给她看。谁知,卡洛尔的下一本书竟是《行列式初论》,可想而知,女王是多么的惊讶和失望!

图 7-30 《爱丽丝漫游奇境记》场景

在《爱丽丝漫游奇境记》和《爱丽丝镜中奇遇记》中,卡洛尔利用怪诞的数学和逻辑来反映"表面上看来毫无意义的世界里的人类的荒谬状态"。还有人说,爱丽丝在奇镜中的许多场合里都不过是一张在不同变换之下保持不变特性的几何图形而已。

爱丽丝掉进兔子洞之后,为了检验自己是否还记得以前知道的事情,就背起乘法口诀来:"四乘五等于十二,四乘以六等于十三,四乘以七等于……啊,天哪!照这样背下去,永远也倒不了二十啦!"真的到不了二十吗?我们检验一下:

$$4 \times 5 = 1 \times 18 + 2 = 1218 \quad \text{(18 进制)}$$

$$4 \times 6 = 1 \times 21 + 3 = 1321 \quad \text{(21 进制)}$$

$$4 \times 7 = 1 \times 24 + 4 = 1424 \quad \text{(24 进制)}$$

$$4 \times 8 = 1 \times 27 + 5 = 1527 \quad \text{(27 进制)}$$

$$4 \times 9 = 1 \times 30 + 6 = 1630 \quad \text{(30 进制)}$$

$$4×10＝1×33+7＝1733 \quad （33\text{进制}）$$
$$4×11＝1×36+8＝1836 \quad （36\text{进制}）$$
$$4×12＝1×39+9＝1939 \quad （39\text{进制}）$$
$$4×13＝1×42+10＝11042 \quad （42\text{进制}）$$

……

果不其然，永远不会出现 20

爱丽丝和帽子匠、兔子之间的对话：

爱丽丝：“至少——至少我说的就是我的心里想的——反正是一码事。你知道了吧！”

帽子匠：“你还不如说；'凡我吃的，我都看得见'跟'凡我看得见的，我都吃'也是一码事呢！”

兔子：“你也不如说；'凡我得到的，我都喜欢'跟'凡我喜欢的，我都得到'也是一码事！”

这里，为什么帽子匠和兔子说的不对呢？如果我们的帽子匠和兔子的说法表达成命题，那么帽子匠的原命题"如果我吃一样东西，那么我就得看见它"和逆命题"如果我看见一样东西，那么我就会吃它"等价起来；兔子则将原命题"如果我得到一样东西，那么我就喜欢他"和逆命题"如果我喜欢一样东西，那么我就得到它"等价起来。原命题和逆命题不一定同时成立，帽子匠和兔子的话成了有趣的反例。

以下是《爱丽丝镜中奇遇记》第 9 章中爱丽丝、白棋皇后和黄棋皇后之间的一段对话：

"上课的时候不教礼仪，"爱丽丝说，"上课的时候教的是加减乘除这种东西。"

"你会算加法吗？"白棋皇后问道，"那么，一加一加一加一加一加一加一加一加一加一加一加一加一加一加一加一加一等于几？"

"我算不出来，"爱丽丝说，"我数不清了。"

"她不会算加法，"红旗皇后对白棋皇后说，"你会算减法吗？八减九等于几？"

"八减九，我不会算，"爱丽丝脱口而出回答道，"可是……"

"他不会算减法，"白棋王后说，"你会算减法吗？一只面包除以一把刀子等于什么？"

"我想……"爱丽丝刚开口，红棋皇后就替他回答了："当然是面包和奶油了。再算另一道减法题吧。一只狗减去一根骨头，等于什么？"

爱丽丝想了一下，说"要是我把骨头拿走，那根骨头当然就没了，狗也没了，因为他会跑过来咬我。我敢肯定，我也没了！"

"那么，你以为什么也没了？"红棋皇后问道。

"我认为答案就是这样。"

"又错了，"红棋皇后说，"那条狗的脾气还在。"

"可我看不出怎么……"

卡洛尔一生为儿童编了许多趣味数学问题。如；

加法游戏：从一开始，两人轮流加上一个不超过 10 的正整数。谁先得到 100，就算胜方。如何获胜？

魔法游戏：将 142857 一次乘以 2、3、4、5、6、7，得数是多少？

去世四周前，卡洛尔还在日记中写到："一直在思考寄自纽约的一个很吸引人的问题，凌晨四点才睡下。求三个面积相等的有理直角三角形。我找到了两个，即（20，21，29）和（12，

35，37），但未能找出第三个。"他构造了一个童话世界，却终身生活在数学世界里。

在 18 世纪杰出讽刺小说家斯威夫特的《格列佛游记》中，也有许多数学例子。在第一卷中，利立浦特人利用立体图形的相似性来确定"我"的体积和饭量：

黄帝规定每天供给我足够维持一千七百二十八个利立浦特人的肉类和饮料。以后不久我问朝廷做官的一位朋友，他们怎样得出这样一个确定的数目。他告诉我，御用数学家用四分仪测定了我的身高，计算出我的身长和他们的比例是十二比一，由于他们的身高和我的完全一样，因此得出结论：我的身体至少抵得上一千七百二十八个利立浦特人。我所需要的食物数量足够供给这么多的利立浦特人。

同书第三卷中提到，勒皮他的仆人们把他的面包切成圆锥体、圆柱体、平行四边形和其他几何图形；勒皮他人的思想永远跟线和圆相联系，他们赞美女性，总爱使用菱形、圆、平行四边形、椭圆以及其他几何术语。这里，作者的图形分类不甚合理。

科幻小说之父凡尔纳在《神秘岛》中巧妙地运用了等比数列。当哈伯在衣服的夹层里找到一颗麦粒时，工程师史密斯如是说："如果我们种下这粒麦子，那么我们第一次收获八百粒麦子；种下这八百粒麦子，第二次将收获六十四万粒；第三次十五亿一千二百万粒，第四次是四千多亿了。比例就是这样……这就是大自然的繁殖力的算术级数……算他十三万粒一斗，就是三百万斗以上。"这里，作者误将几何级数说成算术级数。

图 7-31　卡拉马佐夫兄弟

在 19 世纪的欧洲和俄国，数学与更严肃的文学也发生了联系。俄国大文豪陀思妥耶夫斯基在其长篇小说《卡拉马佐夫兄弟》第二部第 2 卷第 3 节"兄弟两相互了解"中，伊凡和阿辽沙兄弟俩在一家酒店喝茶聊天。在谈到上帝是否存在的问题时，伊凡说：

"假如上帝存在，而且的确是他创造了大地，那么我们完全知道，他也是照欧几里得的几何学创造大地和只有三维空间概念的人类头脑的。但是以前有过，甚至现在也有一些几何学家和哲学家，而且是最出色的，他们怀疑整个宇宙，说的更大一些——整个存在，是否真的只是照欧几里得的几何学创造的。他们甚至还敢幻想：按欧几里得的原理是无论如何也不会在地上相交的两条平行线，也许可以在无穷远的什么地方相交。因此我决定，亲爱的，既然我连这一点都不能理解，叫我怎么能理解上帝呢？"

这里，非欧几何的观念成了挑战传统上帝信仰的有力工具。

在奥地利著名小说家穆西尔出版于 1906 年的小说《小特尔莱斯》里，主人公特尔莱斯在学习虚数概念后，和他的同学有下面一段对话：

"我说，你真的理解所有那些内容了吗？"

"什么内容？"

"所有关于虚数的内容。"

"是的，这并不是很难，是吗？你要做的只是记住-1 的平方根是你使用的基本单位。"

"但问题就在这里。我的意思是说，根本就没有这样的事。每一个数，无论正负，其平方都是正数。所以不可能有任何一个实数会是负数的平方根。"

"没错。但我们为什么不可以用完全一样的方式来计算负数的平方根呢？这当然不可产生任何实数，正因为如此，我们把结果称为虚数。这就像有个人过去总是坐在这里，所以我们今天仍为她放张椅子在这里，即使这个时候他死了，我们仍当他要来一样，继续做这件事。"

"但是，当你确信无疑的知道这不可能时，你怎么还会这么做呢？"

"无论如何，你继续去做，就好像并非如此一样。他可能会产生某种结果。毕竟，这与无理数—永远除不尽，无论你花费多长时间算下去，永远永远都不可能得到其分数部分最后的值—不同在何处？你怎能想象平行线会在无穷远处相交？在我看来，如果我们过于谨小慎微，那么数学就根本不存在了。"

特尔莱斯遇到虚数后，开始考虑生命的复杂性和模糊性。特尔莱斯原来把数学看作"生命的预备工具"，因此为虚数所困扰。他认为，虚数不可能是一个真正的数；但同时，通过虚数运算所得到的结果又把他给迷住了。他承认，这样的运算使他感到有点"晕乎乎"，似乎是通往"上帝所知道的路"。对特尔莱斯而言，实数和虚数代表着人性中理性的一面和非理性的一面。

俄国小说家扎米亚金也借虚数概念来宣扬人的信仰、情感等所具有的非理性的 面。在反乌托邦帮小说《我们》中，扎米亚金虚构了一个用数学来管理的集权国家——一统国。在这个国家，统治者是万数之数；诗歌严格按照乘法表来写的；人名使用数字来表示的。《我们》中的故事是围绕一位国家数学家、"积分号"宇宙飞船的设计者 D-503 展开的。当 D-503 与一位反政府的女革命家 I-330 产生爱情后，他的理性受到了挑战。早在遇见 I-330 以前，D-503 就已经发觉虚数"奇怪、陌生、可怕"，他痛恨这种数，希望这种数不存在。遇见 I-330 之后，虚数成了 D-503 情感与理智紊乱以及他无视国家法规的象征。D-503 被诊断为"有灵魂和想象力"，最后被用新发明的算法切除，D-503 也因此恢复了国家数学家的地位。

图 7-32　扎米亚金

在《我们》中，D-503 试图解释一统国中人们是如何量化幸福的。他建立了一个公式 $h=b/e$，其中 b 表示快乐，e 表示嫉妒。这个公式表明：一个人若要幸福，并不需要她有多快乐，而只要快乐大于嫉妒即可。即使他境况不佳。如 $b=0.001$，但如果嫉妒远小于快乐，如 $e=0.000001$，那么，根据幸福指数公式，$h=1000$，此人应该很幸福！不知 D-503 所给的幸福公式是否也适用于我们这个物欲横流的世界？

当然，除了非欧几何，虚数等概念外，作家也借助更传统的数学概念来刻画他的故事情节。安德烈·贝里出版于 1916 年的《彼得堡》一书采用的基本图书是一个球体。书中，直线、多边形、立方体代表规则和稳定，而加宽的圆和扩展的球则代表了"崩溃和死亡"。政府官员阿波罗诺维奇看到一排排立方体形状的房子就感到特别舒适，他酷爱"直线的景观"。但是，当他的儿子尼科莱良心发现，不想谋杀自己的父亲之后，父子俩被一系列令人不安的东西所包围，这些东西都呈现恐怖的球体，包括阿波罗诺维奇死去的心以及尼科莱那些激进的同伴们提供给他的弑父凶器——装在一个球形沙丁鱼罐头里，用来在膨胀的球体内爆炸的定时炸弹。

俄国作家列夫·托尔斯泰在《战争与和平》中利用数学来支持自己的历史理论，托尔斯泰利用古希腊著名的芝诺悖论——阿喀琉斯追不上乌龟来说明：历史是不能够作为一系列离散的片断来分析的，历史不是离散的事件，而是一个连续的过程，是无穷小量的和。只有找

图7-33 列夫·托尔斯泰

到求和的方法，人们才有望认识历史的法则。

托尔斯泰还试图用比率和方程来说明：除了数量，士气也是一个军队获胜的重要因素，士气乘上数量等于力量。一只小的部队如果士气高，也能够打败大的部队，他举例说（以 X 和 Y 表示士气）：

"10 个人，10 个营，或 10 个师，同 15 个人，15 个营，15 个师作战，把 15 个那一方打败了，也就是说，把对方一个不剩的全部打死，或俘虏了，而自己损失了 4 个人，另一方损失了 15 个。这样一来 4 个人就等于 15 个人，这就是说 4X＝15Y，因而 X:Y＝15：4，这个方程式并未告诉我们那个未知数的值，但是告诉我们那两个未知数的比率。可以取各种各样的历史单位列成这种方程式，得出许多系列数字，在那些数字里，应当存在一些法则，他是可以发现的。"

数学也是作家刻画任务聪明才智的一种工具。我国当代武侠小说家金庸在《射雕英雄传》第二十九回和第三十一回中通过宋元时期的数学问题来刻画才智过人的黄蓉形象。以下是第二十九回"黑沼隐女"片段：

黄蓉坐了片刻，精神稍复，见地下那些竹片都是长约四寸，阔约二分，知是计数用的算子。再看那些算子排成商、实、法、借算四行，暗点算子数目，知她正在计算五万五千二百二十五的平方根，这时"商"位上已记算到二百三十，但见那老妇拨弄算子，正待算那第三位数字。黄蓉脱口道："五！二百三十五！"那老妇吃了一惊，抬起头来，一双眸子精光闪闪，向黄蓉怒目而视，随即又低头拨弄算子。这一抬头，郭、黄二人见她容色清丽，不过四十左右年纪，想是思虑过度，是以鬓边早见华发。那女子搬弄了一会，果然算出是"五"，抬头又向黄蓉望了一眼，脸上惊讶的神色迅即消去，又见怒容，似乎说："原来是个小姑娘。你不过凑巧猜中，何足为奇？别在这里打扰我的正事。"顺手将"二百三十五"五字记在纸上，又计下一道算题。这次是求三千四百零一万二千二百二十四的立方根，她刚将算子排为商、实、方法、廉法、隅、下法六行，算到一个"三"，黄蓉轻轻道："三百二十四。"那女子"哼"了一声，哪里肯信？布算良久，约一盏茶时分，方始算出，果然是三百二十四。那女子伸腰站起，但见她额头满布皱纹，面颊却如凝脂，一张脸以眼为界，上半老，下半少，却似相差了二十多岁年纪。她双目直瞪黄蓉，忽然手指内室，说道："跟我来。"拿起一盏油灯，走了进去。郭靖扶着黄蓉跟着过去，只见那内室墙壁围成圆形，地下满铺细沙，沙上画着许多横直符号和圆圈，又写着些"太"、"天元"、"地元"、"人元"、"物元"等字。郭靖看得不知所云，生怕落足踏坏了沙上符字，站在门口，不敢入内。黄蓉自幼受父亲教导，颇精历数之术，见到地下符字，知道尽是些术数中的难题，那是算经中的"天元之术"，虽然甚是繁复，但只要一明其法，也无甚难处。

黄蓉从腰间抽出竹棒，倚在郭靖身上，随想随在沙上书写，片刻之间，将沙上所列的七八道算题尽数解开。这些算题那女子苦思数月，未得其解，至此不由得惊讶异常，呆了半晌，忽问："你是人吗？"黄蓉微微一笑，道："天元四元之术，何足道哉？算经中共有一十九元，'人'之上是仙，明、霄、汉、垒、层、高、上、天，'人'之下是地、下、低、减、落、逝、泉、暗、鬼。算到第十九元，方才有点不易罢啦！"那女子沮丧失色，身子摇了几摇，突然一跤跌在细沙之中，双手捧头，苦苦思索，过了一会，忽然抬起头来，脸有喜色，道："你的算法自然精我百倍，可是我问你：将一至九这九个数字排成三列，不论纵横斜角，每三字相加都是十五，如何排法？"黄蓉心想："我爹爹经营桃花岛，五行生克之变，何等精奥？这九宫之法是桃花岛阵图的根基，岂有不知之理？"当下低声诵道："九宫之义，法以灵龟，二四为肩，六八为足，左三右七，戴九履一，五居中央。"边说边画，在沙上画了一个九宫之图。那女子面如死灰，叹道："只道这是我独创的秘法，原来早有歌诀传世。"黄蓉笑道："不但九宫，即使四四图，五五图，以至百子图，亦不足为奇。就说四四图罢，以十六字依次作四行排列，先以四角对换，一换十六，四换十三，后以内四角对换，六换十一，七换十。这般横直上下斜角相加，皆是三十四。"那女子依法而画，果然丝毫不错……

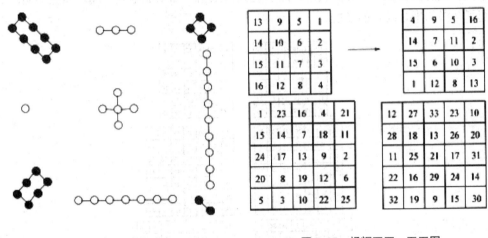

图 7-34 中国古代洛书　　　　　图 7-35 杨辉四四、五五图

著名作家王蒙是数学的爱好者，他说："回想童年时代花的时间一大部分用来做数学题，这些数学知识此后直接用到的很少，但是数学的学习对于我的思维的训练却是极其有益的。"在《我的人生哲学》中，作者多次通过数学概念来思考人生。

意大利新锐作家保罗·乔尔达诺在《质数的孤独》中，塑造了一对少年时代各自遭遇的不幸的男女主角的爱情故事。男主角叫马蒂，女主角叫爱丽丝，他们就像一对孪生质数，彼此相爱，却从未能走到一起。

质数只能被一和它自身整除。在自然数的无穷序列中，它们处于自己的位置上，和其他所有数字一样，被前后两个数字挤着，但它们彼此间的距离却比其他数字更远一步。它们是多疑而又孤独的数字，正是由于这一点，马蒂亚觉得它们非常奇妙。有时候他会认为，它们是误入到这个序列中的，就像是串在一条项链上的小珍珠一样被禁锢在那里。有时候他也会怀疑，也许它们希望像其他所有数字一样普普通通，只是出于某种原因无法如愿。这后一种想法经常在晚间光顾他的大脑，夹杂在睡梦前凌乱而交错的各种形象之中，这个时候，他的大脑会非常疲顿，不愿再编制谎言。

在大学一年级的一门课上，马蒂亚知道，在质数当中还有一些更加特别的成员，数学家称之为"孪生质数"，它们是离得很近的一对质数，几乎是彼此相邻。在它们之间只有一个偶数，阻隔了它们真正的亲密接触，比如 11 和 13、17 和 19、41 和 43。假如你有耐心继续数下去，就会发现这样的孪生质数会越来越难遇到，越来越常遇到的是那些孤独的质数，它们迷失在那个纯粹由数字组成的寂静而又富于节奏的空间中。此时，你会不安地预感到，到哪里为止，那些孪生质数的出现只是一种偶然，而孤独才注定是它们真正的宿命。然后，当你正准备放弃的时候，却又能遇到一对彼此紧紧相拥的孪生质数。因此，数学家们有一个共同的信念，那就是要尽可能地数下去，早晚会遇到一对孪生质数，虽然没人知道它们会在哪里出现，但迟早会被发现。

马蒂亚认为，他和爱丽丝就是这样一对孪生质数，孤独而失落，虽然接近，却不能真正触到对方……

这里，作者借助数论中的"孪生质数"概念，刻画了两个主人公之间的关系。一方面，在自然数列中，指数的分布越往后越稀疏，这象征男女主人公在现实世界的茫茫人海中是孤独而失落的个体；另一方面，孪生质数中间隔了一个偶数，他们彼此靠近，却不能真正毗邻，这象征孤寂的男女主角，心灵相通，成了彼此的慰藉，却未能走到一起，白头偕老。这让我想起了马弗尔平行线般的爱情。

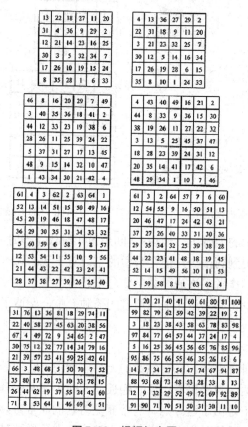

图 7-36　杨辉幻方图

7.6.4　侦探故事中的数学方法

文学作品不仅利用数学的概念，而且也利用数学的方法，在 17 世纪和 18 世纪，数学以其清晰的定义、显明的公理、演绎的方法和必然的结论而被看作是人类知识的典范。无论是教育家、还是哲学家，政治理论家都争相以演绎式的文本进行转述。然而，到了 19 世纪，随着非欧几何的诞生，数学上的分析方法盛行起来，对于几何公理不证自明的信念开始减弱。不过，尽管演绎的方法失去了对于数学之外的学者的吸引力，可是数学方法在侦探小说却找到了用武之地，19 世纪美国诗人家爱伦·坡笔下的杜宾、英国著名侦探小说家柯南·道尔笔下的福尔摩斯，都是家喻户晓的推理高手。

在《摩格大街谋杀案》的开篇，有一段关于分析能力的讨论。爱伦·坡认为，"数学研究，特别是最高等的数学分支，即分析学，可能会大大提高分析能力"。在《玛丽·罗杰之谜》开篇，爱伦·坡指出，"概率论本质上是纯数学的，因此，我们可以用科学中最为严谨精确的方法来处理思维中难以解释的幻影与幽灵现象。"杜宾解释说；"机会是完全可以计算进去的因素。找不到和想象不出的事情都需要借助学校里学的数学公式。"

图 7-37　爱伦·坡　　　　　　　图 7-38　柯南·道尔

福尔摩斯同样将他的侦探术与数学方法结合起来。在《血字的研究》第二章"演绎的科学"里，华生博士偶然在一本杂志上看到福尔摩斯所写的一篇文章，福尔摩斯在文章中自称"他得出的结论会像欧几里得那么多命题一样准确。"他写道："从一滴水中，一个逻辑学家就能推测出可能有大西洋或尼亚加拉瀑布存在，而无需亲眼看到或亲耳听过这些。所以，整个生活就是一条巨大的链条，我们只要看到其中的一环，就能知道其本质。"

类似地，在《四签名》第一章中，福尔摩斯对华生说："侦探学是，或者应该是一门精确的科学，应当以冷静而不是激情来对待它。你在它的上面涂抹浪漫主义色彩，这好比在欧几里得的几何学定理里掺进恋爱的情节。"

爱伦·坡的《金甲虫》讲述了主人公通过破译密码，寻找 17 世纪英国海盗所埋藏的财宝的神奇故事。居住在沙利文岛上的主人公威廉·莱格朗先生在岛上偶然找到一个金甲虫和一张羊皮纸，羊皮纸上面有样稿和人的头骨盖，两者之间写有如图 7-39 所示字符。

53‡‡†305))6*;4826)4‡.)4‡);806*;48†8
¶60))85;1‡(;:‡*8†83(88)5*†;46(;88*96
?;8) ‡(;485);5*†2:* ‡(;4956*2(5*-4)8
¶8*;4069285);)6†8)4‡‡;1(‡9;48081;8:8‡
1;48†85;4)485†528806*81(‡9;48;(88;4
(‡?34;48)4‡;161;:188;‡?;

图 7-39　密码原文

这是标志宝藏的位置的密码。莱格朗先生利用频率分析法破译了上述密码。首先，他对字符出现的频次进行了统计：

8 出现 33 次；

; 出现 26 次；

4 出现 19 次；

‡和)各出现 16 次；

*出现 13 次；

5 出现 12 次；

6 出现 11 次；

†和 1 各出现 8 次；

0 出现 6 次；

9 和 2 各出现 5 次；

: 和 3 各出现 4 次；

? 出现 3 次；

¶出现 2 次；

—和·各出现 1 次。

在英文中，出现频率最高的字母是 e，而在上述密文中，出现次数最多的是 8，因而 8 可能是就是 e 的代码。英文中 e 往往成对出现，如 meet，fleet，speed，seen，been，agree 等等，而密文中 8 成对出现了 5 次。由此可知，8 代替的字母是 e。

在英文的所有单词中，the 是最常用的。而在羊皮纸密文中，字符串 "; 48" 出现了 7 次，因此断定，"; "代表 t，4 代表 h。再看（图 7-40）倒数第二个 the 后面的六个字符，其中有五个已经知道了：t(eeth。但用任何字母代替 "("，都不能使 t（eeth 成为一个有意义的单词，因此隔开 th，t(ee 是一个独立的单词，因此，"("代表 r，该单词为 tree（树）。

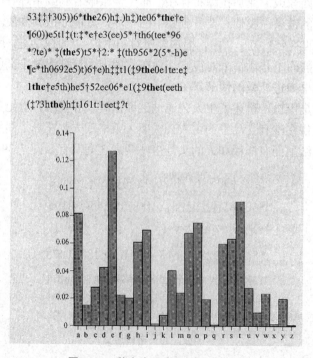

图 7-40　英文字母出现的相对频率

接下来观察 the tree 后面的单词 thr‡? 3h ，可知："‡"代表 o，"？"代表 u，3 代表 g。因此，密文成为如图 7-41 所示。

53‡‡†305))6*the26)h‡.)h‡)te06*the†e
¶60))e5t1‡rt:‡*e†e3ree)5*†th6rtee*96
?te) ‡rthe5)t5*†2:* ‡rth956*2r5*-h)e
¶e*th0692e5)t)6†e)h‡‡t1r‡9the0e1te:e‡
1the†e5th)he5†52ee06*e1r‡9 the tree
thr‡?3h the)h‡t161t:1eet‡?t

图 7-41　密文破译过程 1

再看第二行中的†egree，它应该是 degree，因此"†"代表 d，在 degree 之后，我们看到字符串"th6rtee*"，易知应为 thirteen，因此可以断定 6 代表 i，"*"代表 n。这时，密文成为如图 7-42 所示。

5goo†g05))6*the26)ho.)ho)te06*the†e
¶60))e5t1ort:o*e†egree)5*†th6rtee*96
*ute)*orthe5)t5*†2:*orth956*2r5*-h)e
¶e*th0692e5)t)6†e)hoot1ro9the0e1te:eo
1the†e5th)he5†52ee06*e1ro9 the tree
through the)hot161t:1eet out

图 7-42　密文破译过程 2

据此，第一个字符 5 应该表示 a，degree）应为 degrees，9inute）应为 minutes。于是，密文成为如图 7-43 所示。

A good g0ass in the 2isho.shoste0 in the
de¶i0s seat 1ort: one degrees and thirteen
minutes northeast and 2: north main 2ran-hse

¶enth0im2 east side shoot 1rom the 0e1te:eo1
the death's head a2ee0ine 1rom the tree
through the shot 1i1t:1eet out

图 7-43　密文破译过程 3

至此，译文已经呼之欲出：

A good glass in the bishop's hostel in the Devil's seat forty-one degrees and thirteen　minutes northeast and by north main branch seventh limb east side shoot form the left eye of the death's-head a bee line form the tree

Through the shot fifty feet out

上述译文的意思："一面好镜子在主教栈房内魔鬼的座位——41 度与 13 分——东北和偏北——主干的第七根树枝东边——从骷髅的左眼射击——从数下引一条支线，以子弹为圆心，延伸五十英尺。"据此主人公果然找到了宝藏。

《金甲虫》一书在当时激发了人们对密码学的兴趣。美国著名密码专家、二战期间曾成功破解日本密码机的弗里德曼小时候即是读了此书而喜欢上密码学。

图 7-44 《金甲虫》插图

无独有偶。在柯南·道尔的《跳舞的小人》中，福尔摩斯也利用频率分析法侦破了一桩奇案。

诺福克郡乡绅希尔顿·丘比特饮弹死于家中，他的美国妻子埃尔西·帕特里克也中了弹，生命垂危。警方初步断定是埃尔西枪杀丈夫后自杀。侦破此案的关键是丘比特生前向福尔摩斯提供的密码——跳舞的小人。丘比特第一次提供给福尔摩斯的一组密码如图 7-45 所示。

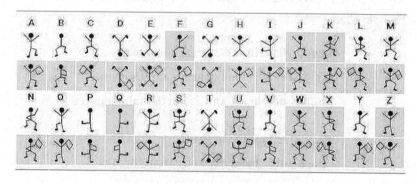

图 7-45 跳舞小人和英文字母对应关系

这里，柯南·道尔借用了古代澳大利亚岩画中的人物形象作为密码字。根据频率分析法，福尔摩斯推断出现次数最多的"e"代表英文字母 E。举红旗的小人代表的是一个单词的最后一个字母。根据丘比特生前提供的更多密码，福尔摩斯相继将一个个小人破译出来，并利用这些密码，抓住了杀害丘比特的凶手。

侦探小说中的推理与几何证明中的分析法是一脉相承的，我们以柯南·道尔的《博斯科姆溪谷奇案》为例来说明这一点。

在博斯科姆溪谷，发生了一桩惨案。詹姆斯·麦卡锡在博斯科姆湖边遇害。案发前，除被害人的儿子小麦卡锡外，共有五人见过老麦卡锡：麦卡锡家的仆人、一个老妪、博斯科姆庄园看门人及14岁女儿、猎场看守人。其中，猎场看守人看到小麦卡锡手里拿着枪"跟踪"老麦卡锡，往博斯科姆湖边的树林走去；而小女孩则看见麦卡锡父子在湖边激烈争吵；仆人说，老麦卡锡自称有个约会。警方据此得出：小麦卡锡就是老麦卡锡的约会者，因而是弑父凶手。

福尔摩斯却不满足于这些表面的证据。

小麦卡锡供称：他在林间听见父亲大声叫"库伊"——父子间常用的称呼——便跑到父亲跟前，但父亲很惊讶，因为他不知道儿子已经从布里斯托尔返家；老麦卡锡临终前模糊的说出"拉特"一词。"库伊"是澳大利亚矿工常用的称呼；福尔摩斯据此推断，"拉特"是澳大利亚地名的部分音节，麦卡锡临终前想说凶手是"X拉特的某某"，但未能清楚地听完。查看澳大利亚地图，果然有"巴勒拉特"这个地名，因而凶手一定是麦卡锡早年在澳大利亚认识的人。

检查尸体发现，凶手从背后用钝器袭击被害人后脑的左侧，因而很可能是左撇子；现场有一些凌乱的脚印，除了麦卡锡父的脚印外，还有一个人的脚印左深右浅，因而凶手的右脚是瘸的。

这样，福尔摩斯得出结论：凶手是麦卡锡在澳大利亚认识的人、左撇子、右脚瘸。这个人正是博斯科姆庄园的主人特纳。

图 7-46　福尔摩斯在破案

7.6.5　科幻小说中的数学

许多科幻小说作者创作了数学小说，兹举数例。

英国作家赫胥黎的《小阿基米德》讲述一个关于数学和音乐小天才吉多的动人故事。故事里的吉多自己发现了毕达哥拉斯定理的一个几何证明。故事里的"我"还教了另一个代数证明。

美国作家尤普逊的《保罗·本彦与传送带》讲述铀矿工人保罗·本彦和福德·福德森使用30厘米宽、120厘米长的莫比乌斯带传送带来传送铀矿的故事。

美国作家约翰·里斯的《谋杀的符号与逻辑》讲述利用布尔代数来侦破谋杀案的故事。

美国科幻作家克里夫顿的《明星》讲述一个三岁小女孩思达发明莫比乌斯带以及一种可以将自己输送到四维空间、在时间隧道中向前或向后旅行的方法。

波兰科幻作家勒姆在《非常旅馆》中虚拟一个含有无穷多个房间的旅馆，俗称"希尔伯特旅馆"。旅馆里住满旅客，问题是如何安排新来者住宿？新来旅客数为 1 时，只需让 1 号房间的旅客搬到 2 号房间，2 号房间的旅客搬到 3 号房间，3 号房间的旅客搬到 4 号房间……n 号房间的旅客搬到 $n+1$ 号房间……这样，就可以腾出 1 号房间来。若新来旅客为 k 个时，则需将 n 号房间旅客搬到 $n+k$ 号房间。若新来的无穷个（可数）旅客，则需将 n 号房间的旅客搬到 $2n$ 房间。

希尔伯特旅馆形象地说明了无限集与有限集之间的本质区别，即，无限集可以和它的真子集具有"同样多的"元素，而有限集却不可能有这一性质。

捷克剧作家汤姆·斯多帕德的《阿卡迪亚》讲述 19 世纪一个 13 岁的数学天才的故事。尽管女主角没能证明费马大定理，但它却知道混沌和迭代这样的 20 世纪的数学课题。

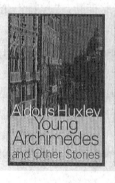 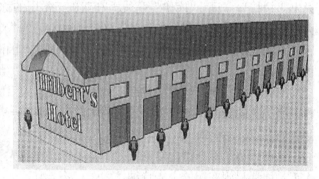

图 7-47　小阿基米德和剧本阿卡迪亚　　　　　**图 7-48　希尔伯特旅馆**

美国作家戴维·奥本的剧本《证明》讲述一个女数学天才凯瑟琳与他父亲、数学家罗伯特的关门弟子霍尔之间的数学和爱情故事。本剧获得 2001 年普利策戏剧奖。

特福科洛斯·米哈伊里迪斯的《毕达哥拉斯谜案》是关于数学家的一宗奇案。小说的两个主人公"我"和斯特法诺斯是两位数学家，他们是一对密友。但斯特法诺斯最终解决了希尔伯特的第二个问题——算术公理体系的完备性问题，给"我"以巨大打击：

"斯特法诺斯个人的胜利，将意味着富有创意的数学的结束。许多毫无天赋、资质平庸的学者将靠着构思各种公理体系，运用斯特法诺斯的方法，机械的测试公理体系的相容性，安稳的获得事业的成功。数学不再是理性科学的精粹，而将堕落为一门循规蹈矩、机械呆板的游戏。"

"我"试图劝说斯特法诺斯放弃发表这一重大成果，但遭到拒绝。于是"我"谋杀了斯特法诺斯。

在《毕达哥拉斯谜案》中，我们看到了丰富多彩的数学问题：希尔特伯第二问题和第三问题、非欧几何、芝诺悖论、代数方程求根问题等等。在巴黎参加数学家大会的日子里，"我"和斯特法诺斯曾光顾一家酒馆，几个画家及其女友们一起讨论数学问题。在讨论了正多边形镶嵌问题后，斯特法诺斯向众人提出如下平面覆盖问题：

"假如我们打算用一种形状相同的瓷砖来覆盖一个平面，使得未被覆盖的面积最小，那么理想的摆放方式是什么？让我们假设，我们要覆盖的是一个 10 cm×10 cm 的正方形，所用的瓷砖是直径 1 cm 的圆瓷砖。那么，我们摆放进多少块瓷砖？"

直觉告诉我们，将 100 块圆形瓷砖排成 10 行 10 列，恰好覆盖整个正方形。但这并非最紧密的覆盖方法。事实上，将瓷砖排成 11 列，其中 6 列各含 10 块瓷砖，5 列各含 9 块瓷砖，于是，在正方形内共装 105 块瓷砖（参见图 7-49）。

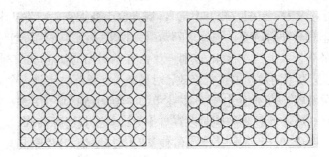

图 7-49 瓷砖方阵和更紧密的排法

不仅如此，斯特法诺斯接下来还提出空间球体的覆盖问题。

此外，一些文学作品是关于数学家的。著名诗人徐迟的报告文学作品《哥德巴赫猜想》曾经风靡中国，数学家陈景润也因此成为家喻户晓的人物。以下是其中的片段：

"他气喘不已，汗如雨下。时常感到他支持不下去了。但他还是攀登。用四肢，用指爪。真是艰苦卓绝！多少次上去了摔下来。就是铁鞋，也早该踏破了。人们嘲笑他穿的鞋是破的；硬是通风透气不会得脚气病的一双鞋子。不知多少次发生了可怕的滑坠！几乎粉身碎骨。他无法统计他失败了多少次。他毫不气馁。他总结失败的教训，把失败接起来，焊上去，做登山用的绳子和金属梯子。吃一堑，长一智。失败一次，前进一步。失败是成功之母；成功由失败堆垒而成的。他越过了雪线，达到雪峰和现代冰川，更感缺氧的严重了。多少次坚冰封山，多少次雪崩掩埋！他就像那些征服珠穆朗玛峰的英雄登山运动员，爬呵，爬呵，爬呵！而恶毒的诽谤，恶意的污蔑像变天的乌云和九级狂风。然而热情的支持为他拨开云雾；爱护的阳光又温暖了他。他向着目标，不屈不挠；继续前进，继续攀登。战胜了第一台阶的难以登上的峻峭；出现在难上加难的第二台阶绝壁之前，他只知攀登，在千仞深渊之上；他只管攀登，在无限风光之间。一张又一张的运算稿纸，像漫天大雪似的飞舞，铺满了大地。数字、符号、引理、公式、逻辑、推理，积在楼板上，有三尺深。忽然化为膝下群山，雪莲万千。他终于登上攀登顶峰的必由之路，登上了（1+2）的台阶。"

也许，迄今关于数学家的最有名的文学作品，是美国女作家西尔维娅·娜萨根据著名数学家纳什的真实故事写成的《美丽心灵》。据此改编的电影《美丽心灵》于 2002 年荣获第 74 届奥斯卡最佳影片奖和最佳导演奖。

7.7 诗歌数学题

数学很抽象，又令人感到枯燥无味，怎样使数学易于理解，为人们所喜爱，在这方面，中国古代数学家做出许多尝试，歌谣和口诀就是其中一种，让人们在解答数学问题的同时，也感受到了诗歌的魅力。从南宋杨辉开始，元代的朱世杰、丁巨、贾亨、明代的刘仕隆、程大位等都采用歌诀形式提出各种算法或用诗歌形式提出各种数学问题。

程大位（1533—1606）字汝思，号宾渠，明朝安徽休宁县屯溪镇前园村（今黄山市屯溪区前园村）人。20 岁左右在长江中下游地区经商，利用经商机会"邀游吴楚，博访文人达士"，遇有"睿通数

图 7-50 程大卫

学者，辄造请问难，孳孳（zī即孜孜）不倦"。程大位小商人家，一生从未应科举之试。就是在经商时他仍不忘对数学的研究，到处求师访书，搜罗了很多古代与当时的数学书籍及民间数学资料。他博采众长，大约在他40岁那一年，开始对旧的如1368年前元末安止斋、何平子合著《详明算法》类型的数学书进行修改，对吴敬《九章算法比类大全》（1450）进行删补，并涉猎大量的数学资料，直到他进入60岁花甲那一年（1592），才完成了他的杰作《直指算法统宗》十七卷共595个问题。解题时以算盘作为计算工具进行演算，与传统的用筹（长短不等的小竹棍或骨制成）计算不同。继后，他又对《算法统宗》"删其繁芜，揭其要领"，约束为《算法纂要》四卷，与十七卷本先后在屯溪刊行。

图 7-51　算法统宗

《算法统宗》是我国第一部最完善、系统的珠算说明书，也是一本比较完整、全面的应用数学书，它的内容包括了清代经学家所推崇的《九章算术》，既符合民间工、农、商业的需要，也适用于数学知识并不很丰富的一般经学人士的需要，所以《算法统宗》在国内能得到广泛和长久的流传。公元1716年，程大位的族孙程世缓为翻刻这部书所写的序中说："风行宇内，迄今盖已百有数十余年。海内握算持筹之士，莫不家藏一编，若业制举者之于四子书、五经义、翕然（xī rán）以为宗"（大意是说，这本书出版以后，风行国内一百几十年，凡是研究算法的人，几乎人手一册，就像考科举的人对待《四书》、《五经》一样，奉为经典）。该书在国内外影响很大，曾流传到朝鲜、日本等国。日本珠算就是在程大位影响下发展起来的。

在日本民间，还把程大位和日本数学家关孝和（Sekikaua，约1642—1708）奉为"算神"来纪念。日本每年8月8日为"算盘节"，人们曾经抬着大算盘和程大位的画像游行，以表示对这位珠算大师的崇敬。

《算法统宗》第十三卷到第十六卷，都是用诗歌或古体诗词形式编成的算题，共有108题，但他的诗词题大多数是根据我国吴敬《九章算法比类大全》中选入的。程大位在书序中说："这四卷诗歌体算题，是永乐四年（1406）和数学家刘仕隆、吴敬等预修《永乐大典》办公之余，利用休息时间编辑而成，并附于《九章通明算法》之后。"所以程大位《算法统宗》所录难题（诗词形式）来自刘仕隆、吴敬的算书，但再追根溯源，题材多取于古算书。

吴敬把这类形式的问题叫做难题，而后世数学家称为"难题汇编"。其实，正如有人说的："似难而实非难，惟其词语巧捏，使算师一时迷惑莫知措手而已。"因此，"难"不是解法之"难"，而是因题目采用诗歌叙述，数学意思比文字题更隐晦罢了。古算家对难题的态度是"惟在法既明，则迎刃而破，又何难之有哉！"因此，用诗词表达数学问题，有必要加以释译。

程大位的诗题，结构严谨，层次分明，脉络清晰，语言通俗，气韵流畅，格调高雅，有声有色，饶有趣味，颇有魅力，令人深思；诗词题反映明代及以前社会政治、经济、生产和生活实际，如丈量土地、建筑施工、商贾经营、赋役纳税、探亲访友、宴客沽酒、欢度节日或描写名山大川。

图 7-52　吴敬

《苏武流放》

苏武当年去北边，不知去了几周年。

分明记得天边月，二百三十五番圆。

译文：当年苏武流放到北方牧羊，不知去了多少周年，只记得天边的月亮，已经出现过 235 次圆月了。

$$1 \text{ 年} = 12 \text{ 月} \quad 235 \div 12 = 19\frac{7}{12} = 19 \cdots\cdots 7$$

余 7 为闰月，因为根据农历，19 年应有 7 个闰月，故答案不能是 19 年零 7 个月。

所以苏武去北方已经有 19 周年。

上面这道诗题，表达了博学多才、文理兼修的程大位，利用浩气直贯天河的圆月衬托出一道计算苏武流放年日的算题，颇具匠心，既赞扬了历史名人，又激起青少年喜欢数学的思维浪花，实在妙极了。

明代程大位的《算法统宗》是一本通俗实用的数学书，也是数字入诗代表作。《算法统宗》全书十七卷，广泛流传于明末清朝，对于民间数学知识的普及贡献卓著。这本书由程大位花了近 20 年完成，他原本是一位商人，经商之便搜集各地算书和文字方面的书籍，编纂成一首首的歌谣口诀，将枯燥的数学问题化成美妙的诗歌，让人朗朗上口，加强了数学普及的亲和力。程大位还有一首类似的二元一次方程组的饮酒数学诗："肆中饮客乱纷纷，薄酒名醨厚酒醇。好酒一瓶醉三客，薄酒三瓶醉一人。共同饮了一十九，三十三客醉颜生。试问高明能算士，几多醨酒几多醇？"这道诗题大意是说：好酒一瓶，可以醉倒 3 位客人；薄酒三瓶，可以醉倒一位客人。如果 33 位客人醉倒了，他们总共饮下 19 瓶酒。试问：其中好酒、薄酒分别是多少瓶？

著名《孙子算经》中有一道"物不知其数"问题。这个算题原文为："今有物不知其数，三三数之剩二，五五数之剩三，七七数之剩二，问物几何？答曰二十三。"这个问题流传到后世，有过不少有趣的名称，如"鬼谷算""韩信点兵"等。程大位在《算法统宗》中用诗歌形式，写出了数学解法："三人同行七十稀，五树梅花廿一枝，七子团圆月正半，除百零五便得知。"这首诗包含着著名的"剩余定理"。也就说，拿 3 除的余数乘 70，加上 5 除的余数乘 21，再加上 7 除的余数乘 15，结果如比 105 多，则减 105 的倍数。上述问题的结果就是：

$$(2 \times 70) + (3 \times 21) + (2 \times 15) - (2 \times 105) = 23$$

古代有一些数学问题，是以诗歌形式叙述的，是诗人和数学家和谐的统一，形成诗歌海洋中别具一格的浪花，也是数学天空中闪烁的繁星。

（1）晚霞红

太阳落山晚霞红，我把鸭子赶回笼。

一半在外闹哄哄，一半的一半进笼中。

剩下十五围着我，共有多少请算清。

该诗朴实生动，颇有田园气氛。

可算出鸭子的总数为：

$15 \div (1 - 1/2 - 1/4) = 15 \div 1/4 = 60$（只）

（2）李白沽酒

李白无事街上走，提着酒壶去买酒。

遇店加一倍，见花喝一斗。

三遇店和花，喝光壶中酒。

借问此壶中，原有多少酒？

此题倒着思考就容易解了：

第三次遇花前壶中有酒：0+1＝1（斗）

第三次遇店前壶中有酒：1÷2＝1/2（斗）

第二次遇花前壶中有酒：1/2+1＝1（1/2）（斗）

第二次遇店前壶中有酒：1(1/2)÷2＝3/4（斗）

第一次遇花前壶中有酒：3/4+1＝1(3/4)（斗）

第一次遇店前壶中有酒：1(3/4)÷2＝7/8（斗）

列综合式：

$$[(1÷2+1)÷2+1]÷2 ＝ 7/8（斗）$$

（3）百羊问题

甲赶群羊逐草茂，

乙拽肥羊一只随其后，

戏问甲及一百否？

甲云所说无差谬，

若得这般一群凑，

再添半群小半群（小半群就是四分之一群），

得你一只来方凑。

玄机奥妙谁猜透？

此诗押韵上口，有人有物，有事有对话，更是一道很好的数学题。

设甲原有羊 x 只，依题意列方程

$$x+x+\frac{x}{2}+\frac{x}{4}+1=100$$

解得 $x ＝ 36$（只）。

"百羊问题"是《算法统宗》中"难题"之一。《算法统宗》是我国 16 世纪的数学杰作，全书 17 卷，共有 595 个数学题。其中卷十三至卷十六诸题，均以诗歌体写成。

（4）巍巍古寺

巍巍古寺在山林，

不知寺内几多僧。

三百六十四只碗。

看看周尽不差争。

三人共食一碗饭，

四人共吃一碗羹。

请问先生明算者，

算来寺内几多僧。

此诗题出自清朝人徐子云的《算法大成》，俨然有趣，令人耳目一新。

可设盛饭用碗 x 个，盛羹用碗 y 个，则

$$\begin{cases} x+y=364 \\ 3x=4y \end{cases}$$

解得：$x=208$，$y=156$。

因此，寺内有僧 $3x=3\times208=624$（人）。

在国外，也有以诗歌形式写成的数学问题。

（5）爱弗司

我赴圣地爱弗司，

路遇妇人数有七，

一人七袋手中携，

一袋七猫不差池，

一猫七子紧相随，

猫及猫子，布袋及妇人，

共有几何同赴圣地爱弗司？

这是一个等比数列求和的问题。

$$7+7^2+7^3+7^4=2800。$$

（6）莲花问题

在波平如镜的湖面，

高出半尺的地方长着一朵红莲。

它孤零零地直立在那里，

突然被风吹到一边水面。

有一位渔人亲眼看见，

它现在离开原地点两尺之远。

请你来解决一个问题，

湖水在这里有多少深浅？

诗题如画，令人难忘。

设湖水在这里深 x 尺，依题意列方程

$$\left(x+\frac{1}{2}\right)^2=x^2+2^2$$

解得 $x=3$（3/4）（尺）。

著名的"莲花问题"是印度古代数学家拜斯卡拉（生于公元 1114 年）用诗歌形式写成的，与中国《九章算术》中"池中之葭"十分相似，"今有池方一丈，葭（芦苇）生其中央，出水一尺。引葭赴岸，适与岸齐。问水深、葭长各几何？"

（7）鱼有几只

三寸鱼儿九里沟，口尾相衔直到头。

试问鱼儿多少数，请到对面说因由。

译文：3 寸长的一群小鱼儿，它们口尾相衔在河里游玩，从头到尾排成了 9 里长，试问这群鱼儿有多少条？请说出你的推算理由。

1 里＝360 步，1 步＝5 尺＝50 寸

$9\times360=3240$（步），$3240\times50=162000$（寸），$162000\div3=5400$（条）

所以这群小鱼一共有 5.4 万条。

（8）唐僧取经

三藏西天去取经，一去十万八千里。

每日常行七十五，问公几日得回程。

——程大位原著，梅毂成《增删算法统宗》

译文：唐朝的三藏前往佛教圣地去取经，走了 108000 里，每天平均走了 75 里，试问唐僧一行多少日后返回来？

$$108000 \div 75 = 1440（日）$$

$$1440 \div 360 = 4（年）$$

$$2 \times 4 = 8（年）$$

在科学发展史上，科学理论往往是"前人种树，后人乘凉"，仅仅因为某种科学理论在应用上不能"立竿见影"，就轻率地加以否定，这是缺乏远见的。数学理论也一样，创造发明的数学理论有的不能立刻看到它的实际应用，但因此就忽视或否定是不对的，因为理论往往走在实际应用的前头。

所以，在重视应用科学研究的同时，不应忘记基础科学（纯理论）的研究，事物的变化发展，又是互相联系的，正如古人云："道通天地有形外，思入风云变态中。"

思考题

1. 中国古代四大名著中蕴含了怎样的数学思想？
2. 列举中外使用数字的诗歌。
3. 思考中外文学作品中的数学元素有哪些？

课外延伸阅读

梅氏数学世家

梅毂（jué）成（1681—1763）字玉汝，号循斋，又号柳下居士。清代安徽宣城人。是以梅文鼎为首的梅氏数学家族中的一员。梅文鼎（1633—1721）一生著作颇丰，且恰与其享年相等，即 88 种（岁）。

梅氏家族是声名显赫的数学家族，梅文鼎和他的两个弟弟、一个儿子、两个孙子、五个曾孙共 11 位是数学家。梅毂成是他的孙子。祖孙四代都精通数学，可与瑞士伯努利数学家族相媲美。

梅毂成在数学上造诣很深，被当朝的康熙皇帝所赏识。他曾和皇子皇妃等在宫中读诗书和数理天文，还听博学的康熙帝用满文讲欧几里得《几何原本》的内容。梅毂成是个有突出成就的数学家，编著很多，如 1713 年 5 月他与何国宗主编《律历渊源》巨著共 100 卷，并编辑了包含他自己的数学著作在内的《梅氏丛书辑要》23 种 61 卷。另外，他还根据明朝数学家程大位的诗题，加以修改著成《增删算法统宗》11 卷，其中许多数学题都是用诗歌写出来的。

我国数学史家严敦杰（1917—1988）先生说："在 17 到 19 世纪我国数学家的研究，主要为安徽学派所掌握，而梅氏祖孙为中坚部分。"

（1）男女捉兔

百兔纵横走入营，几多男女都来争。

一人一个难拿尽，四只三人始得停。

来往聚，闹喧哗，各人捉得往家行。

英贤如果能明算，多少人家堪法评。

译文：有 100 只野兔，从四面八方跑进山野村寨，男男女女都来争捉兔子。这批兔子若 1 人得 1 只有余；若 4 只兔子分给 3 个人，则恰好分尽。围捉兔子的男女十分欢喜，高兴地喊叫着。只见每人拿着捉得的兔子往家走。聪明的人快来算一算，捉兔的男女共有多少人？

$$100÷4×3=75（人）$$

答：共有 75 人。

（2）庐山路程

庐山山高八十里，山峰峰上一粒米。

粒米一转只三分，几转转到山脚底？

1 里＝360 步　1 步＝5 尺　1 尺＝10 寸　1 寸＝10 分

$$80×360×5×10×10=14400000（分）$$
$$14400000÷3=4800000（转）$$

答：一粒米从山峰滚到山脚共转 4800000 转。

（3）两求斤歌（杨辉日用算法）

一求隔位六二五，二求退位一二五，

三求一八七五记，四求改日二十五，

五求三一二五是，六求两价三七五，

七求四三七五置，八求转身变作五。

译文：1 两化为 0.0625 斤，2 两化为 0.125 斤，3 两化为 0.1875 斤，四两化为 0.25 斤，5 两化为 0.3125 斤，6 两化为 0.375 斤，七两化为 0.4375 斤，8 两化为 0.5 斤（旧制八两为半斤）。

解法：1 斤＝16 两

1 两＝116＝0.0625（斤）	5 两＝516＝0.3125（斤）
2 两＝216＝0.125（斤）	6 两＝616＝0.375（斤）
3 两＝316＝0.1875（斤）	7 两＝716＝0.4375（斤）
4 两＝416＝0.25（斤）	8 两＝816＝0.5（斤）

（4）百人搬砖

百人搬百砖，男子一搬八，

妇女一搬三，小孩三搬一。

请问各几人，各搬几块砖？

不准列方程，不准用比例，

只许用心算，看谁算得快！

解法一：本题题意清如水，明若镜，不用注释与翻译，心知肚明。

本题解法多种，但编创此诗题的数学家，只要求你"心算"。其心算之路是这样的：

假设男女各 1 人时，那么男比女多搬 5 块砖；假设女人和小孩各 3 人时，那么女人比小孩多搬 8 块砖。因人不能分开，砖不能砸碎，必须都是整数，所以先从小孩算起，假定小孩为 90 人（也可设 60，75，87 等，最后否定）搬砖 30 块，那么剩下 70 块砖要 10 人搬，设这

10 人都是女人只能搬 30 块，此时剩下的 40 块砖就没有人搬，与题意不合，但知每个男人比每个女人多搬 5 块，于是男女对换一下，剩下的 40 块恰好为 8 个男人搬。

因此，男人 8 人，搬砖 64 块；女人 2 人，搬砖 6 块；小孩 90 人，搬砖 30 块。

解法二：（不定方程解）设有男 x 人，女 y 人，小孩 z 人，根据题意，有

$$\begin{cases} x+y+z=100 \\ 8x+3y+\dfrac{z}{3}=100 \end{cases}$$

这是一道"百人搬百砖"诗题，是根据《张丘建算经》（5 世纪）卷下末题："今有鸡翁一直钱五；鸡母一直钱三；鸡雏三直钱一。凡百钱买鸡百只。问鸡翁、母、雏各几何？"改编而来。只将"鸡"、值多少"钱"，改为"砖"、男、女、孩搬多少"砖"便成。因此"百人搬百砖"与"百钱买百鸡"是一致的。

（5）绩麻分布

赵嫂自言快绩麻，李宅张家雇了她。

李宅六斤十二两，二斤四两是张家。

共织七十二尺布，二人分布闹喧哗。

借问高明能算士，如何分得布无差。

——程大位《算法统宗》

注释：绩，即把麻搓捻成线。两，旧市制 1 斤＝16 两。

译文：赵嫂自称是一位善于纺织的能手，绩得一手好麻，织得一手好布，李家和张家都请她织布。李家给她 6 斤 12 两麻，张家给她 2 斤 4 两麻，两家的麻一共织出了 72 尺布。织成的布应该怎样分配，两家争执不休。请问高明的数学家，如何公平合理的分布才没有差错？

解法一：（分步列式）张、李两家共有麻：6 斤 12 两＋2 斤 4 两＝9 斤

每斤麻可织布　　72÷9＝8（尺）

每两麻可织布　　72÷（16×9）＝0.5（尺）

因此，李家 6 斤 12 两应分布：（6×16＋12）×0.5＝54（尺）

张家 2 斤 4 两应分布：（2×16＋4）×0.5＝18（尺）

答：李家分布 54 尺，张家分布 18 尺。

解法二：（算术综合法）列成综合式为

$$72 \div \left(6\frac{3}{4} \div 2\frac{1}{4} \right) = 8 = 8 \text{（尺）}$$

李家分布　　$6\dfrac{3}{4} \times 8 = 54$（尺）

张家分布　　$2\dfrac{1}{4} \times 8 = 18$（尺）

解法三：（代数法）设每两（或斤）麻可织布 x 尺，那么李家麻有 108 两，可织布 $108x$ 尺，张家麻有 36 两，可织布 $36x$ 尺，由题意得

$$108x + 36x = 72 \text{ 解得 } \quad x = \frac{1}{2} \text{（尺）}$$

答：李家分布 $108 \times \dfrac{1}{2} = 54$（尺），张家分布 $36 \times \dfrac{1}{2} = 18$（尺）。

据说，明代数学家程大位经常帮助邻里计算，没有架子，助人为乐，受到人们夸奖。这道和下道诗题，都是程大位帮人算账的经历编成的，来自他的生活实践，不是从古算书中编成的。上面及下面的诗题，就是他帮人算账分布的历史记载之一。

（6）纺织分配（西江月）

净拣棉花细弹，相合共雇王嬬。

九斤十二是张昌，李德五斤四两。

纺讫织成布匹，一百八尺曾量。

两家分布要明彰，莫使些儿偏向。

——程大位《算法统宗》

译文：选择弹好的上等棉花，两家人合在一起请王嬬织布，张昌家有棉花9斤12两，李德家有棉花5斤4两。将两家棉花纺线织成了108尺布，分配给两家的要公平，不要有一点儿偏向。

解法一：（算术法）因棉花总数 9 斤 12 两+5 斤 4 两=156 两+84 两＝240 两，

所以张昌家分布 $\dfrac{108 \times 156}{240}=70.2$ （尺）

李德家分布 $\dfrac{108 \times 84}{240}=37.8$ （尺）

解法二：设每斤棉花可织布 x 尺，那么张昌应分布 $9\frac{3}{4}x$ 尺，李德应分布 $5\frac{1}{4}x$ 尺，由题意得 $9\frac{3}{4}x+5\frac{1}{4}x=108$ ，$x=7.2$ 。所以张昌家分布 $9\frac{3}{4} \times 7.2=70.2$ 尺，李德家分布 $5\frac{1}{4} \times 7.2=37.8$ 尺。

（7）算题对联

花甲[①]重逢，外加三七岁月[②]

古稀[③]双庆，更多一度春秋

——清代乾隆与纪晓岚对联句

这副对联还有另一种记载：花甲重开，外加三七岁月；古稀双庆，内多一个春秋。

注释：①花甲，古代指 60 岁。②三七岁即三个 7 岁为 21 岁。③唐代大诗人杜甫在《曲江》诗中说："酒债寻常行处有，人生七十古来稀。"后人以"古稀"代称 70 岁。

译文：此对联实际上是一位 141 岁老人的两种算法。上联：度过了两个花甲外加 3 乘 7 岁；下联：庆祝了两次古稀又过了 1 年，它们共多少岁。

解法：根据译文，分别求得上、下联所云岁数

60×2+21＝141（岁）

70×2+1＝141（岁）

这副"算题"对联，是清朝乾隆五十年（1785），皇帝在乾清宫为千叟（1000 个老者）设宴，赴宴者 3900 人，内有一叟 141 岁，乾隆高兴地与才子纪晓岚对句。纪晓岚是河北献县人，每天给乾隆皇帝讲书、侍读，酒宴、闲玩之时常与皇帝对句为戏。他们二人对应如流，美句佳联传遍城乡，流芳后世。这里，乾隆皇帝先出上联，要求纪晓岚对下联，他略思片刻，对出了下联。

这副妙联，上下相应，十分恰当，古稀对花甲，双庆对重逢（重开），更多（内多）对外

加，并且，它巧妙、隐晦地镶嵌了最长者之岁数。

对联在我国已有悠久的历史，我们所见到最早的一副春联："新年纳余庆；嘉节号长春"，是后蜀之主孟昶（chǎng）于宋太祖乾德二年（964）除夕，题于卧室门上。

到了宋代，对联的应用范围逐渐扩大，社会上的酬唱，亲朋间的庆贺和吊唁都使用它。明清时期，又进一步扩大到名胜古迹、山水园林、茶馆酒肆、歌楼戏台、陵墓道碑、寺庵庙祠。可以说，达到了鼎盛的时期。

（8）经商本钱（水仙子）

为商出外去经营，将带白银去贩参。

为当初不记原银锭，只记得七钱七买六斤。

脚钱[①]便使用三分，总计用牙钱[②]四锭[③]。

是六十分中取二分，问先生贩买数分明。

——《歌词古体算题》

注释：①"脚钱"即运费。②"牙钱"即中介人（或介绍人）佣钱（今称劳务费或信息费）。③古时 1 锭＝50 两。

译文：某人外出经营做生意，不知带了多少白银去贩卖人参，只记得 6 斤人参价 7.7 钱，运费 3 分，总计中介费是原带本钱银的六十分之二。请问某人原带本钱银、买参数量、参价与运费各是多少？

解法：因为牙钱 4 锭为 50 两×4＝200 两＝2000 钱，是原带本 $\dfrac{2}{60}$，所以原带钱数为

$$2000 \div \dfrac{2}{60} = 6000 \ （钱）。$$

因为参 6 斤 7.7 钱（即 $\dfrac{7.7}{6}$ 每斤参钱），加脚钱 3 分（即 1 斤参脚价 $\dfrac{3}{6}$ 分）即 6 斤参价与脚钱共 8 钱，则每 1 钱买斤 $\dfrac{6}{8}$ 参，所以：

$$人参数（6000 - 2000）\times \dfrac{6}{8} = 43500 \ （斤）$$

$$参价 43500 \times \dfrac{7.7}{6} = 5582.5 \ （两）$$

$$脚钱 43500 \times \dfrac{3}{6} = 217.5 \ （两）$$

答：原带本钱银 60000 钱，买参数为 43500 斤，参价为 5582.5 两，运费为 217.5 两。

（9）船载油盐

一斤半盐换斤油，五万斤盐载一舟。

斤两内除相易换，须教二色一般筹[①]。

——程大位《算法统宗》

注释：①后二句指盐换油后使油盐数量一样多。

译文：1.5 斤盐换 1 斤油，5 万斤盐载一船，盐换油后的数量一样多，问船中载油盐数各是多少？

解法：因 1.5 斤盐换 1 斤油，即每 2.5 斤盐中应有 1 斤油和 1 斤盐，所以，船中载油盐数

各为 $\dfrac{5000}{1.5+1}$ =20000 （斤）。

答：船中载油盐数各为 20000 斤。

（10）甲追及乙（西江月）

甲乙同时起步，其中甲快乙迟。

甲行百步且交立^①，乙才六十步矣。

使乙先行百步，甲行起步方追。

不知几步方追及，算得扬名说你。

——程大位《算法统宗》

注释：①这句与下句意思说，甲走了 100 步停下来时，乙只走了 60 步。

译文：甲乙两人同时同地同向开始行走，甲比乙走得快。甲走了 100 步后，乙只走了 60 步。若让乙先走 100 步，则甲开始追及。请问甲走多少步才能追到乙。若你正确算出来，你就名扬天下。

解法：（程大位用文字叙述解法）用今式表达，即走得快的甲单位时间内追上走得慢的乙需走 100−60＝40（步）甲追及 100 步需要单位时间

　　　　100÷40＝2.5

甲追上乙所走步数　　　100×2.5＝250（步）

答：乙先行 100 步，甲走 250 步便追上乙。

注：词题解法列成今综合式为

　　　　100×100÷（100−60）＝250（步）

我国是世界上最早研究和应用行程问题中如相遇与追及以及其他相当复杂行程问题的国家，如《九章算术》均输章和后来的古算书《张丘建算经》等书上都有记载，如《九章算术》均输章中第 12 题（追及）和第 20 题（相遇）。第 12 题是"今有善行者行一百步，不善行者行六十步。今不善行者先行一百步，善行者追之，问几何步及之。"第 20 题是"今有凫（音弗，指野鸭）起南海，七日到北海；雁起北海，九日至南海。今凫雁俱起，问何日相逢。"

你看词题与此题对照，文理兼通的程大位等好像一点不费力气，如人呼吸空气或者鹰乘风飞翔一样，连数字都没有改动，只将"善行者"改为"甲"，"不善行者"改为"乙"，便成一道脍炙人口融人类情感结晶的"西江月"的词题。

由于我国古算采用简奥文字叙述，没有数学符号、表达式和图表，令今人难懂。上面第 12 题用今式写成解法表达式与词题一样 100×100÷（100−60）＝250 步。

（11）公公几岁

有一公公不记年，手持竹杖在门前。

借问公公年几岁，家中数目记分明。

一两八铢^①泥弹子，每岁盘中放一丸。

日久岁深经雨湿，总数化作一泥团。

称重八斤零八两^②，加减方知得几年。

——程大位原著，梅毂成《增删算法统宗》

注释：①铢，古代重量单位。1 两＝24 铢。②旧市制 1 斤＝16 两。

译文：有一个挂着竹手杖的老公公在家门前，问老公公今年有多少岁，老公公说年纪大已经记不清了。不过他在家里用泥丸作了记载：每长一岁就在盘中放上一个泥丸，一个泥丸

重 1 两 8 铢。因年岁久远，放在盘里的泥丸被雨水淋湿了，所有的泥丸化成一大泥团了，大泥团重 8 斤 8 两。请你用数学方法计算即可知道老寿星有多少岁了。

解法：因大泥团总重 8 斤 8 两，折合 136 两，而 1 两＝24 铢，故大泥团有

$$136×24＝3264（铢）$$

又因为一个小泥丸重 1 两 8 铢，化为 24 铢+8 铢：32 铢。

$$3264÷32＝102（岁）$$

答：老公公今年 102 岁。

程、梅二公根据社会上老寿星，创作的这道诗题，设喻生动，构思新颖，脍炙人口，奇特巧妙，有声有色，朗朗上口，饶有趣味，使人不得不高声朗读，笔算或心算出老寿星的年龄。

（12）庄栓百牛

百牛拴在十三桩，桩桩成单不成双，

问君怎样把牛拴？算得姓名到处扬。

译文：100 条牛拴在 13 个木桩上，每桩拴单数条牛，而不能拴双数条牛，试问每桩拴多少牛？若计算正确，则你的名字到处传扬。

解法：奇数常表示为 $2n-1$ 或 $2n+1$（n 为正整数）。这里，设 13 个桩所拴牛的奇数分别为

$$2n_1 -1，2n_2 -1，2n_3 -1，\cdots，2n_{13} -1$$

这里未知数 n_1，n_2，n_3，$\cdots$，n_{13} 分别为正整数，根据题意，得方程

$$(2n_1 -1)+(2n_2 -1)+(2n_3 -1)+\cdots+(2n_{13} -1)＝100$$

解此方程，得

$$2(n_1 +n_2 +n_3 +\cdots+n_{13})＝113$$

显然，方程左边不论 $(n_1 +n_2 +n_3 +\cdots+n_{13})$ 是奇数还是偶数，它的 2 倍必为偶数，而右边 113 是奇数，偶数≠奇数，即左边≠右边，即

$$(2n_1 -1)+(2n_2 -1)+(2n_3 -1)+\cdots+(2n_{13} -1)≠100$$

这就是说，此题无解。因此，诗题条件"成单不成双"拴牛方案总是不行的。类似上述古算趣味诗题，在民间流传的还有，也是无解，如：

三十六口缸，九只船来装，

只准装单，不准装双。

第八章 数学与游戏

数学与游戏之间是相互渗透、相互统一的关系。游戏激发了许多重要数学思想的产生，游戏促进了数学知识的传播，游戏是数学人才发现的有效途径，游戏本身又蕴含了数学知识、数学方法和数学思想。

8.1 扫雷

扫雷作为策略游戏，需要游戏者精确的判断。直至 2011 年扫雷高级的官方最快纪录是 33.95 秒，中级则是由一个波兰玩家保持的 8.5 秒。而初级纪录是 1 秒，世界上很多人达到了这一点。在 1 秒的时间里完成初级扫雷，据测算概率在 0.00058% 至 0.00119% 之间（属于运气题），最可能的方法是直接点击四个角的方块。而下面所作的事情，则是将雷与雷之间的规律给你揪出来，并且深入思考其中的内涵。让你以后面对扫雷时，缩短与记录的差距，战无不胜！

从简单雷区入手，图 8-1 是一个初级的雷区，并且标注了两颗雷的位置，你能将剩下的地雷扫描出来吗？

图 8-1 初级雷区

经过逐一排查，可以很轻松的确定雷区中的 6 颗地雷所在位置如图 8-2 所示。

图 8-2 雷区中 6 颗地雷位

再来看一个简单的"雷区"如图 8-3 所示。

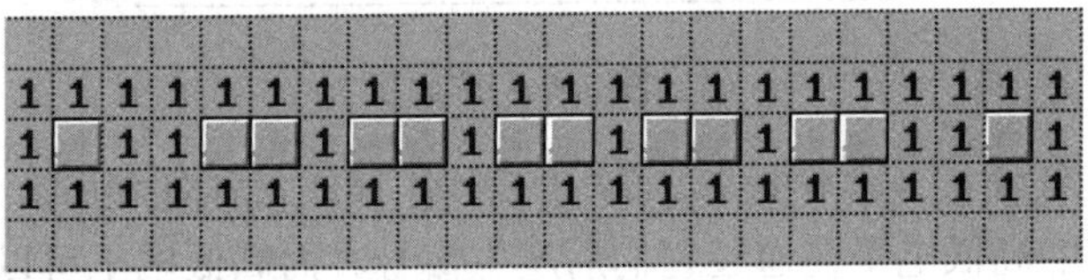

图 8-3 简单雷区

通过逐步扫描每一个方块会发现：首先最左边的和最右边的两个格子都一定是地雷，从左数第二个空格子和从右数第二个空格子也都是地雷，由于数字 1 的关系，从左数第 3 个格子和从右数第 3 个格子都不是地雷，翻开一定是数字 1……这样一直下去，最后你会发现最中间的两个空格子，不管有没有地雷，都和周围格子上的数字不符。也就是说这样的雷区有 bug，是无解的。

1. 雷区中的逻辑门

怎么判断一个雷区是否有 bug？又怎么判断雷区中地雷的具体位置呢？难道一定要从头到尾将雷区扫描一遍吗？

其实这些雷区里藏着一个规律。我们用数学方法来分析上例的雷区。

在之前提到的这两个雷区里，把还没有翻开的格子交叉标记上字母 x 和 x'。可以看到：当 x 的格子有雷时，x' 格子一定没有地雷，反之亦然。如果将最左边的空格子作为输入，把最右边的格子作为输出，输入结果和输出结果一定是一样或者相反的。如果是相反的，这相当于一个 NOT（"非"）门电子元件。如果是一样的，就有趣了，这样的一片雷区就具备了电路导线的性质！

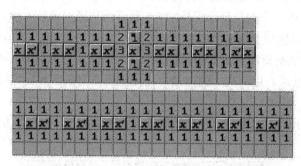

图 8-4　雷区分析

在这里，雷区被看成了一个数字逻辑电路。执行这些"或""与""非"等逻辑运算的电路则被称为——逻辑门。任何复杂的逻辑电路都可由这些逻辑门组成。

类型	真值表：输入		输出
NOT	A		NOT A
	0		1
	1		0
OR	A	B	A OR B
	0	0	0
	0	1	1
	1	0	1
	1	1	1
AND	A	B	A AND B
	0	0	0
	0	1	0
	1	0	0
	1	1	1

图 8-5　逻辑门

逻辑门是集成电路上的基本组件。简单的逻辑门可由晶体管组成。这些晶体管的组合可以使代表两种型号的高低电平在通过它们后产生信号。而高低电平可以分别代表逻辑上的真假或二进制中的 0 和 1，从而实现逻辑运算。具体到扫雷游戏里，逻辑门可以用于判断一系列格子中的地雷的具体位置，而且它如同电路传导一样，精确而迅速。

常见的（也是扫雷中用到的）逻辑门包括"与"门、"或"门、"非"门等。将它们组合使用就可以实现更复杂的运算——完成复杂情形下的扫雷，这种方法比按照规则缓慢推进的扫雷方法要节省很多时间。

2. 复杂雷区中的精确判断

在简单的雷区中小试牛刀后，带着发现的规律，让我们进行一次实战演习。下图是高级扫雷游戏中的一个典型的雷区（图 8-6）。

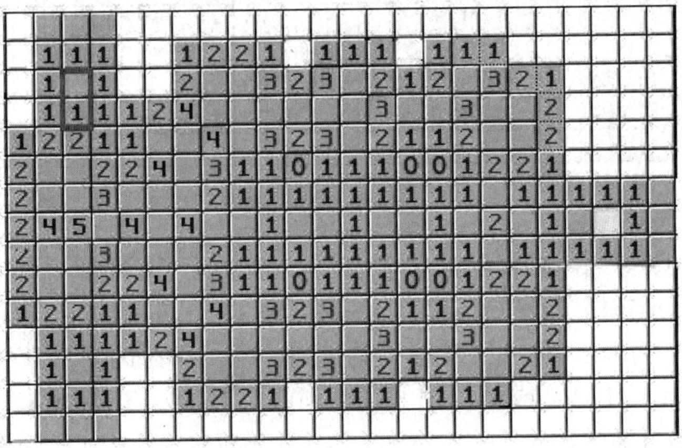

图 8-6　典型雷区 1

你能在不翻开格子的情况下，直接指出黄格子中有无地雷吗？ 如果将雷区随意改变一点——左上角的一个格子下移一位，结果又如何呢？

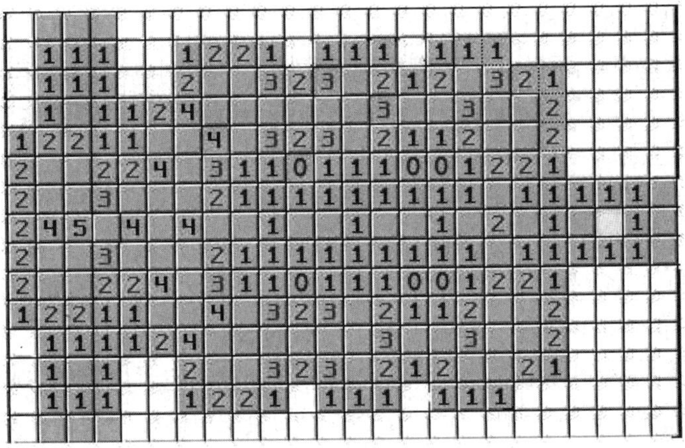

图 8-7　典型雷区 2

你可能需要考量全局，从某个点开始逐步推理，将雷区全部扫描一遍，才能判断。而当雷区任意改变一点时，你都要重新来过，才能再次解答。这无疑是一种巨大成本负担。

实际上我们可以很快速地给出答案：第一个雷区的黄格子中无雷。而第二个雷区的黄格子中一定有雷。

这是怎么做到的？其实将上述的逻辑门引入到这个复杂的雷区中，一切都会变得简单而清晰起来。

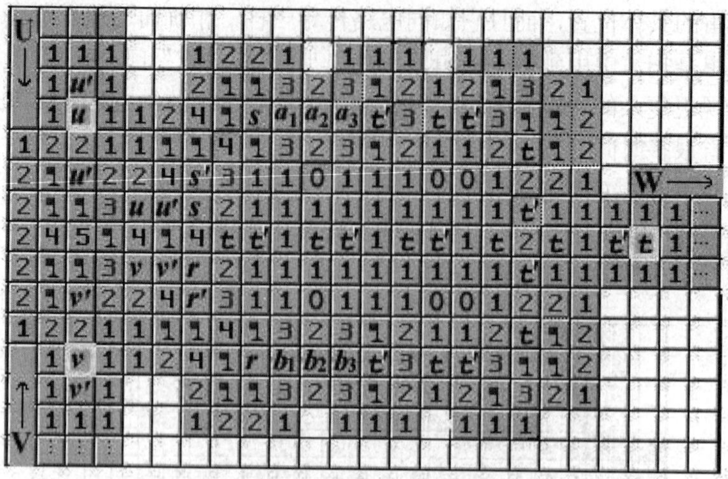

图 8-8　逻辑判断

　　雷区内靠近边界、可以直接确定是地雷的位置都插上了标示旗，剩下的位置标上了不同的字母。把一个有地雷格子看作 1，没有地雷的看作 0。最左面的格子（u、v）作为输入，最右面的格子（t）作为输出。按照扫雷游戏的规则，经过一步步推算，它们之间的关系就是：

　　（u，v，t）= （1，1，1）或（1，0，0）或（0，1，0）或（0，0，0）

　　显然，这个雷区被归纳成了一个 AND 门，它不仅轻松化解了这个扫雷难题，而且把雷区的规律揭示出来了。如此一来，当你掌握扫雷中这些逻辑门规律并加以练习后，就能够达到精确、快速的"机械化"扫雷水准。而到那时，一个新纪录或许就会诞生了。

　　3. 数学家的扫雷研究

　　将扫雷问题抽象化从而缩短游戏时间的人，也不仅仅是扫雷发烧玩家。一些数学家也十分关注这个游戏背后的数学意义。

　　英国一位数学家用扫雷游戏中的逻辑规律构建了一系列电子元件，用电子电路模拟雷区。他试图将一个给定的雷区图案交由计算机来判断是否可解。如果随着格子数量的增加，电脑的计算量增长不是很快，就是 P 问题，如果计算量增加得很快，就是 NP 完全问题。计算机判断雷区是否可解，需要这类问题属于 P 问题才可以。

　　对于几种基本的电路元件（AND、OR、NOT），如果将很多个这样的元件组合起来，相互连接，就会产生很多个输入、输出口。判断最后哪些输出结果可以产生，哪些不可以产生的这类问题，被称为 SAT 问题，它属于一个经典的 NP 完全问题。

　　而英国数学家的这个问题在一些时候等同于一个复杂电子电路的 SAT 问题，也就是 NP 完全问题。由此看来，面对一个上千上万个格子的巨型雷区，不要说去完成所有扫雷任务，就仅仅判断它是不是可解的，都可能会是计算机也承受不了的大难题。

8.2　九连环

　　九连环是由 9 个关联着的环、1 根套柄构成的，图 8-9 所表示的九连环状态是套柄恰恰只套上第 9 环的"最终状态"。

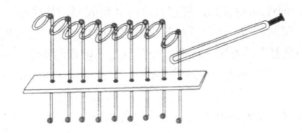

图 8-9　九连环

对实物九连环稍作一番试验，就可发现，它的结构设计有两个基本特征：

（1）在九连环的任意一个状态时，能够自由"套上"或"套下"的只有第一环。

（2）能够"上"或"下"第 $n+1$（$1 \leqslant n \leqslant 8$）环的充分必要条件是：第 n 环在套柄上，且在第 n 环之前没有被套上的环。

这两个基本特征完全刻画了九连环。

让我们先用文字语言叙述从九连环的套柄与套环完全分离的状态（称"初始状态"），一直"走"到图 8-9 所示的最终状态之间的游戏过程。（第 1 步）先上第 1 环；（第 2 步）再上第 2 环；（第 3 步）下第 1 环，这时只有第 2 环在套柄上；（第 4 步）可以上第 3 环，这时第 2 环、第 3 环都在套柄上，且只有这两环在套柄上；再上第 1 环，下第二环，下第 1 环（即把第 3 步、第 2 步、第 1 步倒回去走），结果就把第 3 环前面的第 2 环解下套柄，此时只有第 3 环在套柄上；……（第 8 步）上第四环，此时恰为第 3 环和第 4 环在套柄上；再走第 7 步（把前 7 步倒回去走），在第 15 步时恰恰可使得第 4 环在套柄上；……走 511 步，可得图 8-9 所示的最终状态，即套柄恰套在第 9 环上，这个过程称为"套上九连环"，把刚才的过程逆转，走 511 步，可以把套柄从环上解脱出来，成为环与套柄完全分离的状态，这称为"解开九连环"。

读者可能会问，为什么"套上九连环"指的是套柄仅套上第 9 环，而不把九连环的各环统统都套上称为"套上九连环"呢？

这个问题提得很有道理，答案可能会使读者奇怪：因为统统套上所有的九个环，比如图 8-9 所示"恰套上第 9 环"容易得多！从初始状态走 341 步即可把九个环统统套上，再走 170 步才能达到如图 8-9 所示的最终状态！

我们需要一种数字表示方法，把九连环在任意一个实际存在的状态确切地表达出来，对九连环的每个环来说（不妨认为已编为第 1 环，第 2 环，……，第 9 环），相对于套柄只有"被套上"和"未被套上"两种状态。所以，很自然地，可以用 $\alpha_i = 1$ 表示第 i 环被套上，而 $\alpha_k = 0$ 表示第 k 环未被套上，这样，九连环的任何一个状态可以用向量 $\alpha = (\alpha_1, \alpha_2, \alpha_3, \cdots, \alpha_9)$ 来表示，称 α 为"状态向量"，它可视为有限域 $F = Z_2 = GF(2) = \{0, 1; +, \times\}$ 上 9 维线性空间 $V = V_F^9$ 里的向量。

当然，读者在研究九连环的时候可能创造或使用另一套符号系统去表示九连环的状态，因为我们在探索过程中就曾用过好几套符号系统，它们各有优点和缺点。为了一致起见，本章只介绍了这种向量表示法。这样，我们就可以用"从向量 α_1 走到 α_2"表示九连环的游戏过程。实际上，我们已从实物九连环转移到其数学模型上进行游戏了，或者说，在纸上就可以玩九连环了。

从初始状态 $\theta = (000,000,000)$ 出发，九连环只有一种走法，即上第一环，变成向量

$\alpha_1 = (100,000,000)$，简计 $\alpha_1 = (1)$，规定右边的 0 可省写，从状态 α_1 出发，有两种不同走法：一是下第 1 环，又回到 θ，这是以后各状态都会碰到的走"回头路"情况，显然它是造成九连环状态"徘徊重复"的原因。因此，今后约定不能走回头路，另一个可能走的是上第 2 环，由 α_1 变到 $\alpha_2 = (11)$。不走回头路时，$\alpha_3 = (01)$，$\alpha_4 = (011)$，……一直可走到 $\alpha_{511} = \omega = (000,000,001)$。

下面列出的一张图表（图 8-10）说明了全过程。

编号（步数）	九连环状态向量		备注
	全称记法	简记法	
0	000000000	0	
1	100000000	1	
2	110000000	11	
3	010000000	01	
4	011000000	011	把 1～3 步倒回走
7	001000000	001	
8	001100000	0011	把 1～7 步倒回走
15	000100000	0001	
16	000110000	00011	把 1～15 步倒回走
31	000010000	00001	
32	000011000	000011	把 1～31 步倒回走
63	000001000	000001	
64	000001100	0000011	把 1～63 步倒回走
127	000000100	0000001	
128	000000110	00000011	把 1～127 步倒回走
255	000000010	00000001	
256	000000011	000000011	把 1～255 步倒回走
511	00000001	00000001	

图 8-10 全过程

对于图 8-10 需要加一些说明，第 5 步应走成 $\alpha_5 = (111)$ 第 6 步走成 $\alpha_6 = (101)$，这样 $\alpha_0 = \theta$，α_1，α_2，…，α_7 都各不相同，别的走法必走出重复状态；注意第 1 步至第 3 步是恰好套上第 2 环的"操作"，而第 5 步至第 7 步恰是前 3 步的逆操作，下面第 8 步至第 15 步之间的操作正是第 1 步至第 7 步的逆操作，等等。所以从 θ 到 ω 总共有 $2^9 = 512$ 个状态，"套上"或"解开"九连环需走 511 步。我们只把表列出 18 行，读者很容易把它补充成 512 行，毫无遗漏地列出九连环的全部可能状态。

好了，如果要把九连环的九个环统统都套在柄上，即 $\alpha = (111,111,111)$ 的编号是多少呢？若从完整 512 行的表上即可看到 $\alpha_{341} = (111,111,111)$，即从 θ 开始，需走 341 步方能达到 $\alpha_{341} = (111,111,111)$，从 α_{341} 到 $\alpha_{511} = \omega$ 还得走 170 步呢。

因为空间 V 中的向量个数为 $2^9 = 512$，九连环从 θ 走到 ω 过程中也恰有 512 个不同状态，所以从 θ 走到 ω 时恰好穷尽 V 的所有向量。这样，我们称 θ 和 ω 分别为初始状态和最终状态就是很有道理的，而 $\alpha_{341}=$（111,111,111）只是全过程中的三分之二处附近的状态（如果从 θ 算起）。

　　现在我们用"图论"（Graph Theory）的语言重新叙述九连环。从图论观点看九连环，它就是一条简单的路，这条路的长度为 511，它共有 512 个顶点，路的一个起点代表九连环的初始状态，另一称为终点的，代表最终状态。换句话说，这条路的拓扑性质就是一条有 511 段的不自交的曲线（或直线段，如图 8-11 所示）。从本质上说，九连环是拓扑玩具，但我们只着重研究其代数性质（计数问题）。

　　显然，这条路的顶点要以记为 0，1，2，3，…，511 或 θ，α_1，α_2，…，$\alpha_{511}=\omega$。后而一种记法也可解释为把 Z_2 上 9 维线性空间 V 里的向量与集 $S=$（0,1,2,…,511）的元素之间建立了一个一一对应的关系，使状态向量与"步数"恰成对应（对状态向量适当编号）。

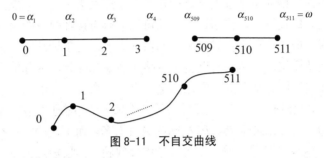

图 8-11　不自交曲线

　　图论与智力游戏有极为密切的关系，绝大多数智力游戏问题都可以从实质上归入"迷宫"（Labyrinth，Maze）。迷宫的基本特征是从令人眼花缭乱的岔路、死路和回路中要求游戏者找出一条通往出口（终点）的路，不同的迷宫游戏的数学差别就在于他们的拓扑结构不同，表面上看，九连环与梵塔迥然不同，但当我们把他们的数学本质弄清楚后，竟发现他们的本质上是同构的。自然界里也有许多类似的现象，例如某些力学和电学现象可用相同的微分方程描述，这正好可以作为例证，说明数学的抽象性、概括性、普遍性。

　　让我们回到图 8-11 上来，把它与九连环联系起来，九连环是一个极简单的迷宫，入口是 θ，以下依次为 α_1，α_2，…，$\alpha_{511}=\omega$ 在任一状态 α_i 时，根本没有什么岔路！那么为什么大多数人玩实物九连环时会困惑不已？那是九连环的实物结构蒙蔽了你，例如当你走成 α_8（0011）时，你只能看到手里九连环的一个实际状态，而 α_3，α_7，α_9，α_{30} 等是什么样的状态，还是很难识别出来的。按九连环的基本结构特征，从 α_8 只能走成 α_7 或 α_9，而走成 α_7 是走了回头路，你很可能未识别出这一点，这种在路上的来回徘徊，就是玩九连环的真正困难。根据如上的简短讨论，我们可以总结出一般规律：从 θ 走到 ω 的口诀是"勇往直前，绝不回头"。具体地说就是：从 θ 只有一种走法，到达 α_1（100000000），从 α_1 出发，不回头的走法只能到达 $\alpha_2=$（110000000）；……（设 $1\leqslant n\leqslant 510$），到达 α_n 时，心里要记住上一步 α_{n-1} 的状态，而下一步不能退回到 α_{n-1}，只能走到 α_{n+1}，这样，就可保证用 511 步，从 θ 走到 ω，即套上九连环。把上面的 511 步全部逆转，即可解开九连环。

8.3　古典称球问题

　　本节中，我们介绍古典称球问题和它的一个解法，并且提出其反问题。问题为用一台天平秤（无砝码）称出 12 个（或 13 个）球中唯一的然而轻重未知的次品球（以下称坏球），但是天平使用的次数要尽量少（有的书刊里已指定：最多只准称 3 次）。

不少书刊竞相登载一些具体称球步骤而结束。《数学通报》《数学通讯》和《数学万花镜》上，都对这个问题做过一般研究，但是都到达差不多相同的地步就停止了，我们从数学的观点进一步去发掘和勘察，只不过稍稍再往下挖一挖，就找到不少的宝藏！

首先，采用符号 $P_1 = \{N=12, B=1\}$ 代表古典称球问题；同理，$P_2 = \{N=13, B=1\}$ 则表示要用天平以最少的称球次数从 13 个球中称出 1 个或轻或重的坏球的问题，应该认清，求解的对象是最少称球次数 n 与各次称球"方法"（"方案"或"策略"）。

以后也用类似 P_1、P_2 的符号，把称球问题缩成符号，显然，每次称球必须取偶数个球分放在天平的左右盘里，这是天平称球问题最根本的限制条件，第一次称球的可能球数为 2、4、6、8、10、12 共六种，好像进入迷宫里碰到第一个岔道口时有六条第一级支路，我们可以耐心地一一试走，当你严格证明某条支路是死路后，应退回去另选一条支路试走。这是万无一失的方法，数学上叫做枚举法，使用这个方法可以取得直接经验，激发灵感和联想，进而寻求问题的内在规律，但是，有许多时候枚举的情况太多，几乎无法一一去考虑，不过当你心里有了枚举法的具体模型后，考虑问题就可以防止遗漏和疏忽，使你的思考和推理精确和严密。许多游客在迷宫里困惑不已的主要原因是没有认出自己在打圈圈，也不知道怎样正确跳出圈子，或者有的岔道没有去试走（遗漏情况），还有一个办法也是在科学研究中常用的，就是先考虑较简单的问题。如果嫌 P_1、P_2 里球的数目太多，而不便研究；不妨把球的数目减少一些，把问题 P_1、P_2 变得简单一些；或者，考虑反问题；如果规定天平可以使用 n 次，问能够从多少个球里找出其中唯一的那个坏球（由 n 求 N 和各次称球方案）。显然，在没有其他附加条件时，必须 $N \geq 3$，$n \geq 2$，称球问题才有意义。

通过不多的枚举试验，可以明白，反问题 $\{n=2, B=1\}$ 的解是 $N=3$ 和 $N=4$。称球方法就不详细写出了。我们用以下符号来记：

（1）$\{n=2, B=1\} \Rightarrow N=3,4$（称重法略去），或

（2）$\{n=2, B=1, N=3, 4\}$ 可解；

（3）$\{n=2, B=1, N \geq 5\}$ 不可解；含意指的是不能保证找出坏球，而不是绝对找不出坏球。

在（2）中还可细分为：

（4）$\{n=2, B=1, N=3\}$ 可解，并且还可判定坏球是重球还是轻球，称为对坏球"可定性"。

（5）$\{n=2, B=1, N=4\}$ 可解，但不可定性，指的是虽然总能找出坏球，但并不是总能对坏球定性（绝不是一定不能对坏球定性）。

把（2）细分为（4）和（5）是很重要的一步，请读者不要小看它。

把 $\{n=2, B=1\}$ 进行了细致的研究，得到（1）～（5）的结论，为解开 P_1 和 P_2 作了奠基性的准备。至少，P_1 与 P_2 最少称球次数 $n \geq 3$。为了证明 $n=3$，上面得到的（1）～（5）仍是不够的，我们在解决 P_2 时再回过来说明。

为解决 $P_2 = \{N=13, B=1, n=3\}$，第一次称球时必须取 8 个球分放在天平两个盘里，暂留 5 个球不上秤。第一次称球的结果可分为两种情况。第一种情况是天平显示平衡（记为 $\delta_1 = 0$）这时已判明秤上的 8 个球全是正品好球，而坏球一定在 5 个还未上称的球里，还可以称 2 次。现在的问题与前面（1）～（5）中的任一个都不同，本来按照（3），问题 $\{n=2, B=1, N \geq 5\}$ 是不可解的，但是，现在的已知条件里增加 8 个好球，记为 $G=8$，所以用符号

写出来便是$\{n=2, B=1, G=8, N=5\}$，这是可解的。因为解法不难，所以我们留给读者自己去补出来。注意，其实只需一个附加的好球，问题就可解，我们把这记成：

（6）$\{n=2, B=1, N=5, G=1\}$是可解的，但不可定性，并且增加G仍不能加强结论。

第二种情况是天平显示不平衡。因为左右是由人指定的，所以我们总可假设天平第一次出现不平衡时，总是右盘重，记为$\delta_1=1$，并设想左盘四个球编号为①‾、②‾、③‾、④‾，其中可能有轻球；右盘四球⑤⁺、⑥⁺、⑦⁺、⑧⁺中可能有重球；而另外5个尚未上秤的都是好球，还可以称2次球；这时，问题变到$\{n=2, B=1, N=P+Q=8, P=4, Q=4, G=5\}$。这些符号的意思是明显的：$n=2$表示可使用2次天平，$B=1$表示有且只有一个坏球，$N=8$说明待检球共8个，而且已分为两组，轻组$P$中有$P=4$‾个待捡球，如其中有坏球则必是轻的坏球；重组$Q$中有$Q=4$⁺个待检球，如其中有坏球必是重的坏球；另外有$G=5$个好球可以用来助称。在这第二种情况下，第二次称球的方法十分繁多，不胜枚举。经过一番摸索，我们感兴趣的是不必使用好球助称，即可解决$\{n=2, N=P+Q=8, P=4, Q=4, B=1\}$的那些称球法。例如图8-12所示称法，有三种可能结果；分别讨论如下：

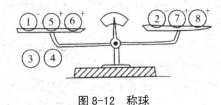

图8-12　称球

（Ⅰ）$\delta_2=0$，说明秤上都是好球，坏球必是轻球，第3次比较③‾、④‾即可。

（Ⅱ）$\delta_2=1$，说明①‾、⑦⁺、⑧⁺里有坏球而②‾、③‾、④‾、⑤⁺、⑥⁺都是好球，第3次比较⑦⁺、⑧⁺即可。

（Ⅲ）$\delta_2=-1$，同（Ⅱ）类似讨论即可。

至此，$P_2=\{N=13, B=1, n=3\}$已解决；同样，$P_1=\{N=12, B=1, n=3\}$也可类似解决。

也许许多人到此就停步了。其实，应该提出许多问题：为什么第一次称球时必须称8个球？为什么$N=12$或$N=13$，如果$N=14$，怎么办，$n=3$行不行？为什么设计这个问题的人规定$N=12$或$N=13$？P_2已不能再有改进，而P_1的假设条件是可以削弱的：问题$\{N=12, B\leq1, n=3\}$是可解的并可定性的。我们把$\{N=12, B\leq1\}$编成如下故事：

"有一位聪明的，爱好智力游戏的药剂师，把药丸A装进一只小瓶，由于一时分神，她怀疑自己误将一粒B药丸放了进去，而A、B药丸外形相同，只有重量不同。她检验一番，发现瓶里共有$N=12$粒药丸。现在她给自己提出这样的问题，如何利用天平，以最少的次数检验出其中是否混入一粒B药丸。如果已经混入，当然要求找出这粒B药丸；如果可能，最好还能判别两种药丸的轻重。"

结论是$\{N=12, B\leq1, n=3\}$可解，并可定性（当然，没有坏球时，也就没有定性问题）。称球法基本上与P_2相同。

当然，还有许多应该想到的问题，留给读者自己去发现。并希望读者不要急于往下读本书，而自己试试往下应如何提问和探索。

在本节的最后，我们顺便说一说易犯的错误；

"当第1次称8个球后，天平不平衡时，作如下推理，分两种可能性考虑：

（a）假设坏球是重球（在⑤⁺、⑥⁺、⑦⁺、⑧⁺中），再称 2 次，找出重坏球；

（b）假设坏球是轻球，类似可找出轻球。"

这就犯了严重的逻辑错误。坏球的轻重性是需由天平称球来判定的。这是称球问题中的一个小小的逻辑陷阱。

8.4 猜年龄、姓氏、生肖

多诈的人渺视学问，愚鲁的人羡慕学问，聪明的人运用学问；因为学问的本身并不教人如何用它们；这种运用之道乃是学问以外，学问以上的一种智能，是由观察体会才能得到的。

——培根（F. Bacon）

8.4.1 猜年龄与姓氏

1972 年 1 月，美国时任总统尼克松访问我国时，在上海的一次宴会上，请中外朋友猜一条谜语："有一种奇妙的东西，每一位中国人都有一个，总共却只有 12 个。"对中国人来说，这个谜是极容易的，当场有人答出了，这就是 12 生肖。

美国人虽然没有生肖，但有一种"十二宫图"（horoscope），把一年划分为 12 宫，根据每个人所属的星宿，推算他们的性格和命运。

有趣的是，在中国，"请问您属龙还是属猪？"这是不太礼貌的；在美国，"请问您多大年龄？"也是不礼貌的，尤其对美国小姐，这种发问简直会令人难堪。

那么，倘若我们学会用一种巧妙的游戏方式，猜出对方的年龄、生肖和姓氏，结果将是令人非常愉快的了。

本节先介绍一种猜年龄的卡片游戏。

这是一套六张的卡片（图 8-13）。每张图表卡上分别写有 32 个数字。

1	3	5	7	9	11	13	15
17	19	21	23	25	27	29	31
33	35	37	39	41	43	45	47
49	51	53	55	57	59	61	63

（1）

2	3	6	7	10	11	14	15
18	19	22	23	26	27	30	31
34	35	38	39	42	43	46	47
50	51	54	55	58	59	62	63

（2）

4	5	6	7	12	13	14	15
20	21	22	23	28	29	30	31
36	37	38	39	44	45	46	47
52	53	54	55	60	61	62	63

（3）

8	9	10	11	12	13	14	15
24	25	26	27	28	29	30	31
40	41	42	43	44	45	46	47
56	57	58	59	60	61	62	63

（4）

16	17	18	19	20	21	22	23
24	25	26	27	28	29	30	31
48	49	50	51	52	53	54	55
56	57	58	59	60	61	62	63

（5）

32	33	34	35	36	37	38	39
40	41	42	43	44	45	46	47
48	49	50	51	52	53	54	55
56	57	58	59	60	61	62	63

（6）

图 8-13　猜姓氏卡片

细心的读者会发现图 8-13 所示的六张卡片上数字的分布是有规律的，第（1）张 1—3—5—7—…—61—63，可以称为取 1 丢 1，记为"1—1"型；第（2）张则从 2—3—6—7—10—11—14—15—…，从 2 开始，"2—2"型；第（3）张则从 4 开始，"4—4"型；第（4）张从 8 开始，"8—8"型；第（5）张从 16 开始，"16—16"型；第（6）张从 32 开始，"32—32"型，或者，统一为第 k 张，从 2^{k-1} 开始，"$k—k$"型，$k=1, 2, 3, 4, 5, 6$。

猜年龄游戏卡设计好以后，就可开始游戏了。

表演者一张一张地取卡片给被猜的对象看，请他表示该张卡片上是否有他的年龄数，这种表示"有"或"无"当然也可以用"点头"或"摇头"来代替说话，实际上只要给出一"信息"即可。当被猜对象给出 6 个信息后，表演者当场即可猜出他的年龄，只要把"他"给出"有"的那些卡片的第一个（左上角）数字加起来，即为"他"的年龄数。

举例说，某人表示卡片的信息：

（1）　（2）　（3）　（4）　（5）　（6）
有　　有　　无　　有　　有　　无

则卡片（1）、（2）、（4）、（5）的第一个数字 1、2、8、16 等四个数字加起来，即 27 岁。读者尚可自行查片验证，也的确只有在（1）、（2）、（4）、（5）这些卡片上才有 27 这个数字。

那么，任意给出一个数，它应该出现在哪几张表中呢？

我们知道：任何一个十进制的数，都可以表示成二进制，也就是若干个 2 的不同幂次之和，例如，$(45)_{10}=(101101)_2=+2^0+2^2+2^3+2^5$。此处，二进制表示的数中，为 1 的位数恰好在第 1 位、第 3 位、第 4 位、第 6 位上，这个数就应该出现在图 8-13 的（1）、（3）、（4）、（6）四张表中。

为什么可以用这 6 张表计算年龄呢？

因为年龄可以表示成若干 2 的幂次之和，它在哪几张表中出现过，就应该等于有此年龄数那几张表第一个数字的和。

例如：某同学的年龄数出现在了图 8-13（1）、（2）、（5）表中，这三个表表首的数字是 1、2、16，他的年龄就是 1+2+16＝19 岁。根据以上思路，编写一个计算年龄的程序还是很容易的。

大学生差不多仅用三张表就能计算年龄呢，因为大学生应该在 17～23 岁的年龄段内，一定含有 16 这个数，年龄与 16 之差一定小于等于 7，所以用表（1）、（2）、（3）三张表足矣。如果某同学的岁数小于等于 16，或大于等于 24，这三张表就不够用了。同理，如果年龄大于等于 64 岁，这 6 张表也不够用。

图 8-13 的六张卡片设计不仅是可以用于猜年龄游戏之中，而且，容易联想到可用于猜姓氏游戏中去，关键仅仅在于把 1 至 63 的年龄数与 63 个不同的姓氏一一对应排好就行了。

几乎与上述游戏方式完全一致，被猜者给出 6 个信息后，按上述查年龄的同样方法算出其"姓氏"，在第（1）、（2）、（4）、（5）号卡上有，即编号为"27"的姓氏，查一查编号 27 的姓氏即"冯"就是被猜者的"尊姓"了。

这里猜年龄与姓氏的图 8-14 及其姓氏表的编排方法，既简便易行，又一目了然，不过，作为智力游戏而言已太容易被识破就索然无味了。

为此，我们给猜年龄与姓氏的图表中，加一些"密码"，也许能增加不少"神秘性"。

1							
叶							

（1）

2	3						
梁	李						

（2）

4	5	6	7				
史	王	张	杨				

（3）

8	9	10	11	12	13	14	15
白	黄	汤	陈	章	谈	朱	余

（4）

16	17	18	19	20	21	22	23
石	应	江	杜	高	姚	于	康
24	25	26	27	28	29	30	31
周	孔	马	冯	金	何	倪	吴

（5）

32	33	34	35	36	37	38	39
山	卞	袁	唐	水	陆	安	谢
40	41	42	43	44	45	46	47
汪	丁	牛	郁	方	包	向	冷
48	49	50	51	52	53	54	55
文	温	辛	甘	崔	林	赵	钱
56	57	58	59	60	61	62	63
孙	蔡	毛	万	田	刘	彭	徐

（6）

图 8-14　加了些密码的猜姓氏卡片

图 8-14 所示的六张卡片，十分清楚地表明"叶梁李……"63 个姓氏与编号 1～63 一一对应了。留下的空白处，如果按图 8-15 中的排列，显然也很快可以一一填入"对号入座"姓氏。

16	17	18	19	20	21	22	23
石	应	江	杜	高	姚	于	康
24	25	26	27	28	29	30	31
周	孔	马	冯	金	何	倪	吴
蔡	赵	崔	林	钱	甘	辛	温
文	徐	毛	万	田	孙	彭	刘

图 8-15　"对号入座"的姓氏卡片

然而，这里要说明的是：为了增加"迷惑性"，偏偏把空白处应填的编号及相应的姓氏的顺序任意地"随机排列"！例如，图 8-14 中第（5）张卡片上留下的 16 格空白处，按图 8-13 应按顺序填入 48，49，…，63 及其相对应的姓氏"文，温，……，徐"，我们却偏偏任意地把 16 个"随机排列"写上，如图 8-15。

为什么可以这样做呢？因为该 16 个姓氏在第（6）张卡片上完全是重复的，当被猜者的姓氏在此 16 个之内，必在第（6）张上也"有"。因此，这里的"顺序"毫无必要，只增加"易识破性"。

完全同样的道理，第（1）、（2）、（3）、（4）张卡片中空白的格子上，也恰恰可以甚至应该"随机地"填入相应的姓氏。当然，这里的"随机填入"仅仅指顺序，姓氏是决不可更换的。

作为例子，这里列出一组，参见图 8-16（其中第（5）、（6）已如上述，故略去）。

1							
叶	应	冯	陆	康	包	冷	杨
余	李	何	王	丁	甘	钱	蔡
黄	杜	卞	唐	郁	孔	万	徐
陈	姚	吴	谢	温	林	刘	谈

（1）

2	3						
梁	李						

（2）

4	5	6	7				
史	王	张	杨	余	高	水	陆
朱	金	姚	于	康	崔	安	谢
赵	钱	谈	倪	何	包	方	林
田	刘	章	吴	徐	彭	冷	向

（3）

8	9	10	11	12	13	14	15
白	黄	汤	陈	章	谈	朱	余
马	汪	冷	方	金	何	倪	吴
孔	牛	丁	向	包	田	万	毛
周	郁	冯	徐	刘	彭	孙	蔡

（4）

图 8-16 "故弄玄虚"的猜姓氏卡片

猜姓氏游戏，可以"故弄玄虚"一些了：例如某被猜者一一看过上述图 8-16 的卡片（1）、（2）、（3）、（4）、（5）、（6），表示在（1）、（3）、（5）上有他的姓，表演者用心算（1）→1，（3）→2^2，（5）→2^4，总和为 21，先在第（5）张卡片上找到 21→"姚"。这只要记住（5）的第 1 个姓氏顺序为 16，往下数 17、18、19、20、21 第 6 个姓氏"姚"即是。然而，再从卡片（1）或（3）上用故意很难找的样子点出"姚"姓来。这样，被猜者往往"大惑不解"了。

再迷惑一点，把卡片（1）（2）（3）（4）（5）（6）顺序也隐藏起来，靠姓氏的"拼音"相近代表，例如"叶"—（1），"梁"（俩）—（2），"史"—（4），"白"—（8），"石"（十）—（16），"山"—（32）。表演者记住这 6 个代号是很容易的，而被猜者就难以一下子识破了。

迷人的"外衣"掩盖着简单明了的二进制数学原理，这就是猜年龄（请读者自行改进图 8-13 也可增加其迷惑性）与姓氏游戏的基本特征。

1. 窗体设计

窗体设计如图 8-17 所示，包括 2 个按键，即"请回答"按键和"退出"按键；1 个文字标签，用以说明游戏规则；6 个图形框，显示 6 张表。

2. 程序设计

（1）装载：把 64 个姓氏赋值给 4 个字符串变量，而后通过一个循环语句把 64 个姓氏赋值给数组 x(64)。

```
Dim x(64)As String
Private Sub Form_Load()
Dim bjx(4)As String
    bjx(0)="赵钱孙李周吴郑王冯陈唐卫蒋沈韩杨"
    bjx(1)="朱秦尤许何吕罗张孔曹严华金魏陶姜"
    bjx(2)="戚谢邹贺于孟宋黄余苏潘葛徐范彭康"
    bjx(3)="鲁韦尹马苗杜田方俞任袁柳贾郭史常"
    For J＝0 To 3
```

```
For i＝1 To 16
k＝j*16+i
X(k)＝Mid(bjx(j)，i，1)
Next
Next
End Sub
```

（2）由用户回答表 8-14（1）至（6）中有无要猜的姓氏，有则答"1"，无则答"0"。计算机则显示此人姓什么。

```
Private Sub Commandl_Click()
nl＝0:n2＝0:n3＝0:n4＝0:n5＝0:n6＝0:Cls
FontBold＝True
FontSize＝14:ForeColor＝QBColor(0)
CurrentX＝900:CurrentY＝3600
nl＝InputBox("表 1 中有吗(1:有；0:无)?"，"输入"，0，0，0)
If nl>＝1 Then nl＝1 Else nl＝0
If nl＝1 Then Print"表 1 中有；"Else Print"表（1）中无；"
CurrentX:900
n2＝InputBox("表 2 中有吗(1:有；0:无)? "，"输入"，0，0，0)
If n2>＝1Then n2＝1 Else n2＝0
If n2＝1 Then Print"表 2 中有；"Else Print"表（2）中无；"
CurrentX＝900
n3＝InputBox("表 3 中有吗(1:有；O:无)? "，"输入"，0，0，0)
If n3>:1，rhen n3:1 Else n3＝0
If n3＝1 Then Print"表 3 中有；"Else Print"表（3）中无；"
CurrentX＝900
n4＝InputBox("表 4 中有吗(1:有；0:无)? "，"输入"，0，0，0)
If n4>＝1 Then n4＝1 Else n4＝0
If n4＝1 Then Print"表 4 中有；"Else Print"表（4）中无；"
CurrentX＝900
n5:InputBox("表 5 中有吗(1:有；0:无)? "，"输入"，0，0，0)
If n5>＝1 Then n5＝1 Else n5:0
If n5＝1 Then Print"表 5 中有；"Else Print"表（5）中无；"
CurrentX＝900
n6＝InputBox("表 6 中有吗(1:有；0:无)? "，"输入"，0，0，0)
If n6>＝1 Then n6＝1 Else n6:0
If n6＝1 Then Print"表 6 中有。"Else Print"表（6）中无。"
n＝nl+2*n2+4*n3+8*n4+16*n5 +32*n6
CurrentX＝900:ForeColor＝QBColor(12)
Print"此人姓"；X(n)；"。"
End Sub
```

此程序只包括 63 个姓氏，实用中远远不够。请自行设计一个包括 127 个姓氏的程序。

3. 程序运行

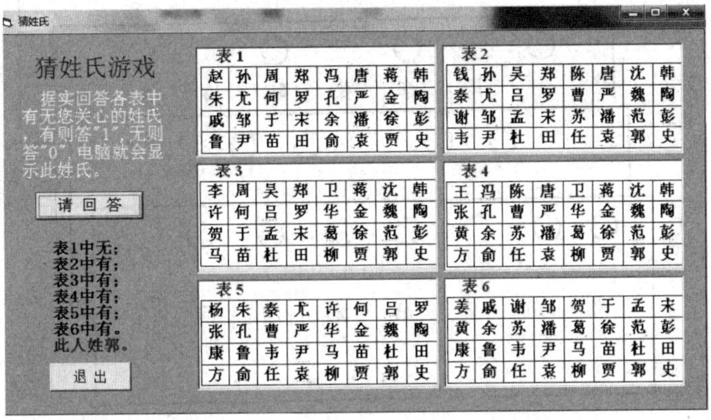

图 8-17　猜姓氏的程序屏幕显示

8.4.2　猜姓氏与密码

猜姓氏游戏的介绍有多种角度。这里再介绍一种由四张带圆孔卡片组成的猜姓氏游戏。

让我们先举一个实例说明该游戏的实际进行过程。然后，再说明该游戏的四张卡片是怎样设计出来的。

游戏进行相当简单，由某观众默记四张卡片上某姓氏（不妨指"何"）开始。表演者把卡片逐一地给观众看，由观众提供该卡片上"有"或"无"此姓氏的信息（"何"则"有""无""有""无"）。表演者利用某种变换猜出此姓。

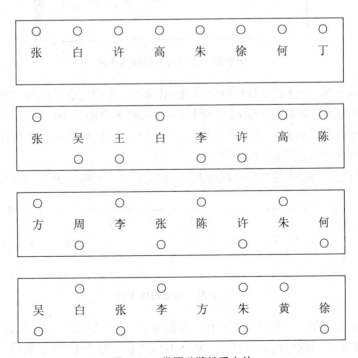

图 8-18　带圆孔猜姓氏卡片

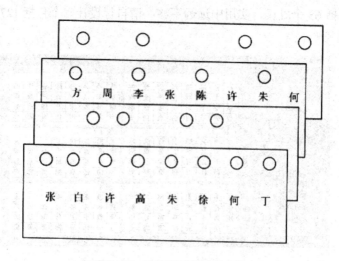

图 8-19 按信息排好序的卡片

具体表演方法是这样：把观众提供"有"信息的卡片正面放，提供"无"的卡片"翻过去"放，结果背面朝前，而且原来在底行的"孔"翻成在上了。图 8-19 与 8-20 表示观众默记姓"何"，翻第（2）、（4）张排成的图。再把此四张卡片整理好，会看到有一"孔"能透过四张卡片，参见图 8-20 所示，该孔底下的姓氏为"许"。

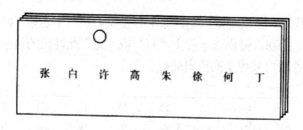

图 8-20 整理好的猜姓氏卡片

那么，表演者按"密码"的破译，立即猜出观众原先识定的姓氏为"何"了。

当然，这里的陈述有着不少疑问，该四张卡只能猜 8 个还是 16 个姓氏？如果观众默记的姓氏为第一张卡片所没有的姓氏（举例为"王"）呢？密码的秘密是怎样设计的？本文的读者能否迅速掌握？此卡片法还能改进吗？

图 8-18 的背面（此时用"左右翻过去"，不同于"上下翻过去"）如图 8-21 所示。

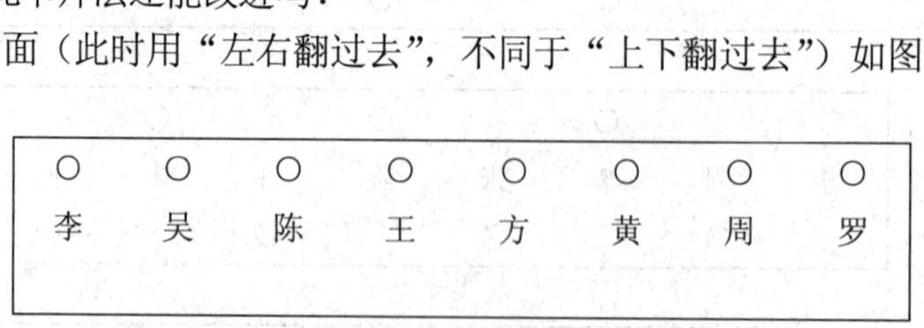

○	○	○	○	○	○	○	○
李	吴	陈	王	方	黄	周	罗

图 8-21 背面姓氏卡片

这就回答了第一第二个疑问。$2^4=16$，四张卡片（4 个信息）能确定 16 个姓氏集合中任何一个姓氏，如果观众默记的姓氏在第一张卡片的正面（图 8-18 所示的第一张）没有，则必然在其反面（图 8-21）。

现在回答有关密码的设计问题。

事实上，如果我们把卡片上圆孔排列为下列 4 张，那么，疑问就显然解决了一半。

如图 8-22 所示，熟悉二进制的读者很快领悟到：后三张卡片的信息立即确定第一张卡片上①②③④⑤⑥⑦⑧中之一的位置。用"1"表示有，"0"表示无：

$$111\to①,\quad 110\to②,\quad 101\to③,\quad 100\to④$$
$$011\to⑤,\quad 010\to⑥,\quad 001\to⑦,\quad 000\to⑧$$

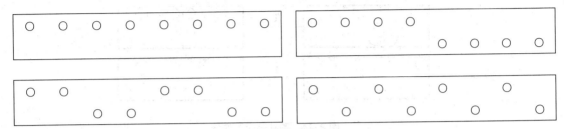

图 8-22　二进制圆孔卡片

再把第一张卡片左右翻过去，同上，后三张卡片的信息又立即确定第一张反面①′至⑧′之一的位置，从原理上说，图 8-22 设计的圆孔已经可以用于"猜姓氏"了。

为什么要设法加一种所谓"密码"呢？因为作为一种"智力游戏"，恰恰要给它穿上"节日的盛装"，带有某种迷宫式的"神秘性"。

为此，只要引入一个变换 T：在集合{1,2,3,4,5,6,7,8}到自身的一个一一对应即可。

图 8-23 所示的变换 T：法则是把原自然数乘以 7，只取其乘积的个位数，由于 7×7＝49，其个位数 9 不在集合{1,2,3,4,5,6,7,8}内，则再乘以 7：9×7 取其积的个位数为"3"。

逆变换 T⁻¹ 完全同 T，只不过把"原象"与"映象"颠倒一下位置而已。归纳其法则：乘以 3，取其乘积的个位数。类似 3×3＝9，则再乘以 3 得 27，取其个位数"7"。

如图 8-24 所示，图 8-22 上正规的四张卡片圆孔经过变换 T 分别变成图 8-18 所示的那四张。

变换 T
1 → 7
2 → 4
3 → 1
4 → 8
5 → 5
6 → 2
7 → 3
8 → 6

变换 T⁻¹
1 → 3
2 → 6
3 → 7
4 → 2
5 → 5
6 → 8
7 → 1
8 → 4

图 8-23　引入变换 T 和 T⁻¹

好，如图 8-18 的那四张卡片被设计出来了。现在，我们仍以前面举的实例说明，某观众提供信息是"有、无、有、无"（参见图 8-19），相当于图 8-24 左列的"有"、"无"、"无"、"有"，亦即图 8-24 右列正规型卡片"有无无有"。请用"1"表示有，"0"表示无，则此信息代号 001→⑦即为第一张正面的第 7 个（自左向右数）姓氏"何"字了。

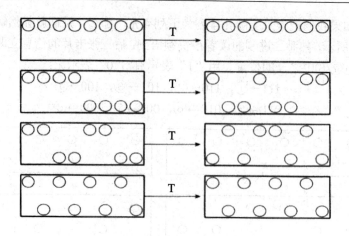

图 8-24 圆孔经过 T 变换

那么，由于某种"迷惑性"，图 8-20 所示的为"许"表示什么呢？怎样还原为观众心中默认的那个"姓氏"呢？

从原理上考察，这里介绍共轭变换原理，示意如图 8-25。

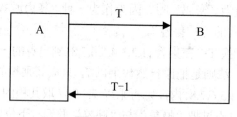

图 8-25 共轭变换原理

现代控制理论中称为著名的"共轭控制原理"，应用极为广泛。我国学者蔡文创立的一门新学科"物元分析"中称为"双否变换"，其基本思想是完全一致的。例如，日本曾经采用此基本思想方法，使日本小轿车迅速赶上世界第一流的水平，日本把当代各种类型第一流的小轿车买来、拆装、改组，相当于第一次否定，重新综合其优点，扬长避短，极为迅速地形成日本式"超一流"新型轿车。

我们再回到猜姓氏游戏问题上来，图 8-20 所示"许"表示 A 经过变换 T 变成 B 了，再还原为观众心中的那个姓氏，应该用 $T^{-1}B$，即法则为乘以 3 取其乘积个位数，把相当于 3×3～9 再乘以 3：9×3～7，得到第 7 个姓氏"何"字，则恰恰是观众心中默记的姓氏了。

8.4.3 猜生肖

猜生肖显示卡，由五张带孔的卡片组成，是用来猜对方生肖的游戏玩具，第一张卡片的正面上写着"猜生肖游戏卡片"，背面分三行四列，依次写着 12 种生肖：鼠、牛、虎、兔、龙、蛇、马、羊、猴、鸡、狗、猪。第二张至第五张，每张都有 6 个圆孔，又各在未穿孔的位置上写着 6 种生肖的名称，这四张的背面都是空白的，参见图 8-26。

游戏这样进行：猜生肖的表演者向某位出示第二、三、四、五张卡片，并要求他表示该张卡片中是否有他本人的属肖，这样被猜者只要用"点头"或"摇头"表示即可。然后，表演者把他表示有的卡片正放（例如"A"），"否"的卡片倒放（例如"∀"）。当这四张都放好后，叠整齐，一起放在第一张卡片的后面。注意，让所有五张卡片的正面都朝同一个方向。

这样，人们从正面看，只不过是第一张卡片的"猜生肖游戏卡片"七个字了；而把这五张卡片一起"翻"倒从背面看，恰恰可以看到，在第一张背面的某一个生肖，而且也只有一个生肖，透过第二、三、四、五张共同圆孔，显示出来了。这"正巧"是被猜者的生肖。

举例，某人属"羊"。他当然表示：第二张"无"，第三张"有"，第四张"无"，第五张"有"。表演者则应该把第二，四张倒放，而第三，五张正放，叠好后放在第一张的后面，如图 8-27 (a) 所示。这时再从第五张卡片的背面上看，就可以看到在某个位置（此例为第二行第 4 列），四张都有圆孔，透过此圆孔，看到第一张卡片背面上的"羊"字（图 8-27 (b)）。

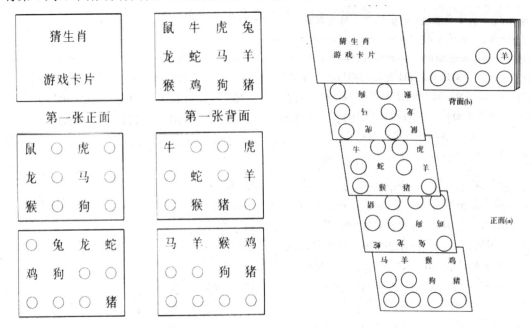

图 8-26　猜生肖卡片　　　　　　　图 8-27　根据信息排好顺序的卡片

也许，读者会感觉到，猜年龄、猜姓氏、猜生肖这几个游戏一个比一个有所进步。猜生肖的卡片的圆孔设计有点技巧，这是怎样制作或者怎样思考设计出来的呢？智力游戏的构思的确也有些技巧，不过比起基本原理的掌握与运用，本节中的技巧实在是相当浅显的，作者深信读者很快会超过它，并衷心希望读者能悉心领会这里蕴含着的一些数学原理及方法，创造出更富有趣味的智力游戏来！

8.4.4　猜生肖原理与控制论

猜生肖、猜姓氏、猜年龄的游戏等等，如果说，读者也有点兴趣以至于试图自己再改进或者重新设计一些猜谜之类游戏，那么，了解其基本原理与制作的依据，甚至由此涉及一些正在发展的新学科、新分支，就显得十分必要的了。

作者也曾浏览过不少数学游戏书刊，例如 12 个生肖用 7 张带圆孔的卡片设计了类似的游戏，显然是有待于改进的。那么，该用 6 张、5 张还是 4 张卡片呢？最少用几张呢？再例如猜"百家姓"之一，最少要用几个信息呢？

这里涉及 20 世纪 40 年代创立的《控制论》与《信息论》原理，1948 年，美国数学家维纳（N. Wiener）的著作《控制论》正式出版。同年，美国数学家申农（Shannon）发表了创立信息论的论文。

现代科学系统论、控制论、信息论等开创了科学发展的新的领域、新的方向。现代科学和经典决定论的一个重要区别，就在于人们学会从不确定性角度看待事物的发生和发展。在经典的牛顿物理学里，宇宙被描述成一个结构严密的确定性机器，一切都是按照某种定律精确地发生的。未来的一切都是由过去一切严格决定的，言必对希腊的崇拜，转变为对牛顿三大定律的权威崇拜，而一直到 20 世纪初统计物理学创立以来，科学家们才比较自觉地不再仅仅处理那些必然发生的事情，而是处理那些最可能发生的事情，粗看之下也许并不难于理解，但它确实是 20 世纪科学思想的一次革命。

这里简略地介绍一下，猜姓氏的卡片是怎样设计制作的。

第一步，把 16 种可能性，用二进制表述：

1	2	3	4	5	6	7	8
0001	0010	0011	0100	0101	0110	0111	1000
9	10	11	12	13	14	15	16（0）
1001	1010	1011	1100	1101	1110	1111	0000

第二步，制作四张卡片时，分别取四位数（二进制）中右起第 1、2、3、4 位（即 2^0 位、2^1 位、2^2 位、2^3 位）中为 1 的数，即：

第一张卡片　　取 1、3、5、7、9、11、13、15；

第二张卡片　　取 2、3、6、7、10、11、14、15；

第三张卡片　　取 4、5、6、7、12、13、14、15；

第四张卡片　　取 9、10、11、12、13、14、15、16。

第三步，把 16 个姓氏依次一一对应序号即可。例：

张	白	许	高	朱	徐	何	丁
1	2	3	4	5	6	7	8
李	吴	陈	王	方	黄	周	罗
9	10	11	12	13	14	15	16

再按上述卡片上应取序号数写上姓氏即可。

当然，实际制作时，可用密码增加一些"迷惑性"，给其套上"节日的盛装"，使游戏更加有趣。

读者可考虑并尝试用三进制原理及方法，重新设计并制作一些类似游戏，其原理在本质上仍是一致的。

从信息论观点看，猜 16 个姓氏用 4 张卡片是最少的卡片数了，而猜 12 生肖，猜 100 个姓，分别用 4 张和 7 张卡片也是最少的卡片数了，但应指出，使用这么多卡片，被猜的信息量尚可增多些。

8.5　韩信点兵

先给同学们讲一个韩信点兵的故事。故事发生在 2200 多年前楚汉相争的那个年代。相传韩信拜相时，问书记官："今天参加阅兵的共有多少兵士？"书记官说："大概 9000 人。"韩信问准确人数，书记官回答不出。于是韩信先让士兵 5 人一排从阅兵台前走过；再让士兵 6 人一排从阅兵台前走过；再让士兵 7 人一排从阅兵台前走过；最后让士兵 11 人一排从阅兵台前走过。韩信一边与汉高祖谈论着治国方略，一边记下了最后一排士兵的人数分别为 1、5、4、

10。韩信对汉高祖说："今天参加检阅的兵士准确人数为9041个。"

老师说："你们知道韩信是如何计算出总人数的吗?为了弄清这个问题,先做一个简单的练习,计算一下我这里有多少粒粉笔头?"

老师把粉笔盒中的粉笔头倒在桌面上,三三数之剩2,五五数之剩3,七七数之剩2。老师于是在黑板上写出了如下题目:

三三数之剩2,五五数之剩3,七七数之剩2,问共有多少粒粉笔头?

分班讨论,看哪班取胜?

列四元一次方程是无法求解的。因为根据条件,只有三个方程:

$$\begin{cases} w = 3x + 2 \\ w = 5y + 3 \\ w = 7z + 2 \end{cases}$$

解法1:筛选法。

第一遍筛子。三三数之剩2的数有

　　5, 8, 11, 14, 17, 20, 23, 26, 29, 32, 35, 38,…

第二遍筛子。从中找出五五数之剩3的数有

　　8, 23, 38, …

第三遍筛子。从中找出七七数之剩2的数有

　　23, …

解不是唯一的。考虑到小于105的条件限制（由实际情况决定的）,则此数为23。这种筛选法,虽然不必再考察每一个自然数是否满足条件,也算是一种进步,但是求解还是相当繁琐的。

上面所说的筛选法是"先细后粗",如果把筛子的顺序颠倒一下,变成"先粗后细",工作量将会大大减少。

第一遍筛子。七七数之剩2的数有

　　9, 16, 23, 30, 37, 44, 51, 58, …

第二遍筛子。从中找出五五数之剩3的数有

　　23, 58, …

第三遍筛子。从中找出三三数之剩2的数有

　　23, …

解法2:公倍数法。

设此数为x,按题目条件x被3除余2,被5除余3,被7除余2。如果令$y=x-2$,那么y被3和7都能整除,被5除余1,显然$y=21$。所以$x=y+2=23$。

这种方法只适合求解余数有某些特殊规律的情况。本题就是满足其中两个余数相同。如果两个余数差为2,可以用加2构造出两个余数相同的情况。例如,被3、5、7除的余数是1、1、3,把此数加上4以后,则恰好能被5、7整除,被3除余2,即35,故所求的数为31。再如,被3、5、7除的余数是1、2、3,把此数乘上2以后,余数则变为2、4、6,即为104,故所求的数为52。这种方法技巧性很强,不易掌握。

解法3:单因子构件凑成法。

使用如下口诀:三人同行七十稀,五支梅花二十一,七子团圆正半月,除百零五便得知（明朝数学家程大位《算法统宗》）。即把被3除的余数乘以70,被5除的余数乘以21,被7

除的余数乘以 15。3 个数之和除以 105，余数便为所求。

对于此题则有

$$(70×2+21×3+15×2)-210=23$$

这里的 70、21、15 是如何得来的呢?仔细分析不难发现：70 是能够被 5 和 7 整除、被 3 除余 1 的最小整数；21 则是能够被 3 和 7 整除、被 5 除余 1 的最小整数；15 是能够被 3 和 5 整除、被 7 除余 1 的最小整数。它们分别乘以各自对应的余数后，求和，当然也就满足原来的余数条件了。但是，这个解不是唯一的，每加上 105，余数不变。因此，要给出一个满足条件的最小整数，除以 105 所得的余数便是答案。

这种方法民间称为"韩信点兵"，现代数学界又称为"单因子构件凑成法"。为何称为单因子构件凑成法呢?请看一个简单的问题：某数能被 5 和 7 整除，被 3 除余 1，求该数。

设此数为 x，根据条件，有如下方程组：

$$\begin{cases} x = 3n_1 + 1 \\ x = 5n_2 \\ x = 7n_3 \end{cases} \Rightarrow \begin{cases} x - 70 = 3(n_1 - 23) \\ x - 70 = 5(n_2 - 14) \\ x - 70 = 7(n_3 - 10) \end{cases}$$

故 $x - 70 = k[3,5,7] = 105k_1$

所以 $x = 70 + 105k_1$。这就是被 3 除余 1 的单因子构件。不管 x 放大多少倍，它永远不会改变被 5 和 7 整除的性质。

同理，可以推出被 5 除余 1、被 7 除余 1 的单因子构件：

$$y = 21 + 105k_2 \text{，} \quad z = 15 + 105k_3$$

由单因子构件凑出的和

$$s = x \cdot r_1 + y \cdot r_2 + z \cdot r_3 = 70 \cdot r_1 + 21 \cdot r_2 + 15 \cdot r_3 + 105k$$

必然满足被 3、5、7 除余 r_1, r_2, r_3 的条件。

中国剩余定理 公元 1247 年南宋的数学家秦九韶把《孙子算经》中的"物不知其数"问题推广到一般情况，得到"大衍求一术"，写入《数书九章》中。600 年后，直到 18 世纪，高斯和欧拉才发现了这个规律。所以称之为中国剩余定理。（韩信点兵发生在公元前 200 多年前，比秦九韶又早了 1400 多年。）

该定理表述如下：

设 $d_1, d_2, d_3, \cdots, d_n$ 两两互素，设 x 分别被 $d_1, d_2, d_3, \cdots, d_n$ 除所得的余数为 $r_1, r_2, \cdots, r_n$，则 x 可表示为

$$x = k_1 r_1 + k_2 r_2 + \cdots + k_n r_n + kD$$

式中：D 为 $d_1, d_2, d_3, \cdots, d_n$ 的最小公倍数；k_i 为 $d_1, \cdots d_{i-1}, d_{i+1}, \cdots, d_n$ 的公倍数，且被 d_i 除余数为 1；k 为任意整数，可以取负值。

请注意"$d_1, d_2, d_3, \cdots, d_n$ 两两互素"的条件。如果知道分别被 3、4、5 除的余数，可以使用此方法。如果知道分别被 4、6、7 除的余数，则不能用此方法求得该数。

应用举例：某单位有 100 个房间，编号从 1~100，每个房间的门上配了一把三个数字的号码锁。为防止遗忘，又要保密，使外来人看不懂，就采用了中国剩余定理。把房间号分别被 3、5、7 除，所得的余数作为锁的号码。例如，8 号房间的号码为 231，25 号房间的号码为 104，52 号房间的号码为 123。本单位的人只需把房间号作 3 次求余数除法，就知道该房间号码锁的编号了。

（1）"韩信点兵"的算法为

(1386×1+385×5+330×4+210×10)+2310＝9041

请问单因子 1386、385、330、210 是如何来的?为什么要加 2310？这个数的意义何在?

（2）请编写一段程序，随机产生被 3、5、7 除所得的余数，让用户求出该数，并判断正确与否。

题（1）：单因子 1386 是能被 6、7、11 整除且被 5 除余 1 的最小整数；单因子 385 是能被 5、7、11 整除且被 6 除余 1 的最小整数；单因子 330 是能被 5、6、11 整除且被 7 除余 1 的最小整数；单因子 210 是能被 5、6、7 整除且被 11 除余 1 的最小整数。

题（2）："韩信点兵"程序设计

1. 窗体设计

窗体设计很简单（图 8-28），只有 3 个按键："出题"按键、"回答"按键和"退出"按键。

2. 程序设计

（1）出题部分：主要功能是生成 3 个随机数，分别小于 3、5、7。把它们作为某数被 3、5、7 除所得的余数。而后把题目显示在屏幕上。

```
Dim n1 As Integer, n2 As Integer, n3 As Integer, m As Integer
Private Sub Commandl_Click()
    nl＝0:n2＝0: n3＝0: Cls
    Randomize(Timer)
    nl＝Int(3*Rnd(1))
    n2＝Int(5*Rnd(1))
    n3＝Int(7*Rnd(1))
    FontBold＝True: FontSize＝16 ForeColor＝QBColor(12)
    CurrentX＝3800: CurrentY＝300
    FontSize＝20: Print "题目"
    FontSize＝14: ForeColor＝QBColor(0)
    CurrentX＝3100: CurrentY＝700
    Print "今有小球若干(小于 105)。"
    CurrentX＝2500
    Print "三三数之余"; nl;, "五五数之余"; n2; ", "
    CurrentX＝2500
    Print"七七数之余"; n3; ", 问共有多少个"
    CurrentX＝2500
    Print"小球?"
End Sub
```

（2）判断对错：由用户回答小球的个数，计算机算出正确结果，并与用户的回答进行比较。如果相等，则显示"真聪明。回答正确!"（图 8-28）；否则显示"很遗憾，回答错误!"（图 8-29），并告诉用户实际上是多少个。

```
Private Sub Command3_Click()
    FontSize＝16: ForeColor＝QBColor(12)
    CurrentX＝3800: CurrentY＝2000
    FontSize＝20: Print"回答"
```

```
n＝InputBox("您算出有多少小球?", "输入", 20，5220,1600)
FontSize＝14: ForeColor＝QBColor(0)
CurrentX＝2500: CurrentY＝2400
Print "您的回答是，有"; n; "小球。"
m＝(70*nl 4+21* n2+15*n3)Mod 105
CurrentX＝2500: ForeColor＝QBColor(2)
If n＝m Then
    Print"真聪明。回答正确!"
Else
    Print"很遗憾，回答错误!实际有"; m; "个．"
End If
End Sub
```

3. 程序运行

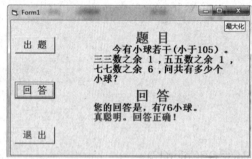

图 8-28　回答正确时的显示

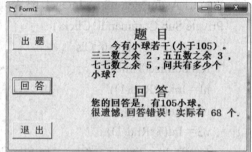

图 8-29　回答错误时的显示

8.6　填扑克 A～K

老师在黑板上用虚线画了一个大圆，在圆周上均匀地画了 12 个小圆圈（图 8-30），每个小圈内贴上了一只写有编号的耗子（12 号、5 号、9 号、6 号、11 号、1 号、7 号、2 号、10 号、3 号、8 号、4 号）。老师说："现在有一只猫要把耗子依次吃掉，吃耗子的规则是隔一个吃一个，使所吃耗子的编号依次为 1～12 号"。

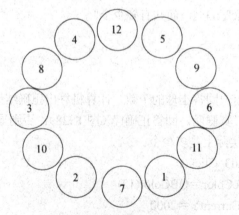

图 8-30　12 个小圈中耗子编号

老师一边说，一边拿掉圈中的耗子，从 1 号拿起，顺时针隔一个拿 2 号，再隔一个拿 3 号……直到拿完。

于是老师问到："现在加一个小圆圈，请你们把 13 只耗子填入其中。要求：顺时针方向隔一个拿一个，把 13 只耗子拿掉，使其顺序恰好为 1～13。"让一班和二班各出一个同学，把 A、2、3、…、K，13 张扑克牌当作耗子填入小圈中。而后隔一张拿一张，使扑克牌的序号恰好为 A、2、3、…、K。应如何填充？并画出逻辑流程框图。分班讨论，看哪个班取胜。

把 A 填入最高的小圈内，而后按顺时针，隔一个填一张，一直填到 7，此时 7 与 A 相连。再把没有填充过的小圆圈隔一个填一张，直到把 13 张扑克牌都填完。如果从 1 算起，得到的顺序是 A、Q、2、8、3、J、4、9、5、K、6、10、7。

逻辑流程框图如图 8-31 所示。图 8-31 中，i 为小圆圈的序号，j 为所填充的数字。

（1）如果改为隔两个拿一张，所得扑克牌的序号恰好为 A、2、3、…、K。正确的填充顺序是怎样的？

（2）根据图 8-31 所示的流程框图，编写一个程序，只要用户给出所隔的张数，计算机就能排出相应的顺序，使所得扑克牌的序号恰好为 A、2、3、…、K。

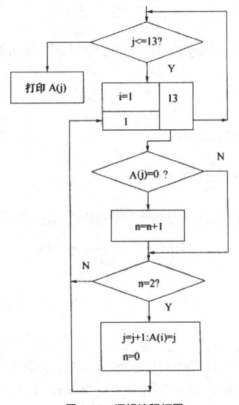

图 8-31　逻辑流程框图

（3）斐波那契数列的每一项都等于前两项之和：$a_{n+2} = a_n + a_{n+1}$。求证：当 n 趋向于无穷大时，斐波那契数列的前一项与后一项比值的极限是 $\dfrac{\sqrt{5}-1}{2} \approx 0.618$。

题（1）：J、5、1、8、10、2、6、Q、3、9、7、4、K。

题（2）：用 VB 语言编写的程序代码如下：

```
Dim a(13)As Integer
Do While j<13 j: 填充数字
  For i＝1 To 13   'i: 小圈的序号
    If a(i)＝0' Then n＝n+l   'n: 零的个数
    If n＝2 Then j＝j+l: a(i)＝j: n＝0
  Next
  loop
  For i＝1To 13
  CurrentX＝400*i-300: CurrentY＝600
  Print""; a(i);
  Next
```

题（3）：证明 $a_{n+2} = a_n + a_{n+1}$。等式两边除以 a_{n+2} 有 $1 = \dfrac{a_n}{a_{n+2}} + \dfrac{a_{n+1}}{a_{n+2}}$ 改写为

$$1 = \frac{a_n}{a_{n+1}}\frac{a_{n+1}}{a_{n+2}} + \frac{a_{n+1}}{a_{n+2}} \tag{1}$$

当 n 趋向于无穷大时，如果斐波那契数列前一项与后一项比值的极限存在，不妨设极限为 x，那么

$$\lim_{n\to\infty}\frac{a_n}{a_{n+1}} = \lim_{n\to\infty}\frac{a_{n+1}}{a_{n+2}} = x$$

对式（1）取极限，有 $1 = x^2 + x$

解之得：$x = \lim\limits_{n\to\infty}\dfrac{a_n}{a_{n+1}} = \dfrac{\sqrt{5}-1}{2} \approx 0.618$

题（3）当 n 趋向于无穷大时，斐波那契数列的后一项与前一项比值的极限是

$$x = \lim_{n\to\infty}\frac{a_{n+1}}{a_n} = \frac{2}{\sqrt{5}-1} \approx 1.618$$

8.7 扑克排序

老师拿来四打扑克牌，每打 13 张，从 A、2、3、…、K。

让四个班各出一个同学，把扑克牌排好顺序。而后，把牌扣过来，隔一张拿一张，不要的牌倒到最后一张，直至拿完。使拿出牌的顺序恰好为 A、2、3、…、K。那么应如何排序？并画出逻辑流程框图。

分班讨论，看哪个班取胜。

采用逆向思维的方法。让你"隔一张拿一张，不要的牌放到下面去，直至拿完"，假定从 A、2、3 到 K，已经摆好。你把它们收回手中，应该如何收呢?显然，从 K 收起，每收回一张，再把已经收回的牌中的最后一张拿上来压住它，直到收完。得到的顺序是 7、A、Q、2、8、3、J、4、9、5、K、6、10。

为画逻辑流程框图，先研究一下，在倒拿牌的过程中牌的序号的变化。假定已经收回 3

张牌 Q、J、K（图 8-32），下面应该把 10 收上来，并把 K 压在 10 之上，于是手上 4 张牌的顺序为 K、10、Q、J（图 8-33）。如果再把 9 收上来，手上 5 张牌的顺序为 J、9、K、10、Q（图 8-34）。总结序号的变化规律，不难发现：新收回的牌总是第 2 号，原来手中的最后 1 张牌变成了第 1 号，手中其余的牌的序号分别加了 2。于是，得到如图 8-35 所示的流程框图。

图 8-32 收"J"时的顺序

图 8-33 收"10"时的顺序

图 8-34 收"9"时的顺序

其中 m 为手中牌的张数，i 为收回那张牌的名称。最后得到的 A(j) 中，j 为序号，A(j) 为牌名。

用 VB 语言编写的程序代码如下：

```
Dim a(13)As Integer
m＝1: a(m)＝13        'm 手中剩下牌的张数
For i＝12 To 1 Step-1      'i 新加入的牌名
c＝a(m)        '倒到下面去的牌名
For j＝m-1 To 1 Step-1: a(j+2)＝a(j): Next
'牌的序号增 2
```

a(1)=c: a(2)=i: m=m+l

Next

For i=l'r0 13

CurrentX=400*I=i-300: CurrentY=600

Print""; a(i);

Next

（1）如果改为隔两张拿一张，使拿出牌的序号恰好为 A、2、3、…、K。那么应如何排序？其流程图和程序应如何改动？

（2）本游戏与 8.6 节游戏是同一个问题吗？如果加一张王牌，隔一张拿一张，使拿出牌的序号恰好为 A、2、…、Q、K、"王"。8.6 节游戏与本游戏所给出的程序代码应如何改动？

（3）请编写一个程序，把得到的排序用扑克牌图片形象地表示出来。

题（1）：对图 8-35 稍加改动，如图 8-36 所示。

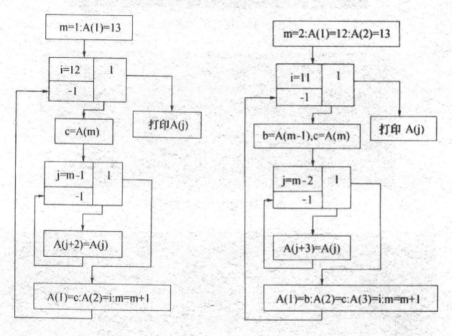

图 8-35　倒拿牌逻辑流程图　　　　图 8-36　"隔 2 取 1"的流程图

程序的改动如下：

m＝2: a(1)＝12: a(2)＝13　　'手中有 2 张牌 Q、K

For i＝11 T0 l Step-1　　'i 为将要收入的牌名称

b＝a(m-1): c＝a(m)　　'最后 2 张牌记为 b、c

: For j＝m-2 To l Step-1

: a(j+3)＝a(j): Next'　　序号加 3

a(1)＝b: a(2)＝c: a(3)＝i

'最后 2 张牌移到 1#、2#；新收入的牌记为 3#

m＝m+1　'手中的牌多了 1 张

Next

题（2）：和倒拿牌给出的程序是一个程序。加入"王"以后，需要改动三处：①A(m)

＝14；②第一个"FOR"循环从 13 开始；③第二个"FOR"循环到 14 结束。

題（3）：程序代码如下：

```
Prirate Sub Commandl Click()
Dim a(13)As Integer
m＝2: a(1)＝12: a(2)＝13    '手中有 2 张牌 Q、K
For i＝11 To 1 Step-1        'i 为将要收入的牌名称
b＝a(m-1): c＝a(m)        '最后 2 张牌记为 b、c
For j＝m-2 To 1 Step-1: a(j+3)＝a(j): Next'序号加 3
a(1)＝b: a(2)＝c: a(3)＝i
    '最后 2 张牌移到 l#、2#；新收入的牌记为 3#
m＝m+1        '手中的牌多了 1 张
Next
FontSize＝12
CurrentX＝1200: CurrentY＝1200
Print"隔 2 张取一张牌，排序为: "
Print
For i＝1 To 13
CurrentX＝400: I*i
If a(i)<11 And a(i)>1 Then Print a(i);
If a(i)＝1 Then Print"A":
If a(i)＝11 Then Print"J";
If a(i)＝12 Then Print"Q";
If a(i)＝13 Then Print"K":
Next
For i＝1To 13
no＝LTrim(CStr(a(i)))
Imagel(i). Picture＝LoadPicture("贴图\h"+no+"jpg")
Imagel(i). Left＝400*i: Imagel(i). To P＝2200
Imagel(i). Visible＝True
Next
End Sub
Private Sub Form-Load()
For i＝13 To 1 Step-1: bad Imagel(i): Next
End Sub
```

运行显示如图 8-37 所示。

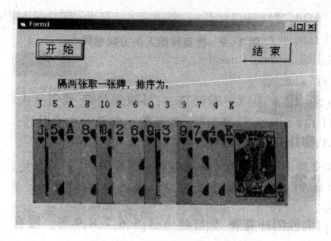

图 8-37 运行时显示扑克图案

8.8 蜂房路线

5 个相邻的蜂房如图 8-38 所示。约定：蜜蜂只能向相邻的右侧蜂房或偏右侧的蜂房移动，也就是蜜蜂进入下一个蜂房的编号只能增加不能减小。一只蜜蜂从 1#蜂房爬进来，问蜜蜂爬到 5#峰房，有多少条路径可供选择？并写出这些路径。

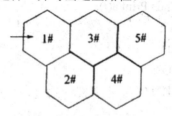

图 8-38　5 个蜂房示意图

每班推选一位同学到讲台上，把答案写在黑板上。看哪个班取胜。而后，老师又在黑板上画了 15 个相邻的蜂房，如图 8-39 所示。依照同样的约定，一只蜜蜂从 1#蜂房爬到 15#蜂房，有多少条路径可供选择？

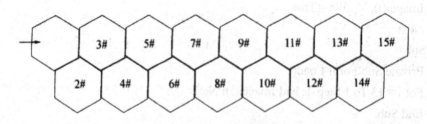

图 8-39　15 个蜂房示意图

每班再推选一位同学到讲台上，把答案写在黑板上。看哪个班取胜。

求解过程

（1）把问题特殊化

分别取 $n=1$、$n=2$、$n=3$、$n=4$、$n=5$，容易得出这 5 种特殊情况下的结论。

$n=1$ 时，只有 1 条路径：

→ 1#。

$n=2$ 时，还是 1 条路径：

→ 1#→2#。

$n=3$ 时，有 2 条路径：

→ 1#→2#→3#。

→ 1#→3#。

$n=4$ 时，有 3 条路径：

→ 1#→2#→4#。

→ 1#→2#→3#→4#。

→ 1#-→3#→4#。

$n=5$ 时，有 5 条路径：

→ 1#→2#→3#→>5#。

→ 1#→2#→3#→4#→5#。

→ 1#→2#→4#→5#。

→ 1#→3#→>5#。

→ 1#→3#→4#→5#。

（2）猜测规律

把以上 5 项写出来，是 1，1，2，3，5。

由此可以猜测：从第三项开始，每一项都是前两项之和。这就是著名的"斐波那契数列"，再多写出几项，为 1，1，2，3，5，8，13，21，34，55，89，144，233，377，610，…

（3）证明规律

要证明的命题是：蜜蜂经过 1#蜂房爬到 n#蜂房的路径条数 $T(n)$，等于爬到$(n-1)$#蜂房的路径条数 $T(n-1)$ 和爬到$(n-2)$#蜂房的路径条数 $T(n-2)$ 之和：

$$T(n)=T(n-1)+T(n-2)$$

证明：由图 8-40 可以看出，蜜蜂要爬到 n#蜂房必然要经过$(n-1)$#蜂房或$(n-2)$#蜂房。

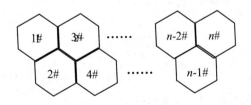

图 8-40　蜜蜂爬到 n#蜂房

如果途径$(n-1)$#蜂房，从$(n-1)$#蜂房到 n#蜂房只有一条路——$(n-1)$#→ n#，所以路径条数等于爬到$(n-1)$#蜂房的路径条数。

如果途径$(n-2)$#蜂房，从$(n-2)$#蜂房到 n#蜂房有两条路：一条是$(n-2)$#→$(n-1)$#，另一条是$(n-2)$#→n#。前一条路已经包含在从$(n-1)$#蜂房到 n#蜂房的路径条数之中。所以只需考虑后一条路，即从$(n-2)$#蜂房直接到 n#蜂房路径的条数，显然等于爬到$(n-2)$#蜂房的路径条数。

故而，从 1#蜂房到 n#蜂房路径的总条数为

$$T(n)=T(n-1)+T(n-2)$$

（4）原题答案

蜜蜂从 1#蜂房爬到 15#蜂房，应为斐波那契数列第 15 项，即共有 610 条可供选择的路径。

（5）编程计算

```
Private Sub Command1-Click()
Dim T(34)As Long
Cls: FontBold＝True
FontSize＝14: ForeColor=QBColor(0)
CurrentY＝1000
T(1)＝1: T(2)＝1
CurrentX＝300: Print T(1)；T(2)
For j＝0 To 4
CurrentX＝300
i0＝j: lc 6+3: ie＝iO+5
For i＝i0 To ie
T(i)＝T(i-1)+T(i-2)
Print T(i);
Next i: Print
Next j
n＝InputBox("第几个蜂房(大于 3，小于 32)?"，"输入"，15，5220，600)
CurrentX＝400: CurrentY＝3000
Print"蜜蜂爬到"; Trim(n); "#蜂房，共有"; Trim(T(n)); "条路线。"
End Sub
```

此程序运行时，首先显示斐波那契数列的前 32 项，而后由用户给出蜂房的编号，屏幕则显示蜜蜂爬到该蜂房的路线条数（图 8-41）。

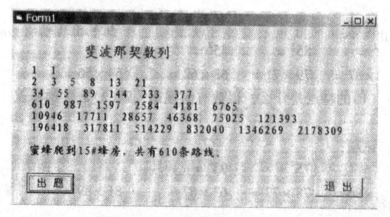

图 8-41　程序运行时的屏幕显示

思考题

1. 总结爬蜂房问题的解题思路。

2. 依照同样的约定，一只蜜蜂从 1#房爬到 20#蜂房，有多少条路径可供选择？

提示：题 1 解题思路分为 4 步：①把问题特殊化；②猜测规律；③证明规律；④计算原

题答案。

题 2 由图 8-41 所给的斐波那契数列可以查得：从 1#蜂房爬到 20#蜂房，有 6765 条路径可供选择。

8.9　巧算个位是 5 的两位数的平方

题目条件同学们走进教室，看到黑板上有如下三份试题：

第一份试题：

（1）$15^2=$　　　$95^2=$　　　$55^2=$

（2）$82×88=$　　　$77×73=$　　　$64×66=$　　　$51×59=$

（3）题（1）的特点是什么？得数有何规律？题（2）数字的特点是什么?得数有何规律？

第二份试题：

（1）$25^2=$　　　$85^2=$　　　$45^2=$

（2）$83×87=$　　　$79×71=$　　　$68×62=$　　　$54×56=$

（3）题（1）的特点是什么？得数有何规律？题（2）数字的特点是什么？得数有何规律？

第三份试题：

（1）$35^2=$　　　$75^2=$　　　$95^2=$

（2）$94×96=$　　　$78×72=$　　　$63×67=$　　　$81×89=$

（3）题（1）的特点是什么？得数有何规律？题（2）数字的特点是什么？得数有何规律？

同学们看到以上题目有点疑惑：这不是小学的算术吗？考我们目的何在？

老师让三个班各选一人上讲台上来，看哪个同学算得又快又准。第（3）题要概括得确切，并对总结出的运算规律给予证明。

仅给出第一份试题的计算结果：

$15^2=225$，$95^2=9025$，$55^2=3025$。

$82×88=7216$，$77×73=5621$，$64×66=4224$，$51×59=3009$。

由以上计算结果可总结出两点结论：

（1）个位为 5 的 2 位数的平方，等于十位数乘以比它大 1 的数，后面添上 25 即可。

（2）求 2 个 2 位数的乘积，如果它们的十位数相等，个位数的和为 10。那么，此乘积可以用下面的方法求得：十位数乘以比它大 1 的数，在这个结果后面添上 2 个个位数的乘积即可。

例如：$62×68=$?计算过程为 $6×(6+1)=42$，后面添上 $2×8=16$，即 4216。

下面证明这个结论。

证明：

$(10a+b)×(10a+c)$

$=100a×a+10a(b+c)+b×c$

$=100a(a+1)+b×c$

其中$(b+c)=10$。

如果 $b=c=5$，则

$(10a+5)(10a+5)$

$=100a×a+100a+25$

$$=100a(a+1)+25$$

8.10　巧算两位数颠倒相减

同学们走进教室，看到黑板上有如下三份试题：

第一份试题：

（1）82-28=　　　93-39=　　　76-67=　　　61-16=

（2）842-248=　　933-339=　　786-687=　　691-196=

第二份试题：

（1）81-18=　　　94-49=　　　72-27=　　　31-13=

（2）831-138=　　954-459=　　772-277=　　381-183=

第三份试题：

（1）84-48=　　　96-69=　　　75-57=　　　42-24=

（2）824-428=　　946-649=　　795-597=　　462-264=

题（1）的特点是什么？得数有何规律？题（2）数字的特点是什么?得数有何规律？

老师让三个班各选一人上讲台上来，看哪个同学算得又快又准。规律要概括得确切，并证明自己总结出的运算规律。

仅给出第二份试题的计算结果：

81-18=63，94-49=45，72-27=45，31-13=18，

831-138=693，954-459=495，772-277=495，381-183=198

由以上计算结果可总结出两点结论：

（1）把一个两位数（$10a+b$）的个位数（b）与十位数（a）颠倒，得到一个新两位数（$10b+a$）。求这两个两位数的差，可以不用减法，用一个简单的乘法$(a-b)×9$即可。

例如，83-38=$(8-3)×9$=45。

（2）把一个三位数（abc）的个位数与百位数颠倒，得到一个新三位数（cba）。求这两个三位数的差，可以不用减法，在 $(a-c)×9$ 乘积的个位数前填入一个 9 即可。

例如，834-438=$(8-4)×9$=36，结果为 396。

下面证明这么做的道理：

证明 1：$(10a+b)-(10b+a)=9(a-b)$。

证明 2：

$$(100a+10b+c)-(100c+10b+a)$$
$$=100(a-c)-(a-c)$$

$(a-c)$为一个个位数，它的 100 倍与它的差，其十位数必然是 9。用它的百位数与个位数组成一个两位数，必然是$9(a-c)$。

思考题

"大数减小数为正，小数减大数为负"的法则可以使用吗?例如：18-81=-63，49-94=-45，277-772=-495，请对于它的正确性给予验证和证明。

"大数减小数为正，小数减大数为负"的法则可以使用。证明：$(10a+b)-(10b+a)=9(a-b)$，当 $a<b$ 时，$(a-b)$为负值，所以$(10a+b)-(10b+a)=-9(b-a)$。

8.11　四秀才分枣

面对"四秀才分枣"这个题目，不禁想起了发生在破庙里的另一个故事——三乞丐争烟。先给同学们讲讲这个故事，活跃一下课堂气氛。

说的是，三个乞丐来到一座破庙里避风，看到香案上有一支卷好的烟。他们都想吸这支烟驱赶风寒，然而烟只有一支，于是自报家门，谁最穷，烟就归谁。甲说："地无一垄，房塌半边，一件破袄四季穿，咱们哥仨数我穷，当然我吸这支烟。"甲刚一伸手，乙说："且慢！你比我富多了，我连半间房、破袄也没有。我是铺着地、盖着天，脑袋枕块半头砖，一贫如洗数我穷，当然我吸这支烟！"说着把烟抓在了手中，丙说："你也且慢！你还有天有地，不算穷。听我的：铺着脊梁盖着胸膛，脑袋枕着个大巴掌。"甲和乙没了词，只好眼巴巴地看着丙吸了这支烟。这个故事，把夸张用到了极限。

今天说的故事是：四个穷秀才进京赶考，一路上风餐露宿，好不辛苦。半月下来，面黄肌瘦，囊中羞涩，连客店也住不起了，只能去破庙投宿。

有一天，他们来到一座破庙前，庙门紧闭，上前敲门，无人应声。破门而入，发现庙堂上有一只猴子守着一个大口袋。四个穷秀才不由分说，把猴子拴在柱子上，拉过口袋，打开一看，是红红的大枣，每人抓了一把用来充饥。大枣可真甜啊！尝到甜头的秀才们顾不得廉耻，要把枣分掉，充当盘缠。可是天色已晚，约定先去睡觉，明天再分。

晚上，一个秀才悄悄地爬起来，把枣倒在地上，分成 4 等份，发现多一个大枣，顺手塞进了猴子的口中。他藏起来了一份，然后把剩余的枣子装回口袋。悄悄地溜了回去，放心地睡了。

过了一会，另一个秀才也悄悄地爬起来，把枣倒在地上，分成 4 等份，发现多一个大枣，顺手塞进了猴子的口中。他藏起来了一份，然后把剩余的枣子装回口袋。悄悄地溜了回去，放心地睡了。

过了一会……

总之，四个秀才依次都起过床，都做了同样的事情。

早晨大家起来，各自心怀鬼胎来到庙堂上，尽管发现枣子少了，但是谁也不愿挑明。他们把枣倒在地上，分成 4 等份，分到最后居然还是多一个大枣，于是又塞给了倒霉的猴子。

请问：前一天晚上他们抓了一把充饥后，口袋里还剩多少颗枣子？每个秀才实际上各得了多少个？

分组讨论，10 分钟后，大班交流。

问题解答

设枣子的总数为 x。根据题意，四个人每人给了猴子 1 个且藏过若干后，剩下枣子的个数为

$$a = \frac{3}{4}\left(\frac{3}{4}\left(\frac{3}{4}\left(\frac{3}{4}(x-1)-1\right)-1\right)-1\right)$$

此数仍然不能被 4 整除，减去 1 后才是 4 的倍数。设为 4 的 b 倍，于是有 $a-1=4b$，即

$$\frac{3^4}{4^4}x-\left(\frac{3^4}{4^4}+\frac{3^3}{4^3}+\frac{3^2}{4^2}+\frac{3}{4}+1\right)=4b$$

整理得 $3^4 x - (4^5 - 3^5) = 4^5 b$，即 $81x - 781 = 1024b$。

问题变为 $81x - 781$ 找能被 1024 整除的最小 x。通过下面一段 Do-Loop 循环

```
    Do
    x＝x+1
    If(81*x-781)Mod 1024 Then Exit Do
    Loop
    Print x
```

可以求得 x＝1021 个。

下面验证答案的正确性。

第一个秀才藏的枣子数：(1021-1) / 4＝255 个，还剩 765 个。

第二个秀才藏的枣子数：(765-1) / 4＝191 个，还剩 573 个。

第三个秀才藏的枣子数：(573-1) / 4＝143 个，还剩 429 个。

第四个秀才藏的枣子数：(429-1) / 4＝107 个，还剩 321 个。

正式分枣子时，给了猴子 1 个，四个秀才分 320 个，每个秀才得 80 个。

把以上诸数之和，加上猴子得到的 5 个枣子，恰好为 1021 个。

思考题

（1）编写一段程序，解此问题。

题（1）下面仅给出最关键的一段源程序：

```
Private Sub Command3_Click()
  Dim m As Long
  FontSize＝16: ForeColor＝QBColor(12)
  CurrentX＝3300: CurrentY＝2100
  FontSize＝20: Print "回答"
  n: InputBox("你算出有多少个枣子？", "输入", 20，5220，1600)
  FontSize＝14: ForeColor＝QBColor(0)
  CurrentX＝2000: CurrentY＝2600
  Print"你的回答是，有"; n; "枣子。"
  m＝400
Do
  m＝m+1
  If(81* m-65)Mod 81＝0 Then Exit Do    '三人分枣
  If(81*m-781)Mod 1024＝0 Then Exit Do    '四人分枣
  If(1024*m-11529)Mod 15625＝0 Then Exit Do    '五人
Loop
CurrentX＝2000: ForeColor＝QBColor(2)
If n＝m Then
  Print"真聪明。回答正确！"
Else
  Print"很遗憾，回答错误!实际有"; m; "个枣子。"
```

```
    End If
End Sub
```

　　游戏的目的是寓教于乐，希望大家在做游戏的娱乐中，学到一些数学思想和数学方法。

　　数学在应用上的极端广泛性，特别在实用主义观点日益强化的思潮中，使数学的工具性愈来愈突出和愈来愈受到重视。

　　对于那些接受过数学训练的学生来说，当他们真正成为哲学大师、著名律师和运筹帷幄的将帅时，可能早已把学生时代所学的知识忘得一干二净。但那种铭刻于头脑的数学精神和数学文化理念，却会长期地在他们事业中发挥着重要作用。

　　数学之文化品格、文化理念与文化素质原则，其深远意义和至高价值在于：数学的思维和方法，一直会在人们的生存方式和思维方式中潜在地起着根本性的作用，并且受用终身。

思考题

1. 生活中哪些游戏中包含数学？
2. 选取玩的游戏，编写运行程序。

课外延伸阅读

关于粽子的形状，隐藏着你所不知道的数学奥秘

　　大家都吃粽子了吗？是喜欢吃甜味粽子还是咸味粽子呢？

　　粽子的形状多为三角形（一共四个角，也叫四角粽子）。这是为什么呢？也许数学控会说：三角形更有稳定性。吃货说，三角形粽子能一口吃到馅！哈哈，其实有人专门研究了粽子的形状，并从实用的角度分析了其原因。

从实用角度来说：

用少量的材料就可以做。各地包的材料不太一样，但基本都是植物的叶子，叶宽而长韧，但毕竟是叶子，宽度有限。三角形包法只用 1 叶或 2 叶就能包成，而长方形大概就要 3、4 片。

形状比较合理。三角的粽子四个面都能用到完整的叶片，不需要多余的弯折，如果方的，那么任何一个面要与其他面衔接而不使米饭漏出来都需要把叶子折起来内扣，叶子在顺着植物纤维方向有韧性，但垂直向上是很容易扯破的，简单的说，简单地包方粽子是包不住的。

包法简便，而且形状小点的话，容易煮熟。另外关于粽子形状还有个传说，过去人们为了纪念屈原，都是直接将米投入河中，后来有人梦见屈原托梦，说投入河里的米都被鱼鳖吃掉了，于是那人就想到用箬叶将米包好，然后包出有棱角的样子，鱼鳖看了还以为是菱角，就不会吃了。这样做了以后，屈原又托梦给他，说谢谢他。于是，这种包法就流传下来了。

不管从实用角度还是流传下来的传说，都可以很轻松易懂的明白粽子三角形状的由来。可是今天数学小编想给大家介绍另外一种更为神秘的粽子形状奥秘，**无法想象它与洛书会产生这么微妙而神奇的联系。**

我们仔细看看四角粽子的形状：四个角，四个面，六个棱边，高手还能做出角等角，面等面，边等边的对称粽子。煮熟后解开系绳，剥开叶皮，俨然出现一个热气腾腾，还晶晶闪亮的正四面体。这与中国古代流传下来无比神秘的洛书会有什么样的联系呢？

洛书（太乙九宫占盘）属于 3×3 的三阶幻方，幻方是什么？ 用现代数学语言表达，就是指在 $n×n$ 的棋盘格中放入 $1 \sim n$ 平方个数，使得每一行的和、每一列的和，以及两条对角线的和，均相等。

现在的人类，用计算机最基本的 Visual Basic，Visual FoxPro，C 语言等编程，就可以将任意阶的幻方计算出来，当然也包括阿当斯的六角幻方和我国的龟纹聚六图。

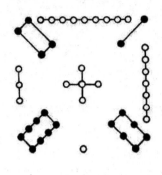

		离		
巽	4	9	2	坤
震	3	5	7	兑
艮	8	1	6	乾
		坎		

注：祖宗传承的"标准"洛书，太乙九宫占盘

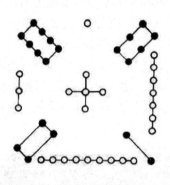

		坎		
艮	8	1	6	乾
震	3	5	7	兑
巽	4	9	2	坤
		离		

注：上下易位的洛书

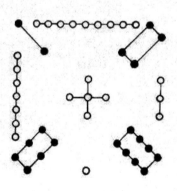

		离		
坤	2	9	4	巽
兑	7	5	3	震
乾	6	1	8	艮
		坎		

注：左右易位的洛书

把洛书看成行列式计算其值：

$$\begin{vmatrix} 4 & 9 & 2 \\ 3 & 5 & 7 \\ 8 & 1 & 6 \end{vmatrix} = 120 + 504 + 6 - 80 - 28 - 162 = 360$$

再由代数余子式推演洛书方阵的逆矩阵：

$$1/360 \begin{vmatrix} 23 & -52 & 53 \\ 38 & 8 & -22 \\ -37 & 68 & -7 \end{vmatrix}$$

由此看来，祖宗传承的"标准"洛书，绝对不仅仅是简单的平面幻方和占卜工具，一定有更深层次的意义。

注意图中的对称易位法和最下面一行的红字，如果洛书不单是二维的平面三阶幻方的话，那么，从三维角度上看洛书，应该代表某种形体的二维射影（投影）。可能您已经猜到了，不错，正是重五节（即端午节）的粽子。"上五"重叠"下五"，是粽子的形体在平面上"重五"的方影子，是棱长为15的正四面体，从三维向二维的垂直射影图。若有疑虑，请回顾《射影几何学》和《三维解析几何》或《四维画法几何》中的相关定理，推演证明此略。

洛书，作为"重五粽子"的二维射影图，回升到三维空间时，有两个解（关键步骤）：

您可以在垂直洛书图面的方向，易位升降一下2-8连线和4-6连线，将出现2只方位不同的粽子。所以，洛书要表达的，是数学上称为"对偶"的2个正四面体（更多立方体，可参看欧拉公式）。洛书中，一圈白色的阳数，在三维空间里，坐标恰是正四面体的中腰法线，也就是绑粽子的线绳。为帮助理解，建议您用3双（6根）筷子，绑个架子看灯光的照影，当然最好做2个（阴阳对偶）。

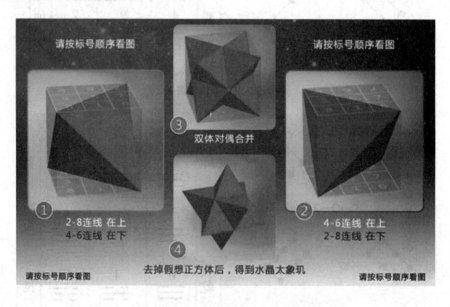

左图 俯视垂直射影显现的
宗教十字架和万字符

我们刚刚打开洛书的一角，就已经看到：在洛书里面，包含着全世界盛传至极的神秘梅特塔隆立方体；包含着困扰考古界多年的金字塔成因之谜；包含着自然界演绎变化的分形几何规律；当然，洛书中更包含着经络的力量，和宇宙的法则。

河图与洛书，阴阳相依，构成了足以使远古文明复苏和再生的信息包。远古的祖先，曾经拥有过什么样的智慧和情操，藏"天地水火雷风山泽"于区区双图之内，没有漂亮的文字修饰来自我标榜；没有华丽的数学公式之繁杂推演；以其特有的，低姿态的象数结构，默含着最高级别的真理，穿越漫漫历史长河，向我们走来。

台球怎么打？

如下图：假设长方形台球桌的长和宽都是整数个单位长度。比如下图所示，宽为 3，长为 5。我们忽略边库中间的落袋，只考虑在四个角落有袋。问从角落某袋处沿 45 度角方向击球，球能不能最终落袋（落入四个袋的哪个袋中均可）？落袋时球一共走了多少距离？

（假设桌面无限光滑，没有阴力。理想化的情况。）

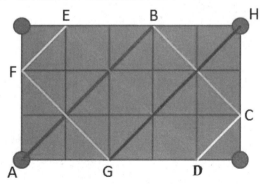

好的，我们就观察一下球行进的路径。如上图，从某一袋处的点 A 沿 45 度角击球，经过路径 AB，到达边库的点 B，这时，球行进了三个小正方形对角线长度的距离（以后称其为 d）。在点 B 撞边库后反射，沿 BC 到达底库的点 C，这时一共走的距离为 5d。再经反射，撞到边库的点 D，反射后，走过 DE，撞到边库的点 E，反射后，沿路径 EF 行进到顶库的点 F，这时一共走了 10d。然后，被反射到边库的点 G，最后，再经反射，沿 GH 行进，直至落入 H 处的袋中。球一共行走了 15 d。

上面的叙述有些繁琐。如果我们的台球桌的宽和长是 23 和 53 呢，那么，上述的跟踪球行进路径的方法就不可取。我们也不易找到规律。

其实，球是一定能够落入袋中的，因为袋的位置都在格点上。不管落入哪个袋中，也不管宽和长是多少，它一定是在横的方向上走了桌长的整数倍的距离，同样，它也一定是在纵的方向走了桌宽的整数倍的距离，对吧，仔细想一下应该是的吧。我们可以很容易找出长度和宽度的最小公倍数，于是，球最终落袋，它一定在横向和纵向都走了小正方形边长的最小公倍数的距离。那么，实际上，它真正行走的距离就是单位长度 d 乘以最小公倍数。比如上图是宽 3 长 5，那么，3 和 5 的最小公倍数是 15，那么，球行走了 15 d，落袋。

参考文献

[1]汪晓勤. 数学文化透视. 上海：上海科学技术出版社. 2013.

[2]徐品方，徐伟. 古算诗题探源. 北京：科学出版社. 2008.

[3]易南轩. 数学美拾趣. 北京：科学出版社. 2008.

[4]孙明珠，郭风军. 游戏中的数学文化. 北京：北京国防工业出版社. 2012.

[5]倪进，朱明书. 数学与智力游戏. 大连：大连理工大学出版社. 2008.

[6]蒋声，蒋文蓓. 数学与美术. 上海：上海教育出版社. 2008.

[7]王树和. 数学聊斋. 北京：科学出版社. 2008.

[8]徐成浩. 谈天说地话历法. 北京：高等教育出版社. 2015.

[9]张若军. 数学思想与文化. 北京：科学出版社. 2015.

[10]胡作玄. 数学与社会. 大连：大连理工大学出版社. 2008.

[11][美]斯图尔特·夏皮罗. 数学哲学——对数学的思考. 上海：复旦大学出版社.

[12]周明儒. 数学与音乐. 北京：高等教育出版社. 2015.